Professional Engineer Building Electrical Facilities

최신 건축전기설비기술사 400선
(수변전설비. 단락. 지락. 예비전원설비)

상

건축전기/전기응용기술사
김일기 저

- 기출 문제중 출제 빈도가 높은 문제를 누구나 알기 쉽게 풀이 함
- KSC IEC 60364(저압전기설비)를 문제화하여 완전 수록하였음
- 녹색건물등 Green Energy 관련 법규 최신 개정 내용을 반영함
- 그림과 표를 많이 삽입하여 쉽게 이해 하도록 함
- 중요한 내용은 암기비법으로 쉽게 암기하도록 함

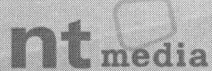

최신 건축전기설비기술사 400선 (상권)

초 판	2014년 2월 01일	
2 판	2014년 7월 10일	
3 판	2016년 6월 01일	

저 자 　김일기

발 행 인 　이재선
발 행 처 　도서출판 nt media
주 　 소 　서울시 영등포구 영등포동 618-79
대 표 전 화 　02) 836-3543~5
팩 　 스 　02) 835-8928
홈 페 이 지 　www.ntmedia.kr

값 40,000원
ISBN 978-89-92657-71-6 (94560)
　　　978-89-92657-70-9 (세트)

이 책의 저작권은 도서출판 NT미디어에 있으며, 무단복제 할 수 없습니다.

상담전화 02) 836-3543~5
홈페이지 www.ginamedu.co.kr

머 리 말

　기술사법에 기술사는 "과학기술에 관한 전문적 응용능력을 필요로 하는 사항에 대하여 계획, 연구, 설계, 분석, 조사, 시험, 시공, 감리, 평가, 진단, 시험 운전, 사업 관리, 기술 판단, 기술 중재 또는 이에 관한 기술자문과 기술지도를 그 직무로 한다."라고 되어 있습니다.

　이와 같이 기술사는 그 직무 분야가 다양한 만큼 시험 문제도 매우 폭 넓게 출제되고 있습니다.

　본인이 건축전기설비 기술사 자격을 취득하면서 겪은 애로 사항은 좋은 교재를 찾기가 쉽지 않은 것이었습니다. 그래서 이 교재를 만들게 되었습니다.

　책의 특징은

1. 최근 10여년간 기출 문제 중 출제 빈도가 높은 문제를 누구나 알기 쉽게 내용을 정리하고 그림도 쉽게 그렸습니다.
2. KSC IEC 60364(건축전기설비)를 문제화하여 완전 수록하였으며
3. Green Energy 관련 법규를 최근 개정 내용으로 분야별로 정리하여 시험 뿐 아니라 실무에서도 적용이 가능토록 하였습니다.

본인이 기술사 시험공부를 하면서 나름대로 터득한 기술사 공부 방법 10계명을 정리해 드리니 공부하는데 지침이 되시길 바랍니다.

기술사 공부 방법 10계명

1. **주변을 정리하고 애경사는 가족의 도움을 받으세요.**

    기술사는 많은 시간과 노력이 필요합니다. 보통 3,000시간 이상은 투자를 한다고 보시면 될 것이며 집중을 안 하면 그 보다도 훨씬 더 많은 시간이 소요 된다고 보시면 됩니다.

    기술사가 영어로는 Professional Engineer입니다. 즉 그 분야의 프로가 되어야 가능하다는 말이겠지요. 프로는 1등을 해야지 2등은 별 의미가 없지 않습니까?

2. **주변에 공부하는 것을 알리세요.**

    어느 분들은 공부하는 것을 알리지 않고 몰래 하던데 이는 만약 떨어지면 창피하다는 이유겠지요.

    그러면 중간에 그만 둘 수도 있다는 말이 아닙니까?

    그래서는 안 됩니다.

    나는 죽어도 합격할 때까지 하겠다는 마음이 아니면 대부분 중간에 포기 합니다. 주변 분들께 공부하는 것을 알리고 회식 등에서 빼달라고 솔직하게 이야기 하십시오. 그러면 좋은 결과가 있을 것입니다.

3. **좋은 강사와 좋은 교재를 선택하세요.**

    제가 공부하면서 제일 어려웠던 부분이 이 부분이었다면 이해가 되시겠지요?

4. **매일 3시간 이상 꾸준히 투자하세요.**

    평일 근무시간 후 적어도 3시간씩을 투자하라고 권하고 싶습니다.

    회식이 끝나고 집에 와서 공부를 못해도 책을 폈다 바로 덮는다 해도 정신만은 하루 3시간입니다.

5. **휴가와 공휴일을 최대한 활용하세요.**

    기술사 자격 취득하는데 몇 년간만 가족들의 양해를 구하시고 휴가와 공휴일은 도서관으로 직행하세요.

6. **자기만의 Sub-Note를 반드시 만들고 암기비법을 개발하세요.**

    PC가 아닌 손으로 직접 Sub-Note를 만들고 교재에 있는 암기비법을 참고하여 자신의 암기비법 노트를 만드세요.

7. **짬을 최대한 이용하세요.**

    출퇴근 때 전철에서 아니면 자가용 운전 중 신호 대기 시간에 암기노트를 활용하시고 회사에서도 최대한 짬을 만들어 보세요.

8. **기술 관련 매스컴, 정보 등을 가까이 하세요.**

    전기 신문 등을 수시로 보시고 전기관련 잡지등과 가까이 하세요. 보물이 숨겨져 있을 수 있습니다.

9. **기본에 충실하고 이해를 한 다음 외우세요.**

    기술사 시험은 기사와 달리 공부의 양이 방대하고 답안이 짜임새가 있도록 기술해야 합니다. 그러려면 기본에 충실해야 하고, 이해를 한 다음에는 열심히 외워야 시험장에서 답안 작성이 가능합니다.

10. **중간에 포기하지 마세요.**

    건축전기설비 기술사는 합격률이 최근에는 매회 1% 정도입니다. 결코 쉬운 시험이 아니지만 포기하지 않고 열심을 다 한다면 언젠가는 합격의 기쁨을 맛볼 수 있습니다.

아무쪼록 본서를 통해 기술사라는 관문을 통과하여 한 단계 Up-Grade 된 인생을 살 수 있기를 바라고 하나님의 축복이 본서를 공부하시는 모든 분들과 발간에 도움을 주신 NT미디어 여러분께 함께 하시길 기원합니다.

저 자 씀

Chapter 1.1

수 변전 설비

1.1.1. 전기 설비의 정의와 주요기능별로 설명(80.3.2) ·············· 15

1.1.2. 건축물 실시 설계시 성과물을 설명(69.1.9) ················ 18

1.1.3 수변전 설비의 대관 업무에 대하여 설명(참고) ··············· 23

1.1.4. 수변전실 위치 선정시 고려사항을 기술(86.2.3) ············· 26

1.1.5 수변전실 환경 대책을 설명(86.3.1) ···················· 30

1.1.6 수변전 설비 설계(77.4.5) ························· 33

1.1.7 부하율, 수용율, 부등율(77.1.10) ····················· 38

1.1.8. 정식 수전설비와 간이 수전방식 설명(63.1.12) ············· 40

1.1.9 500세대 아파트 수전설비 기획 ······················ 42

1.1.10 20,000㎡ 연구소 전원용량 및 전기 기획시 고려사항 ·········· 45

1.1.11. 연면적 80,000kva 오피스텔 전기 통신 설비 기획 ············ 47

1.1.12 복합형 공동 주택 설계 시공 감리 설명 ·················· 50

1.1.13 초고층 빌딩의 전기 설비 설계시 고려사항(83.4.3) ··········· 52

1.1.14 스포트 네트워크 배전방식(81.4.5) ···················· 56

1.1.15 최대수요 제어장치(Demand Controller)(60.1.4) ············ 59

1.1.16 경부하와 첨부부하 부하관리(75.1.7) ··················· 60

1.1.17 예비변압기가 계약전력에서 제외되는 경우(87.1.10) ··········· 62

Chapter 1.2
단락 및 지락

1.2.1. 단락 전류의 종류 ································· 63
1.2.2. 단락전류 계산 ···································· 66
1.2.3. 단락 전류 억제 대책 ····························· 70
1.2.4 비접지 계통에서 영상전압 검출방법(52.1.4) ········· 74
1.2.5 유효접지와 비유효 접지(65.1.6) ···················· 76
1.2.6 중성점 접지방식 비교 ····························· 78

Chapter 1.3

예비 부하 설비

1.3.1 비상발전기실 설계시 고려사항(78.4.2) ·················· 82

1.3.2 비상발전기 용량 산정 방법(63.1.3) 및 고려사항(83.1.1) ············ 85

1.3.3 발전기 용량 선정시 단상 부하의 영향(69.1.12)(50.2.5) ············ 90

1.3.4 동기 발전기 병렬운전 조건과 순서(81.2.4) ·················· 93

1.3.5 가스터빈 발전기와 디젤발전기 비교(62.2.5) ·················· 97

1.3.6 마이크로 가스터빈 설명(66.4.1) ·················· 101

1.3.7 축전지 용량 산출 방법(63.3.5)(68.4.5) ·················· 102

1.3.8 충전 방식 종류(78.2.5)(62.1.7) ·················· 106

1.3.9 연축전지의 Sulphation ·················· 109

1.3.10 전기자동차 축전지의 충전방식 ·················· 110

1.3.11 UPS ·················· 112

1.3.12 ON LINE 방식과 OFF라인 방식 ·················· 116

1.3.13 다이나믹 UPS ·················· 119

1.3.14 자가용 발전설비와 UPS 조합 운전 ·················· 121

Chapter 2.1

변압기

2.1.1. 변압기 결선(83.2.6) ············ 125

2.1.2. 변압기 병렬 운전(62.1.4)(66.4.2)(78.3.2)(84.1.2) ············ 129

2.1.3. 변압기 절연 방식(75.1.2) ············ 132

2.1.4. Z전압이 변압기 특성에 주는 영향(71.2.2)(74.2.2)(75.1.9) ········ 134

2.1.5. 단권 변압기(81.1.6) ············ 136

2.1.6 몰드 변압기 (49.1.5)(52.2.3) ············ 138

2.1.7 아모퍼스 변압기(63.1.10) ············ 141

2.1.8. 자구미세화 변압기 ············ 144

2.1.9. B I L (60.1.6)(78.4.1)(60.1.6) ············ 146

2.1.10. 효율과 손실(74.1.2) ············ 150

2.1.11. TR 보호방식(61.2.6)(83.2.5) ············ 152

2.1.12 여자 돌입 전류(50.1.12) ············ 156

2.1.13. TR 진단 방법(63.4.3)(86.3.5) ············ 158

2.1.14. G I S (83.1.13) ············ 162

2.1.15. 기체 재료 ············ 167

2.1.16 변압기 냉각방식(60.2.4) ············ 170

2.1.17 변압기 탭 조정방법+OLTC(87.3.6) ············ 172

2.1.18 외철형 변압기의 원리 및 장점 ············ 174

2.1.19. 스코트 결선 ············ 176

2.1.20 변압기 완성시험 (54.1.9) ············ 179

2.1.21 변압기유가 갖추어야 할 조건 ············ 183

2.1.22 이행 전압 ············ 185

2.1.23 변압기 결선별 영상임피던스 ············ 187

2.1.24 유입변압기의 유동 대전현상 ············ 188

Chapter 2.2

차단기류

2.2.1. 비대칭 전류 및 차단기 선정(71.4.2) ··································· 189

2.2.2 차단기의 차단 원리(차단 Mechanism) ································ 191

2.2.3. 특고압 차단기 종류(62.4.4) ·· 192

2.2.4 특고압 차단기 관련용어 (72.1.3)(54.4.4)(75.3.1) ··················· 195

2.2.5. 차단기 개폐시 현상 및 개폐서지(65.1.2)(74.4.4) ··················· 199

2.2.6 개폐서지 억제대책(65.1.2) ·· 203

2.2.7 Surge Absorbor) ·· 205

2.2.8. 차단기 트립프리 ·· 207

2.2.9 VCB와 PF의 차단용량 결정시 비대칭전류 영향 ··················· 209

2.2.10 저압회로의 과전류 보호 (58.2.1) ···································· 211

2.2.11 배선용 차단기 설치기준 및 종류(62.2.1)(66.1.2)(72.2.2) ·········· 213

2.2.12 배선용 차단기 단락 보호 협조(72.2.2)(52.1.11) ···················· 214

2.2.13. 누전 차단기(63.3.2)(74.2.3)(83.1.2) ································· 216

Chapter 2.3
고압 기기류

2.3.1. POWER FUSE(62.4.2)(71.1.7)(68.3.6)(78.2.6)(81.1.13) ············ 220

2.3.2 ASS 동작 협조(77.3.6)(71.1.3) ······································· 225

2.3.3 피뢰기(63.4.5)(68.1.1) ··· 228

2.3.4 산화아연 피뢰기 (66.1.8) 및 열폭주현상 ························· 234

2.3.5 IEC-529 외함 보호 등급 (75.1.5) ··································· 235

2.3.6 전자화 배전반 (61.1.2)(62.3.4)(83.3.5)(65.3.3)(81.4.2) ············ 237

2.3.7 일체형 배전반 (68.2.2) ·· 240

2.3.8 고압 개폐기류 ·· 244

Chapter 2.4
전력용 콘덴서

2.4.1. 무효 전력의 의의와 영향(72.1.6)(86.1.6) ······························ 248

2.4.2. 진상, 지상 발생 이유(75.2.1) ·· 250

2.4.3 역률 개선 원리 및 설치 효과(77.1.8) ···································· 252

2.4.4. 무효 전력 보상 방법(61.2.5) ··· 255

2.4.5 콘덴서 적정 용량 산출 방법 및 계산예(84.1.4)(69.2.3)(77.1.11) ·········· 258

2.4.6 내부 고장 보호(63.1.9) ·· 262

2.4.7 부속 기기 (80.1.2) ··· 266

2.4.8 콘덴서 개폐시 특이 현상(62.1.1) ··· 269

2.4.9 콘덴서 자동 제어 (74.1.8) ·· 273

2.4.10 페란티 현상 및 과보상시 대책(61.2.4)(88.4.2) ·························· 275

2.4.11 SVC ··· 277

Chapter 2.5
변성기 및 보호계전기

2.5.1. CT의 원리, 특성 (66.1.7)(66.3.2) (71.3.4) (75.3.5) ····················· 280

2.5.2. CT의 종류 및 정격(72.4.1) ····························· 284

2.5.3 CT 결선 방법 및 영상 전류 얻는 법(78.4.6) ····················· 287

2.5.4 이중비 CT의 내부 접속도 (84.1.7) ························· 290

2.5.5 CT개방시 현상 (66.3.2) ······························ 291

2.5.6 ZCT 정격, 설치 방법(75.1.3)(74.1.1) ······················· 293

2.5.7 계기용 변성기 종류 (60.2.1) ··························· 296

2.5.8 계전기용 및 계기용 CT ······························ 299

2.5.9 MOF ··· 300

2.5.10 GPT 및 CPT ·· 302

2.5.11 보호 계전 시스템 보호 방식, 최근동향(68.2.6)(77.1.2) ············· 304

2.5.12 비 접지 계통의 보호 계전 방식(63.2.4)(58.4.2) ·················· 309

2.5.13 저압전로 보호방식(86.1.13) ···························· 311

2.5.14 저압 비접지 지락보호 (80.2.3)(91.1.8) ······················ 315

2.5.15 유도형 OCR TAB, LEVER (75회-1-3) ························ 318

2.5.16 정 부동작 및 오 부동작 (83회-10점) ······················· 320

최신건축전기설비기술사(상)

1장
수변전설비

Chapter 1.1
　수변전 설계

Chapter 1.2
　단락 및 지락

Chapter 1.3
　예비 부하 설비

1.1.1 전기 사업법상 전기설비의 정의와 전기 설비를 주요 기능별로 구분하여 설명하시오.(80.3.2)

1. 개요
   최근 빌딩, 아파트, 공장 등의 대규모화, 고층화, 근대화(고 기능화)에 따라 건축설비의 중요성이 커지고 이에 따라 설비 공사비가 건축공사비에 비등해짐.
   - 건축설비 : 기계설비 - 공조 설비, 급배수설비, 위생 설비 등
     전기설비 - 전력부하설비, 전원설비, 전원 공급설비, 반송설비, 정보설비, 방재 설비 등이 조합된 시스템 설비.

2. 전기 사업법상 전기설비 정의와 종류
   전기 사업법에 의한 전기설비란 발전, 송전, 배전 또는 전기 사용을 위하여 설치하는 기계, 기구, 댐, 수로, 저수지, 전선로, 보안통신선로와 기타의 설비를 말하며 사업용 전기설비, 일반용 전기설비, 자가용 전기설비의 3종류가 있다. 단, 특수 다목적댐에 의하여 건설하는 댐 및 저수지와 선박, 차량, 항공기에 설치되는 것은 제외한다.
   1) 사업용 전기설비
      전기 사업자가 전기 사업에 사용하는 전기설비
   2) 일반용 전기설비(소규모 전기설비)
      한정된 구역에서 전기를 사용하기 위하여 설치하는 전기설비를 말하며 주택, 상점, 소규모 공장 등으로서 600 [V] 이하의 전압과 75 [KW] 미만의 전력을 수전하여 사용하는 설비를 말한다.
   3) 자가용 전기설비
      사업용 전기설비와 일반용 전기설비 이외의 전기설비를 말하며 자가용 수용가는 빌딩, 공장등과 같이 사용 전력이 많은 경우에 해당하며, 전력 회사와의 사이에 책임 분계점을 설정하고, 책임 분계점 이후는 수용가 자신이 안전관리 담당자를 선임하여 안전에 대하여 책임을 지도록 되어 있다. 자가용 전기설비 시설 규정은 발전, 송전, 전기철도 및 배전사업을 목적으로 하지 않는 강 전류 전기설비를 시설하는 자에게 적용함을 목적으로 하고 있다. 그러나 전압 30 [V] 이하의 것이나 외부로부터 전력의 공급을 받지 않는 차량, 선박 등의 설비는 제외된다.

3. 기능별 분류
   1) 전원 설비(전기 에너지 공급원)
      - 수전설비 : 전력회사로부터 수전
      - 변전설비 : 부하 사용 전압으로 강압
      - 예비 전원 설비 : 정전시 비상용 발전기 설비
      - 축전지 설비 : 비상 조명등, 감시 제어용, 직류 전원
      - 특수 전원설비 : UPS, CVCF 등(컴퓨터용)

   2) 전력 공급 설비(변전실로부터 전력을 부하에 공급)
      - 간선 설비 : 전등 및 동력 공급
      - 플로워 덕트 설비 : 바닥내 배선
      - 케이블 덕트, 케이블 랙 : 다량의 배선 시설

   3) 전력 부하설비(전기 에너지 소비)
      - 전등 설비 (일반 조명등, 비상 조명 등)
      - 전열 설비 (일반 콘센트, 비상 콘센트)
      - 동력 설비 (공조, 급배수, 위생, 엘리베이터 등)
        비상 동력설비 (비상 엘리베이터, 배기 휀, 소화 펌프 등)
      - 기타 부하설비 (주방용, 의료용, 컴퓨터용, 로드 히팅용, 패널히팅, 항공 장애
        등등)

   4) 감시 제어 설비(전력 공급 상태, 부하 설비 가동 상태 등 감시 및 제어)
      - 자동 계측 기능, 감시 기능(유량, 전력량, 역율 등)
      - 제어 기능 (ON/OFF, TRIP)
      - 경보 기능

   5) 반송 설비
      - 사람이나 물품을 운반하는 설비
      - 엘리베이터, 에스컬레이터, 컨베이어, 덤 웨이터 등

   6) 정보 통신설비
      - 전화설비   - TV 안테나 설비
      - LAN 설비   - 인터폰 설비
      - 확성 설비   - 전기 시계

7) 방재설비(각종 재해 예방, 통보)
   - 자동화재 탐지설비 : 화재 조기 발견, 자동 통보
   - 비상 경보설비
   - 피난 유도 설비
   - 방범 설비
   - 피뢰 설비
   - 항공 장애등

4. 결론

건축 전기 설비는 건축물의 전력 전송, 정보 전송의 목적을 만족시키기 위한 설비로서 여러 분야의 설비 기능이 시스템 적으로 조합되어 있으며, 최근에는 인텔리젠트 빌딩을 필두로 각 설비 기능과 구성 요소가 빠르게 개발된 OA, IBS 등 시스템 적용이 주목을 받고 있다.

1.1.2 건축물 전기 설비의 설계 도서를 설명하시오.(61.4.3)
전기 실시 설계시 성과물 설명하시오.(69.1.9)

0. 개요

설계단계는 일반적으로 계획단계와 기본설계 및 실시설계를 시행하는 설계단계로 구분되며 설계 단계(순서)는 다음을 참조하여 진행한다.

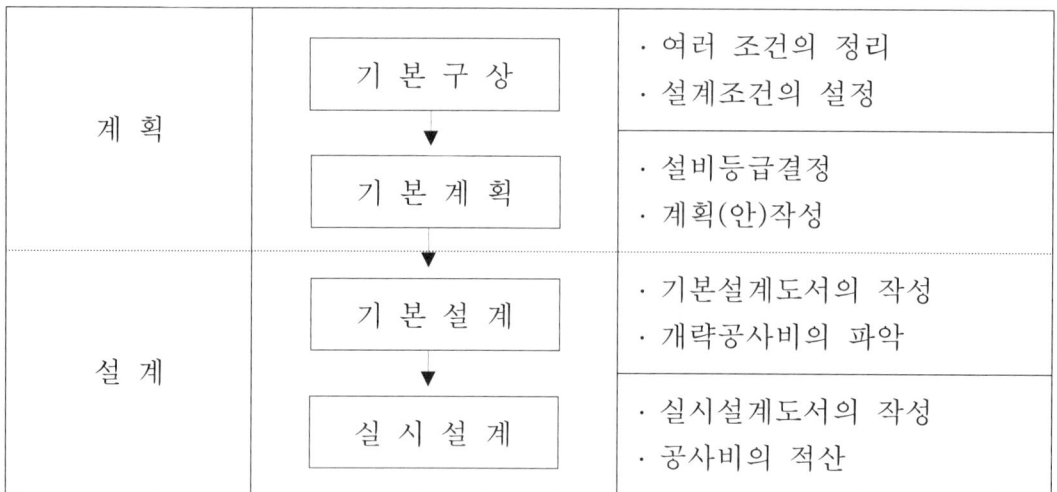

1. 기본계획

   (1) 건축물의 명칭, 용도, 규모 등 건축설계의 요청에 따라 여러 조건을 정리하여 설계조건을 설정하고, 기본계획을 연구한다.
   (2) 건축전기설비의 종류 및 방식을 선정해 건축설계 초안 작성 이전에 건축전기설비공사비의 면적당 개략 값을 건축 설계자에게 제시한다.
   (3) 건축초안을 기본으로 연면적, 업무내용, 공기조화방식 등에서 중요 건축전기설비 기기의 추정용량을 산출한다.

2. 기본설계

   1) 기본설계 순서

      (1) 중요 건축전기설비 및 기기의 형식, 방식 등을 정하고, 시설장소의위치, 면적, 유효높이, 바닥 하중, 장비 반입경로 등을 검토해 건축 설계자와 협의한다.

(2) 건축플랜에 중요 건축전기설비 기기의 개략배치를 삽입하고, 건 축전기설비 면적의 재확인과 추정공사비의 산출에 필요한 기본 도면(계통도, 단선접속도 등)을 작성한다.
(3) 중요 건축전기설비 기기의 추정용량, 시설면적, 종류, 방식, 건축주의 요망사항 등을 기본으로 하여 안전성, 신뢰성, 기능성, 유지 보수성, 확장성, 경제성 등을 검토한다.
(4) 공사비(예산), 건축전기설비 등급의 결정, 건축전기설비 종류의 증감, 공사범위, 공사기간 등을 확인해 건축주와 협의한다.
(5) 기본설계의 내용은 기본설계도서를 정리하고 발주자에게 제출하여 승인을 받는다.

2) 기본설계 성과물

기본설계성과물	기본설계 계획서	
	기본설계 도면	
	공사비 내역서	
	기타 사항	용량계획서(추정계산서)
		시스템선정 검토서
		협의기록서(협의, 자문 등)

3) 기본설계도서에 포함되어야 할 내용
 (1) 건축물의 개요
   명칭, 용도, 구조, 규모, 연면적, 예정 공사기간 등 기재한다.
 (2) 공사종목 및 그 개요
   수변전, 조명, 동력 등의 전력설비, 전화 및 정보통신, 방송, 텔레비전공시 청, 전기시계 등의 약전설비 중 실시하는 공사의 개요를 기재한다.
 (3) 기본설계 도면은 다음 조건을 만족하도록 간결하게 작성한다.
   ① 공사비의 추정이 가능할 것.
   ② 기본계획 전체가 이해 가능할 것.
   ③ 설계종목, 타 분야와의 중요 관련사항이 명시되어 있을 것.
   ④ 기타 필요한 실시설계로의 준비가 이루어져 있을 것.
 (4) 개략공사비
   기본 설계도면을 기초로 개략공사비를 공사종목별로 산출한다.
 (5) 관계 관공서 등과의 협의사항

건축담당관청, 소방서, 전력회사, 통신회사 등과 기본설계 단계에서 협의한 내용과 설계자문 등에 관련한 사항을 기록한다.
(6) 기타사항
① 건축주, 건축설계자, 건축전기설비기술사(또는 설계자)에 대한 설명자료를 첨부한다.
② 제조업자의 견적서 등 개략공사비 산출자료를 첨부한다.
③ 기본설계 단계에서는 결론이 구해지지 않는 사항, 실시 설계시에 재검토를 필요로 하는 사항 등을 기재한다.

3. 실시설계
1) 설계 순서
(1) 건축전기설비 기기는 항상 새로운 것들이 개발되어 각각 독자적인 뛰어난 기능과 특성을 갖고 있으므로 기본설계에서 결정되지 않는 것은 물론 중요 기기의 용량 등 이미 결정되어 있는 것에 대해서도 다시 비교항목을 설정해 검토해야 한다.
(2) 실시설계단계에서는 기본설계 개략공사비를 기초로 예산범위가 결정되어 있다. 따라서 설정된 예산범위에서 설계를 진행함과 동시에 설계에 따른 공사가 틀림없이 이루어지도록 정리해야 한다.
(3) 설계도서의 작성이 완료된 후 공사예산서를 작성한다. 이때 공사예산서는 건축주가 공사업자를 결정하기 위한 기준이 되는 것으로서 적절한 예산안으로 설계가 이루어져 있는지, 타 공사와의 균형은 어떤지를 판단하는 중요한 역할이 되기도 한다.

2) 실시설계 성과물

실시설계 성과물	실시설계도서	설계설명서
		설계도면
		공사시방서
	공사비적산서	내역서
		산출서
		견적서
	설계계산서	조도계산서
		부하계산서
		간선계산서
		용량계산서(변압기,발전기 등)
		기타 계산서
	기타사항	관공서 협의기록
		관계자 협의기록
		기타기록(설계자문,심의 등)

3) 설계도서의 구성
  (1) 표 지
    설계도서의 체계상 작성하는 것으로 공사명칭, 설계자명 및 도면 매수 등을 기재한다.
  (2) 목 록
    설계 도서를 철한 순서대로 도면번호와 도면명칭을 기재한다.
    규모에 따라 생략 하거나 표지에 기재하는 경우도 있다.
  (3) 배치도
    설계대상 건축물, 대지상황, 인접건물, 통로, 구내도로를 기입하며, 전력 인입 선로, 전화 인입선로, 외등 등의 구내배선도 포함하여 기입한다.
  (4) 건물 단면도
    단면도에는 기준 지반면, 각층 바닥면, 천장높이, 처마높이 등을 기입하며, 피뢰침, TV안테나 등도 포함하여 기입하는 것이 일반적이다.
  (5) 단선접속도
    분전반, 동력 제어반, 수변전, 자가발전설비 등의 주회로 전기적 접속도를 단선으로 표시해 중요 기기의 전기적 위치와 계통을 명확하게 한다.
  (6) 계통도
    건축전기설비 종목별로 기능을 계통적으로 도시하며 건축전기설비의 개요를 이해할 수 있도록 한다.

(7) 배선도

조명, 콘센트, 동력, 약전 및 구내통신, 전기방재설비 등으로 구분하여 각층마다 평면도로 표시한다.

(8) 기기 시방 및 기기 배치도

기기 명칭, 정격, 동작설명, 개략도, 마무리, 재질 등을 표시하고, 기기 주변의 배선은 필요에 따라 상세도, 설치도 등으로 표현한다.

(9) 공사시방서

① 공사시방서는 설계도면에서 표현이 곤란한 설계내용 및 공사방법에 관해 문장으로 표현한다. 그 내용은 공사개요, 지시사항, 주의사항, 사용자재의 지정, 공사범위 등이다. 공사비 견적을 정확히 할 수 있고, 공사에 대한 의심, 도급계약상 문제점이 생기지 않도록 작성해야 한다.

② 공사시방서의 기재사항은 어떤 공사에나 적용할 수 있는 공통사항을 건설 기술 관리 법령 규정에 따라 시설물의 안전 및 공사시행의 적정성과 품질확보 등을 위하여 시설물별로 정한 표준적인 공사기준을 정한 것을 표준시방서라 하며 이것을 기준하되 설계자는 공사시방서를 작성한다.

③ 공사시방서는 표준시방서를 기본으로 하고, 공사의 특수성·지역여건·공사방법 등을 고려하여 설계도면에 구체적으로 표시할 수 없는 내용과 공사수행을 위한 공사방법, 자재의 성능, 규격 및 공법, 품질시험 및 검사 등 품질관리, 등에 관한 사항을 기술해야 한다.

1.1.3. 건축 전기 설비의 대관 업무에 대하여 설명하시오.

1. 개요

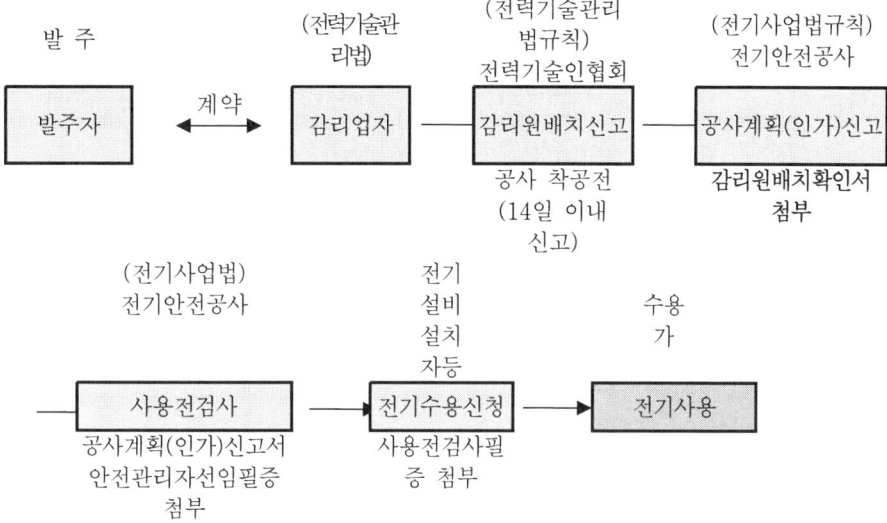

2. 대관 업무
　1) 공사 계획 신고 및 인가
　　(1) 대상 : 자가용(단, 저압 수전시에는 사용전 검사 신청만 하면 됨)
　　　- 신고 : 시. 도지사(한국 전기 안전 공사에 위탁)
　　　- 인가 : 지식 경제부 장관
　　(2) 대상물의 구분
　　　- 신고 : 20만 V 미만 수전설비
　　　- 인가 : 20만 V 이상 수전설비
　　(3) 신고 시기
　　　- 공사 개시전
　　(4) 제출 서류
　　　1. 공사 계획서
　　　2. 설계 도면
　　　　○ 주요설비 배치평면도
　　　　○ 전기설비 단선결선도 및 배선 계통도
　　　　　- 수전설비 단선결선도
　　　　　- 전등·전열 및 동력설비 단선결선도
　　　　　- 간선계통이 말단 분전반까지 표기된 계통도
　　　　　　(전선 굵기, 배선방법 등 기입)
　　　　○ 변압기용량 선정검토서
　　　　○ 지중 전선로의 구조도 등

3. 공사 공정표
4. 기술 시방서
5. 감리원배치확인서 사본

2) 감리원 배치 신고
   (1) 신고시기 : 전력시설물의 공사착공전
   (2) 신고기한 : 감리원을 배치(변경배치 포함)한 때부터 15일 이내
   (3) 신고기관 : 한국전력기술인협회(해당 지회)
   (4) 배치 기준
       - 신규 공사 : 자가용 전체
       - 변경 공사 : 자가용 5,000만원 미만은 안전 관리자가 감리 가능 발전설
                   비는 1억 미만 안전 관리자가 감리 가능함.
   (5) 신고서류
       ○ 감리원 배치 신고서
       ○ 감리원 배치 계획서
       ○ 전력 시설물공사 예정공정표
       ○ 예정공사비 총괄내역서 사본
       ○ 감리 용역 계약서 사본

3) 전기 안전 관리자 선임
   (1) 선임 시기 : 전기설비의 사용전 검사 신청전
   (2) 선해임 신고 기한 : 선임·해임일로부터 30일 이내
   (3) 신 고 처 : 한국전력기술인협회
   (4) 선임 대상 설비
       가. 전기 사업용 : 모든 전기사업용 전기설비
       나. 자가용 : 저압 75kW이상, 고압 이상 수전 전기설비
                   비상용 예비발전기 - 저압 10kW이상
                   다중이용시설 전기설비 - 저압 20kW이상
                   제조업 - 저압 200kW이상

4) 사용 전 검사
   (1) 대상 : 공사 계획 신고 및 인가 신청한 전기 설비
   (2) 내용
       - 공사 완료 후 한전에 전기 수용 신청 전
       - 설비용량 1000Kw 이상 : 수전설비+구내배전설비
       - 설비용량 1000Kw 미만 자가용 전기 수용 설비 : 수전설비
   (3) 제출 서류
       - 사용 전 검사 신청서

- 전기 안전 관리자 선임신고필증 사본
- 약도

5) 전기 사용 신청
- 신청 기관 : 한국 전력 공사 각 지사
- 신청 서류

　　가. 전기사용신청서(II) (한전양식)

　　나. 건축허가신고서 사본

　　다. 사용전 검사 필증 사본

　　라. 내선설계도(자가용전기설비)

　　마. 전기사용신청서의 사용설비 및 콘덴서 내역

- 신청 시기
  - 5,000kW(일반 업무 시설은 2,000kW)이상 ~ 10,000kW 이하 : 사용예정일 1년전 까지
  - 10,000kW 초과~100,000kW 이하 : 사용예정일 2년전 까지
  - 100,000kW 초과~300,000kW 이하 : 사용예정일 3년전 까지
  - 300,000kW 초과: 사용예정일 4년전 까지

6) 정기 검사(전기 사용중)
(1) 안전 공사 시행 정기 검사 (안전 공사 검사 업무 지침)

	대　　　　상	시　　　기
고압 이상 수전설비 및 75Kw 이상 비상용 예비 발전 설비	의료기관, 공연장, 호텔, 단란주점, 목욕탕, 노래방 및 지정 문화재	2년마다 2월 전후
	기타	3년마다 〃
	산업 안전 보건법에 의한 안전성 향상 계획서를 제출한 자	4년 이내

(2) 자체 정기 검사
- 소유자는 전기 안전 관리 규정에 의거 정기적으로 자체 검사를 실시하고 그 결과를 4년간 보존
- 시도지사는 자체 검사 이행여부 및 검사 결과에 대한 조치 사항에 대해 확인 가능함.

1.1.4. 변전실 설계시 고려사항
(변전실 위치, 구조, 설비, 넓이) (86.2.3)

1. 개요

    변전실의 설치 장소는 건물의 용도, 종류, 부하의 분포상태, 설비 용량, 수전 방식 등에 따라 각종 제약을 받지만, 가능한 부하의 중심에 위치하여 배전이 원활하게 이루어져야 하며, 다음과 같은 기본적 고려사항 외에도 건축적 고려사항, 환경적 고려사항, 전기적 고려사항을 같이 검토해야한다.
    1) 안전성
        인체에 대한 안전-최상의 방식
        재산에 대한 안전-화재, 폭발 등
    2) 신뢰성-무정전 또는 최소의 정전
    3) 경제성-적정한 수준의 균형

2. 변전실 설계시 고려사항
    1) 건축적 고려사항
        1. 장비의 반, 출입이 용이 할 것
        2. 유지 보수에 충분하게 벽, 천정과 이격 시킬 것
        3. 전기 기기실끼리 집합되어 있을 것
        4. 불연재료 재료로 건축되고 출입문은 방화문을 사용할 것
        5. 배수가 가능할 것

    2) 환경적 고려사항
        1. 환기가 잘되는 곳 또는 환기 시설을 할 것
        2. 고온의 장소를 피하고 필요시 냉난방을 할 것
        3. 다습한 장소를 피하고 필요시 제습 장치를 할 것
        4. 화재나 폭발의 위험이 없는 장소
        5. 염해에 대하여 고려할 것
        6. 부식성 가스나 유해성 가스가 없는 곳
        7. 홍수, 침수의 우려가 없는 곳
        8. 배수나 배기가 용이 할 것
        9. 방음 시설을 갖출 것

3) 전기적 고려사항
  1. 부하의 중심에 있고 전원 인입, 간선 배선이 편리 한 곳
  2. 장래 증설이 가능 할 것
  3. 기술 발달에 따른 신제품을 사용하여 효율성, 편리성을 기할 것

3. 변전실 설계
  1) 변전실 면적
    변전실 면적은
    - 수전전압(특고, 고압, 저압) 및 수전방식(1회선, 2회선, 루프,SNW)
    - 변압 방식(1-STWP, 2-STEP) 및 변압기 용량, 대수, 뱅크수
    - 큐비클 구조, 크기, 면수
    - 발전기, UPS 등 예비 전원 설비
    - 기기의 배치방법 및 유지보수 공간
    - 장래 증설 여부 등에 따라 차이가 있지만 보통 아래의 방식에 의해 구한다.
    (1) 전압 방식에 따른 계산
        면적 $A_1 = k \cdot (TR용량.P[kVA])^{0.7}$
        여기서, A : 변전실 추정면적[m2]
              k : 변압 방식에 따른 계수
                  특고압 -> 고압 1.7
                  특고압 -> 저압 1.4
                  고압 ->저압 0.98
    (2) 건축물 면적에 따른 계산
        $A_2 = 3.3 \sqrt{P} \times α$ (㎡)
        α : 건축물 면적에 따른 계수
            6,000 ㎡ 미만 - 2.66
            10,000 ㎡ 미만 - 3.55
            10,000 ㎡ 이상 큐비클식 - 4.3
            형식 구별 없는 경우 - 5.5
    (3) $A_3 = 2.15 \times (P)^{0.52}$ (㎡)
    (4) $A_4 = 5.5 \sqrt{P}$ (㎡)

2) 기기 배치시 최소 이격거리 (단위 mm)

	앞면	뒷면	열상호간	옆면
특별고압반	1,700	800	1,400	600
고압, 저압 배전반	1,500	600	1,200	600
변압기 등	1,500	600	1,200	600

열상호간은 기기 인출 등이 없는 경우 적용. 인출기기가 있을 때는 앞면적용

3) 변전실의 높이

변전실의 높이는 실내에 설치되는 기기의 높이, 바닥 트랜치를 위한 무근 콘크리트 높이, 큐비클 높이, bus duct 및 케이블 트레이 높이 등에 따라 결정되어야 하지만 불필요하게 높으면 건설비가 많이 소요되며 유지 보수상에도 문제가 발생할 수 있어 보통 아래와 같은 높이로 설계한다.
- 특별고압수전 : 4,500[mm]이상
- 고압, 저압수전 : 3,000[mm]이상

4) 바닥 하중 : 200~500 KG/㎡

전기 샤프트(EPS)	중앙 감시실
1. 공통사항 외 고려사항 　1) ES는 각층마다 같은 위치에 한다. 　2) 연면적 3000㎡이상 건축물에서는 800㎡마다 　　 설치하고 용도에 따라 면적을 달리할 수 있다. 　3) 기기배치와 유지보수에 충분한 거리를 둘것 　4) 문은 기기의 반출입이 가능하도록 할 것 　　 최소한 600mm이상으로 할 것 　5) 문은 건물 바닥이 침수 되어도 물이 넘쳐 　　 EPS로 들어가지 않도록 높이차를 둘것 　6) 전압강하를 고려하여 부하 중심에 둘것 　7) 배선의 유통이 원활한 곳에 설치할 것 　8) 장래의 증설에 대비한 면적을 확보할 것 　9) 약전선로와는 이격을 시킬 것 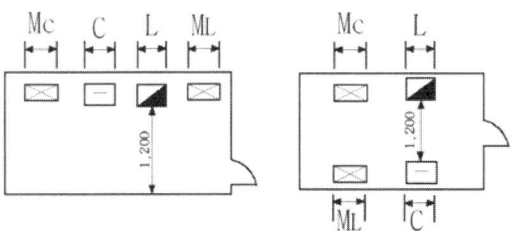 2. 면적 산정 　　L : 분전반　　M_L : 전력간선 스페이스 　　C : 단자반　　M_C : 약전, 통신간선 스페이스	1. 공통사항 외 고려사항 　1) 가능한 전력설비, 소방설비, 약전설비 등을 　　 한곳에서 감시 및 제어가 가능하도록 　　 하여 관리비용 및 에너지 절감이 되도록 　　 한다. 　2) 근무자의 휴식공간을 고려한다. 　3) 방재센타와 공용하는 경우는 방화구획을 　　 하고 지하1층 또는 피난층에 위치하여야 　　 하고 기타 지하층 일 때는 특별 피난 계단 　　 으로부터 5M 이내에 설치하여야 한다. 　4) 조명, 환기, 공조를 일반 사무실에 준하여 　　 설계하고 바닥은 배선과 장비효율을 고려 　　 하여 액세스 플로워로 시설한다. 　5) 수변전실, 발전실 등과 가까이 배치한다. 2. 중앙 감시실의 형식 | 형식\구분	A 형	B 형	C 형	D 형
---	---	---	---	---
운용형태	관리실에 설치	관리실 및 중앙감시실 겸용	중앙감시 실용 별도 면적	중앙 감시실
면적[㎡]	10	15~30	30~60	60 이상
사무용 건축물 구분	소규모	중소규모	중대규모	대규모	 3) 중앙감시실 면적 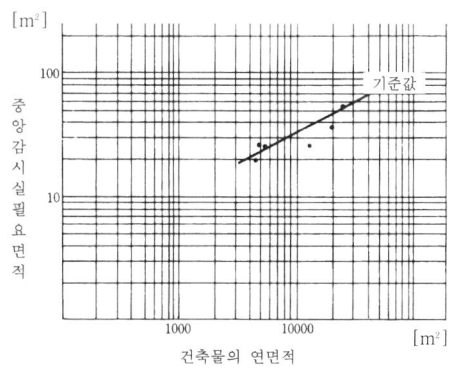

1.1.5 수변전실 설계시 환경 대책(86.3.1)

1. 개요
   수변전 설비 설계시에는 주변의 지역을 조사하여 민원이 발생하지 않도록 해야하며, 소음, 화재시 발생할 문제, 유도 장해 문제, 환경과의 조화 등을 고려해야한다.

2. 환경 대책
 1) 소음 대책
    전기 설비의 소음은 변압기 및 발전기에서 발생하는 소음이 대부분이지만 옥외에 시설하는 변전소는 차단기 투 개폐시에 발생하는 개폐음도 무시할 수 없는 경우가 있다.
  (1) 변압기의 소음
    - 변압기의 소음은 철심의 자기에 의한 떨림에 의한 소음이 문제가 되므로, 가능한 좋은 재질의 규소 강판을 사용하는 것이 좋으며, 설계시 저 소음 변압기 및 고 효율 변압기로 지정 하는 것이 좋다.
    - 변압기 외함 하부에는 고무 등을 이용하여 방진 구조로 한다.
    - 변압기 외함을 큐비클 등에 내장한다.
  (2) 발전기 소음
      발전기는 상용 발전과 비상용 발전이 있지만 대부분 수용가들은 상용 전원의 정전시 비상 부하에 전원을 공급하기 위한 비상용발전기가 많아 사용 빈도는 높지 않지만 사용시 소음, 진동, 배기가스 등이 문제가 될 수 있다.
    - 가능한 기초를 독립기초로 하여 진동시 건물에 전달되지 않도록 설계
    - 발전기 및 원동기 하부에 방진 구조를 한다.
      소형 발전기 : 방진 고무
      대형 발전기 : 방진 스프링
    - 발전기실 내부 벽과 천정을 흡음 재질로 마감한다.
    - 특수한 경우 발전기를 외함에 내장하고 패킹으로 방음 처리를 한다.
    - 연도로 배기하는 중간에 소음기를 설치한다.
  (3) 차단기 등의 개폐 소음
    - 가능한 저소음 구조인 가스 차단기나 진공 차단기를 채택한다.
    - 부득이 공기 차단기를 사용할 경우는 소음기(머플러)를 설치하여 소음을 저하 시킨다.

2) 화재 및 누유 대책

기름을 사용하는 변압기 또는 차단기가 과부하, 내부 이상 등에 의해 폭발하여 화재가 발생하는 경우와 전력용 케이블이 과열되어 화재가 발생하는 경우가 있어 여기에 대한 대책이 필요하다.
- 상당한 부분의 변압기나 케이블의 화재는 과부하가 원인이 되므로 과부하를 피하여 운전한다.
- 화재 발생시 본체가 파괴되지 않도록 탱크를 보강한다.
- 사고시 고속 릴레이와 차단기를 이용하여 고속 차단한다.
- 소화 설비 보강
  고정식 소화 설비(할론가스 등) 를 설치하여 화재시 자동으로 소화 되도록 설비
- 방화벽, 방화 구획, 방화문 설치
- 기름을 사용하는 설비 주변에 방유벽을 설치하여 누유시, 기름이 구내에 한정 되도록 설계

3) 유도 장해 방지 대책
- 지락 전류를 줄인다.
- 거리를 멀리하여 전력선과 통신선 사이의 상호 인덕턴스를 줄인다.
- 양 선로 병행 길이를 줄인다.
- 유도 장해를 받는 시간을 줄인다.
- 통신선과의 사이에 차폐선을 설치한다.

4) 환경과의 조화
- 부지 조성시 기존 환경을 자연 상태로 유지토록 노력하고 주변에 녹화 시행
- 울타리를 낮추어 위화감 감소 및 주변에 수목 식수
- 건축물의 외관이나 색채를 환경과 조화토록 설계
- 전기 설비는 가능한 GIS를 채택하여 기기 설치 면적 축소 등

5) 진동 대책

6) 고조파 등

참고 : 수 변전설비의 환경적 고려사항

No.	검토항목		기준치	기본적인 대책
1	외적인 영향	지진	진도 5에 견딜 것	내진 설계
2		홍수		가능한 지하를 피하고 부득이한 경우 배수 펌프 설치
3		염해		옥외 -> 옥내 설계
4		부식성 가스		옥외 -> 옥내 설계
5		습도		제습 장치 설계
6		외부 화재		방화 구조 특히 갑종 방화문
7		동물 침입		침입구를 글래스 울 등으로 막는다.
8	내적인 영향	소음	60 dB 이하	소음이 적은 기기 검토 엔진 : 소음기 설치 발전실 : 벽과 천정에 흡음판 부착
9		진동		진동 고무나 스프링 설계
10		화재, 폭발		전기 화재 소화기 구비 분말, 하론가스, 탄산가스 등
11		온도 상승	주위온도 40°C 이하	가급적 과부하 운전을 피하고 에어컨 설비 및 배기 닥트 설치
12	기타	유지 보수		충분한 유지 보수 공간 확보
13		장래 증설		건축물 증설, 설비 증설, 자동화 등으로 용량 증설에 따른 여유 공간 확보

(2) 수 변전 기기별 환경 대책

No.	기기명	환경문제	개선안	효과
1	발전기	소음 및 가스 발생	디젤엔진 -> 가스터빈	소음 및 가스발생 저하
2	유입 변압기	기름 과열 폭발 화재	유입식 -> 몰드식	화재 폭발 원인 제거 기름사용 억제에 의한 토질 오염 최소화
3	축전지	산에 의한 피해	납축전지->알칼리	산 발생 억제 및 납 성분 미사용

1.1.6 수변전 설비 설계시 고려사항(77.4.5)

1. 개요
    최근 건축물의 대형화, 고층화, 정보화 추세에 따라 전기 설비 증대와 고품질의 전력 공급이 요구되고 있고 다음과 같은 사항을 검토해야한다.
    1) 부하 조사 및 부하 설비 용량의 추정
    2) 수전 설비 용량 및 변압기 대수 결정
    3) 수전 전압 결정
    4) 수전 방식 결정
    5) 단락 전류 추정 및 기기 선정
    6) 전압변동, 전압강하, 정전대책
    7) 부하 밸런스 추정
    8) 접지 방식, 써지보호, 여자돌입전류, 플리커
    9) 주위온도 및 발열량 파악
    10) 단락 보호 방식
    11) 전기설비 기술 기준

2. 수변 전설비 진행순서

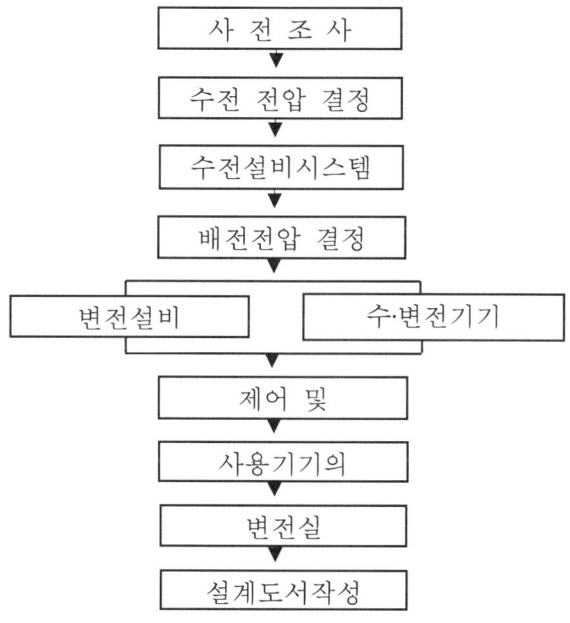

3. 수변전 설비 설계
    1) 부하 설비 용량의 추정
        부하 설비 용량 추정에는 부하 리스트에 의한 방법과 표준 밀도에 의한 방법이 있다.
        (1) 부하 LIST에 의한 부하 용량 계산 방법
            - 부하를 알 경우 사용하는 방법으로 주로 실시 설계시 적용

- 실제 설계에 의한 부하 종류별, 군별 용량 집계
  (전등, 전열, 일반동력, 냉방동력, 소방동력, 승강기 동력, 비상용 부하 및 기타 특수부하)

(2) 표준 부하 밀도에 의한 부하 용량 추정 방법

가. 내선규정 3315절

내선규정 3315절에 의해 부하 용량을 모를 경우에 적용하며 주로 기본 설계시 적용한다.

- 총 부하 설비용량 = P x A + Q x B + C [VA]
  P : 전용면적 [m^2]   A : 전용부하밀도 [VA/m^2]
  Q : 공용면적 [m^2]   B : 공용부하밀도 [VA/m^2]
  C : 가산부하 [VA]

전용 부하	공장, 교회, 극장	10 [VA/m^2]
	여관, 학교, 음식점, 목욕탕	20
	주택, 아파트, 상점	30
공용 부하	복도, 계단, 창고	5
	강당	10

(가산부하)
1. 주택, 아파트 1세대당 500(17평 이하)~1000(VA)(17평 초과) 가산
2. 상점의 진열장 : 진열장폭 1m에 대하여 300(VA) 가산
3. 옥외 광고 등, 전광 사인 등의 VA는 그대로 계산
4. 극장, 댄스홀 등 무대조명, 영화관 특수조명등은 VA를 그대로 계산
5. 고압 전동기 등의 고압 부하는 그대로 계산

나. 집합 주택 (내선 규정 300-2)

P (VA) = 30 (VA/m^2) x 바닥면적(m^2) + (500~1,000)(VA)
( ) 안의 가산 부하는 1,000을 채택하는 것이 바람직 함

다. 전전화 주택(내선 규정 300-1)

P (VA) = 60 (VA/m^2) x 바닥면적(m^2) + 4,000(VA)

라. 주택 건설 기준 제40조 (건교부)

세대당 3kW (전용면적 60m^2 미만) + 초과시 10m^2당 0.5 kW

예. 주택건설 기준으로 계산한다면(85m^2. 500세대)
- 60m^2까지:3KW + 10m^2 초과시 마다 500W 추가 계산
- 수용율 : 100세대 45% -내선 규정 300-2

* 세대당 부하밀도 = $3,000 + (\frac{85-60}{10} \times 500) = 4,500(W)$

* 변압기 용량 = 4.5 KW x 500세대 x 0.45 = 1,012 KW => 1,250 KW

(3) 공용부 변압기 용량
  - 세대당 부하밀도 : 1.5 KVA
* 변압기 용량 = 1500 x 500세대 = 750 KVA

2) 수전 설비 용량 및 변압기 대수 결정
(1) 부하군마다 수용율, 부하율 감안 수전설비 용량 산출
  - 최대 수용 전력 = Σ(부하설비합계 x 수용율)
  - 수전설비용량 = $\frac{최대 수용 전력}{역율 \times 효율}(kVA)$

(2) 부등율 적용
  - 2 STEP 방식 채택시 Main TR에만 적용
  - 수전 변압기 용량 ≥ 부하설비합계 x 수용율 / 부등율

(3) 뱅크수 결정.

용량 [KVA]	1,500미만	1,500~3,000	3,000 이상	특수 부하
뱅 크 수	1	1 ~ 2	2 이상	1

3) 수전전압 결정(한전 전력 공급 약관 제 23조) 2010.11.01 개정
   수전설비 용량 및 인근 배전 계통 등을 감안하여 전력 회사와 협의 거쳐 저압, 특고압, 초고압 수전여부를 결정한다.

계 약 전 력	공급방식 및 공급 전압
500 [KW] 미만	- 교류 단상 220V 또는 교류3상 380V - 단, 150kW 이상인 경우는 한전에 공급설비 설치장소를 무상으로 제공해야 함.
500 [KW] 이상 10,000 [KW] 이하	- 교류 3상 22.9 KV - 단, 한전변전소에 여유가 있고 보호협조등 문제가 없을 때는 22.9 KV로 40,000kW까지 공급 가능
10,000 [KW] 초과 400,000 [KW] 이하	- 교류 3상 154 KV - 단, 한전변전소에 여유가 있고 보호협조 등 문제가 없을 때는 400,000kW초과시에도 154kV 공급 가능
400,000 [KW] 초과	- 교류 3상 345 KV 이상

4) 수전 방식 결정

부하의 중요도, 예비 전원 설비의 유무, 경제성, 전원의 공급 신뢰도(정전 회수, 시간 등), 전력회사 배전계통 등을 고려하여 결정한다.

수전방식		정전시간	경제성	공급 신뢰도	특 징 (장·단점)
1회선 방식	전력회사 — 수용가 (CB, CB, TR)	길다	가장 경제적	나쁘다	소규모
평행2회선 수전		짧다	조금 비싸다	좋다	중규모
본선+ 예비선수전		단시간	비싸다	좋다	대규모
Loop 수전		순시	비싸다	좋다	인근에 Loop 수용가가 있어야 함
Spot - Network 수전		무정전	가장 비싸다	가장 좋다	중요한 시설에 설치

5) 단락 전류 추정 및 기기 선정

(1) 단락 전류 추정

- % 임피던스법, PU법, Ohm 법, 대칭 좌표법, 클라크 좌표법 등이 있으며, 일반 수용가는 % 임피던스법을 많이 적용하고 있다.

$$\%Z = \frac{전압강하}{계통전압} = \frac{IZ}{V} \times 100 = \frac{PZ}{V^2} \times 100 = \frac{PZ}{10\,V^2}(\%)$$

$$단락전류\,Is = \frac{100}{\%Z} \times In \quad (In = \frac{Pn}{\sqrt{3}\,V})$$

(2) 주요 기기 선정 및 배치
- 기기별 정격, 사용 조건, 사용방법, 사용 장소, 치수, 중량 등 고려
- 변압기, 차단기, 계기용 변성기, 피뢰기, 전력용 콘덴서 등
- 기기 배치
  보수 공간, 증설 공간, 기기 반출입 통로등 확보

6) 전압변동, 전압강하, 순시정전 대책
전압변동이나 전압강하는 %Z에 의해 결정된다. %Z가 적으면 전압변동이나 전압강하는 적어지나 단락전류가 커지므로 적정한 %Z 선정이 중요하다.

7) 부하 밸런스 추정
부하의 불평형율이 내선규정에 적합한지 검토
- 1Φ 3W : 40%
- 3Φ 3W, 3Φ 4W : 30%

8) 주위온도 및 발열량 파악
주위온도는 변압기의 수명과 손실에 영향을 준다.(주위온도 1℃ 내려갈 때마다 0.8%씩 부하를 더 걸 수 있다.)

9) 기타
- 접지계통 및 지락 보호
- Surge 보호
- 관련 법규 검토
- 여자 돌입 전류
- 플리커 대책
- 변전실 면적
- 에너지 Saving 등

1.1.7 부하율, 수용율, 부등율 설명(77.1.10)

1. 개요

   수용율과 부등율은 변압기 용량 결정의 위하여 사용되는 것으로서 변압기 용량은 각 부하의 설비 용량, 수용율, 부등율, 장차 증설 계획 등을 고려하여 결정하여야 하며 그 관계를 살펴보면 다음과 같다.

2. 부하율, 수용율, 부등율
   1) 부하율

      부하의 평균 전력(KW)과 최대 수요 전력(1시간 평균) (KW)의 백분율 (%)을 말하며 일 부하율, 월 부하율, 년 부하율 등이 있다.

      $$부하율 = \frac{부하의 평균 전력}{최대 수요 전력(1시간 평균)} \times 100(\%)$$

   2) 수용율

      수용가의 부하설비는 동시에 전부가 사용되는 일은 거의 없으므로 수용가의 부하설비 합계와 그것이 사용되고 있는 시점에서의 최대 전력과는 반드시 일치하지는 않는다.
      수용율이란 이 최대 수요 전력(KW)과 부하설비 용량의 합계(KW)와의 백분율(%)이다.

      $$수용율 = \frac{최대 수용 전력}{부하 설비용량 합계} \times 100(\%)$$

   3) 부등율

      부등율이란 수전방식에서 변압기를 2 STEP 방식 채택시 Main TR에만 적용하는 것으로서 다음식과 같이 나타낸다.

      $$부등율 = \frac{각 부하의 최대 전력의 합}{합성 최대 수용 전력} \times 100(\%)$$

   4) 변압기 용량

      $$변압기\ 용량 \geq 부하\ 설비\ 합계 \times \frac{수용율}{부등율} (kW)$$

3. 변압기 용량 산정시 기타 고려사항

   변전 설비의 안전성, 신뢰성, 경제성, 에너지 절약성 등을 고려하여 변압기 용량을 선정하여야 하며, 다음과 같은 사항도 검토하여야한다.

1) 저 손실형 변압기 및 표준형 선택

	유입식	MOLD	건 식	GAS
경제성	가장 싸다	중간	비싸다	가장 비싸다
사용실적	최대	많다	적다	실험실 수준
내습성	OIL함침, 우수	우수	취약	우수
유지보수	OIL교체	가장 우수	먼지, 건조	GAS 보충

2) 안전성 및 효율을 고려하여 아몰퍼스 변압기, 자구 미세화 변압기 채택
3) 주위온도 및 발열량 냉각방식 고려
   주위온도 30℃에서 1℃ 내릴 때 마다 0.8% 부하를 더 걸 수 있다.
4) 급전방식과 변압기 대수
5) 고조파 부하 담당용 변압기 선정시 고조파 내량 고려(K-Factor)
6) 전동기 기동 특성을 고려
7) 장래 증가 고려
8) 단락 전류 계산과 보호 방식
9) 접지방식, 서지 전류, 여자 돌입 전류 등
10) 급전방식 및 변압기 대수 결정
    - 대수가 많으면 : 설비 복잡, 공간 활용 저하 유지 보수비 증가
    - 단위 용량이 커지면 : 계통 담락 용량이 커지고 2차 CB 선정시 제약을 받는다.

4. 맺는말

   변압기를 선정할 때 제일 먼저 용량을 결정해야한다.
   이때 부하설비의 종류, 용량 등 을 먼저 검토하여 변압기 종류를 정해야 하고, 변압기 2차 측 에 고조파 발생원이 많을 경우 고조파 전류에 의한 손실 증가로 변압기 용량을 정격용량의 2~2.5배까지도 고려해야 할 경우도 있으므로 의해야 한다.

1.1.8 수전 설비 결선도(63.1.12)

1. 정식 수전 (내선규정 3220에 의거)

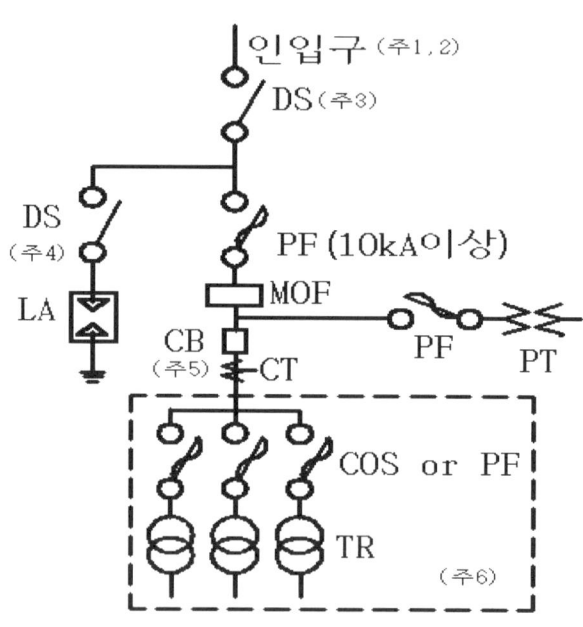

< 특고압 수전 설비 결선도 >

주1. 인입선을 지중선으로 시설하는 경우에 공동 주택 등 고장시 정전 피해가 큰 경우는 예비선을 포함하여 2회선으로 시설하는 것이 바람직함.

주2. 22.9 kV-y 계통의 지중 인입선은 CNCV-W케이블(수밀형) 또는 TR CNCV-W (트리 억제형)을 사용하여야한다.
다만 전력구, 공동구, 덕트, 건물내 등 화재의 우려가 있는 장소는 FR CNCO-W (난연성) 케이블을 사용하는 것이 바람직함.

주3. DS대신 자동고장 구분 개폐기(ASS)를 사용할 수 있으며 (7,000kVA 초과시에는 Sectionalizer) 66kV 이상의 경우는 LS를 사용하여야한다.

주4. LA용 DS는 생략할 수 있으며 22.9kV-y용 LA는 Disconnector 또는 Isolatorm 붙임형을 사용하여야 한다.

주5. 차단기 트립 전원은 직류 또는 콘덴서 방식(CTD)이 바람직하며 66KV 이상 수전설비는 직류 이어야 한다.

주6. 점선내 부분은 참고용

주7. 22.9 kV-y 1,000 kVA 이하는 간이 수전 설비 결선으로 가능

2. 간이 수전

< 특고압 간이 수전 설비 결선도 >

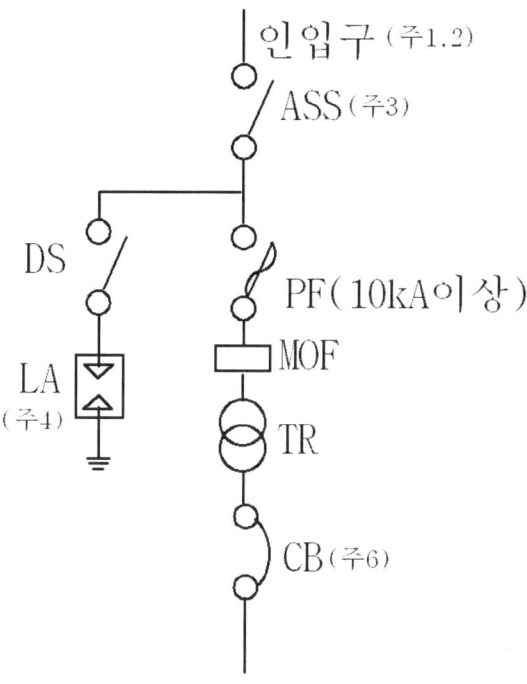

주1. 인입선을 지중선으로 시설하는 경우에 공동 주택등 고장시 정전 피해가 큰 경우는 예비선을 포함하여 2회선으로 시설하는 것이 바람직함.

주2. 22.9 kV-y 계통의 지중 인입선은 CNCV-W케이블(수밀형) 또는 TR CNCV-W (트리 억제형)을 사용하여야한다.

다만 전력구, 공동구, 덕트, 건물내 등 화재의 우려가 있는 장소는 FR CNCO-W(난연성) 케이블을 사용하는 것이 바람직함.

주3. 300kVA 이하의 경우는 자동고장 구분 개폐기(ASS) 대신 Int SW를 사용할 수 있다. (삭제됨)

주4. LA용 DS는 생략할 수 있으며 22.9kV-y용 LA는 Disconnector 또는 Isolatorm 붙임형을 사용하여야 한다.

주5. 300kVA이하인 경우는 PF대신 COS(비대칭 차단전류 10kA 이상인 것)을 사용할 수 있다.

주6. 특고압 간이 수전설비는 PF의 용단 등 결상 사고에 대한 대책이 없으므로 변압기 2차측에 설치되는 주 차단기에는 결상 계전기 등을 설치하여 결상 사고에 대한 보호 능력이 있도록 함이 바람직하다.

1.1.9. 500세대 아파트 단지의 경우 수전설비, 변전설비, 발전설비를 기획하시오. (단, 단위세대면적 85㎡의 고층 아파트로서 공용시설 부하는 1.5 kVA/세대로 한다.)

1. 개요
   최근 공동주택은 정보화의 진전으로 신뢰성, 안전성, 에너지 절약성 등을 검토하여야 하며 수전설비의 구성은 표준 결선도에 준한다.
2. 설비 계획
 1)수전설비
  (1) 수전 방식
     평행 2회선 수전 방식(1회선 예비) 채택
  (2) 수전 전압
     500KW 이상 : 22.9 kV 수전
  (3) 인입 방식
     24 kV FR-CN/CO-W 60mm² 이상(한전 공급 규정)
  (4) 기기 선정

기기명	기 능	정격사항 및 설계요건
LBS (W/PF)	인입 개폐기로 DS보다 신뢰성이 높은 LBS 채택 PF를 별도 설치하지 아니하고 PF가 부착된 LBS를 사용	24KV, 3P 630A FUSE : 100A 한류형 40KA/1SEC
VCB	평상시 부하전류 차단 단락 및 지락시 사고 전류 차단	25.8KV 600A 520 MVA(12.5kA)
피뢰기	뇌서지등 이상 전압 방류 GAPLESS형 채택	18 kV 2.5 kA
MOF	DM에 계측용 전압 전류 공급	PT : 13200/110V CT : 100/5 A
CT	전류 변환	에폭시 몰드형 채택 100/5 A (40VAx3) 과전류 강도 : 75 In
변압기	무부하 손실을 줄이기 위해 직강압 방식 채택 저 손실형 에폭시 몰드 변압기 사용	EPOXY MOLD 22.9/380-220V BIL 95 kV
S C	역율개선	변압기 용량의 6%
S A	VCB 개폐서지 억제	18 kV 5 kA
발전기	비상 부하에 전력 공급	3상, 60Hz, 380-220V 고속 디젤 발전기(환경을 고려하여 가스 터빈 검토)
ACB	저압 부하전류 차단 및 사고 전류 차단	600V 4P 50 kA(AT 600V)
ATS	정전시 저압 전원 절체	600V 4P 사고 전류 차단 능력 없음

2) 변전설비
  (1) 변압 방식
      고압용 동력이 없으므로 1-STEP 방식 채택
  (2) 변압기 용량 산정
   가. 세대용 변압기 용량
     1. 주택 건설 기준(건교부 설계 기준)
        대지 면적 ㎡ 당 35W 또는
        세대당 3kW (전용면적 60㎡ 미만) + 초과시 10㎡당 0.5 kW
        - 60㎡까지:3KW + 10㎡ 초과시 마다 500W 추가 계산
        - 수용율 : 100세대 이상 45% -내선 규정

      * 세대당 부하 밀도 = $3,000 + (\frac{85-60}{10} \times 500) = 4,500(W)$

      * 변압기 용량 = 4.5 kW * 500세대 * 0.45 = 1,012 kW=>
                                                1,250 kW

   나. 공용부 변압기 용량
      - 세대당 부하밀도 : 1.5 kVA
      * 변압기 용량 = 1.5 X 500세대 = 750 KVA

3) 발전 설비
  (1) 건축법, 소방법에서 규정하고 있는 예비 전원을 필요로 하는 부하
      - 건축법 : 비상용 승강기, 배연설비, 비상 조명
      - 소방법 : 자탐 설비, 비상 콘센트, 유도등, 소화 동력
  (2) 자가용 발전설비는
      - 정전 후 10초 이내에 전압을 확립하여
      - 30분 이상 안정적으로 공급 가능하여야 하고
      - 비상용 승강기는 2시간 이상 연속운전이 가능해야 한다.
  (3) 비상 전원 절체기(ATS)를 시설 하여야 함.
  (4) 발전기 용량 계산
      PG1 : 정상운전에 대한 용량
      PG2 : 최대 부하 기동에 의한 순시 전압강하 고려
      PG3 : 발전기 과부하 내량 고려하고 최대 부하를 맨 마지막에 기동
      PG4 : 고조파 고려한 계산
  (5) 발전기 용량(주택공사 기준)
      500세대 * 0.5 kW/세대 = 250 kW

3. 개략 Skeleton

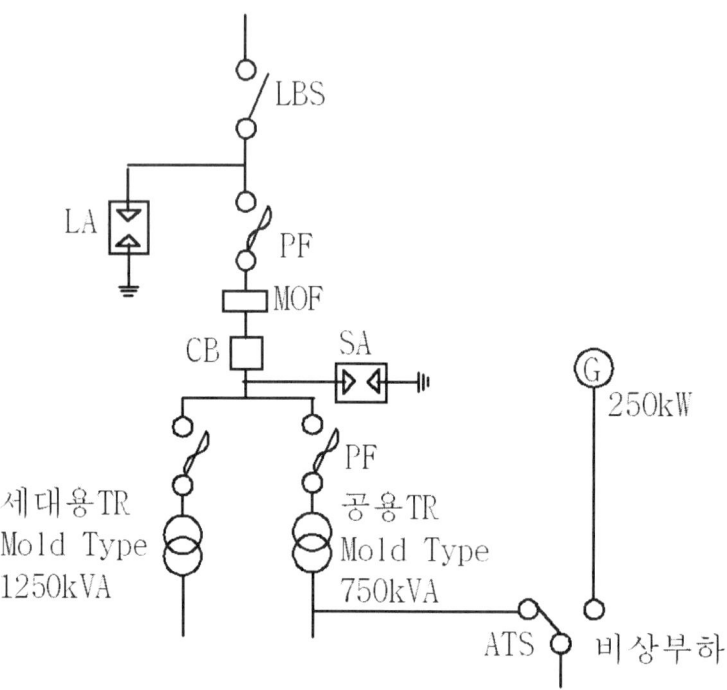

1.1.10 20,000㎡ 규모 연구소 설계시 전원 용량 추정과 전기 기획 설계시 고려 사항을 설명하시오.

1. 전원 용량 추정
   1) 부하 설비 용량 산출

구 분	부하밀도 (VA/㎡)	부하용량 (kVA)
전 등	60	60X20,000=1,200
일반 동력	110	110X20,000=2,200
냉방 동력	50	50X20,000=1,000
계	220	4,400 kVA

   2) 변압기 용량 산정
      (1) 수용율 적용

구 분	수 용 율(%)	수용율 적용 용량	표준 변압기 용량
전 등	70	1,200X0.7=840	3Φ 1,000 kVA
일반 동력	50	2,200X0.5=1,100	3Φ 1,250 kVA
냉방 동력	80	1,000X0.8=800	3Φ 1,000 kVA
계		2,740 kVA	3Φ 3,250 kVA

   (2) 주 변압기 용량
      - 부등율 적용 (2-STEP) : 1.2
      - 3,250 / 1.2 = 2,700 kVA
      - 표준 규격 : 3Φ 3,000 kVA 선정

2. 연구소 전기 설비 기획시 고려사항
   1) 연구소에 대한 특징 파악
      - 연구 시설, 시험 시설, 환경 시험, 약품실, 화학실 등
      - 고조파와 써지에 약한 장비 파악 등
   2) 전기 설비 기획시 고려 사항
      (1) 전원 계획
         - 신뢰성이 높은 수 변전 설비 구축

수전 방식 : 1변전소 수전 평행 2회선 방식 보다는
2변전소 수전 가능 예비 회선 방식 수전이나 루프방식
또는 가장 신뢰성이 높은 SNW 수전방식 채택
변압기 2차 모선 : 2중 모선 방식 채택
(2) 정전을 대비한 예비용 발전기는 물론 UPS설비 검토
(3) 고조파 대책 수립
발전기 용량 산정시 고조파 고려
ACTIVE FILTER 설치
정류기 등 다 펄스화
계통 분리(고조파와 일반 부하)
(4) 시험실
바닥 배선 : 변경에 대비하여 floor access 시설
천정 배선 : cable rack 시설
각실 접지 시설(등전위 접지 검토)
정보 통신 선로 ; Noise 검토
방범 설비 검토
(5) 조명기구 및 배선기구
방폭형, 내산형 검토
연색성 고려 : LED 또는 삼파장 전구 채택
콘센트 : 방수형 검토

3) CLEAN ROOM
- 조명기구 : 매입형 사용하여 교체시 먼지 방지
- 배관 : 매입
- 분전반 : ROOM밖에 설치
- 정전기 방지 접지
- 기구 : 방폭형
- 가스 탐지 설비
- 내식성 검토

1.1.11 연면적 80,000 ㎡ 지하 7층 지상 25층 오피스텔의 전기 통신 설비를 계획하시오.(63.4.3)

1. 개요
   오피스텔은 대형 건축물로서 고층화에 따른 방재 대책, 정보 통신 설비의 최신화, 에너지 절약, 향후 증설 가능한 설계 등을 해야 한다.

2. 전력 설비 설계
 1) 부하 설비 및 변압기 용량 계산
   가. 전력 부하 밀도 : 150 [VA/㎡] -표준 인텔리 젠트 빌딩 적용
   나. 총 설비 용량 = 150 X 80,000 = 12,000,000 = 12,000 KVA
   다. 변압기 용량 = 12,000 X 0.7 = 8,400 KVA
 2) 수전 방식
   가. 인입선은 신뢰성을 고려하여 2회선 수전(예비 1회선)
   나. 3상 22.9 KV 수전
 3) 변전 방식
   22.9 KV/380-220 V 직강하식-전력손실 및 변전실 면적 축소
 4) 예비 전원 설비
   가. 비상 발전기 : 환경을 고려하여 가스 터빈 발전기 검토
      공급 부하 - 소화 동력, 승강기, 환기 팬, 비상 전등
   나. 무정전 전원장치(UPS)
      공급 부하 : OA부하, 방재반 및 감시반
   다. 축전지
      전기실 제어용 전원
 5) 전력 간선 설비
   옥내 전압 강하 3% 이내로 전력 간선 선정
 6) 동력 설비
   가. 기계실, 공조실, 엘리베이터실 등 동력설비의 적절한 기동방식
      3상 380V 11 kW 이하   : 직입기동
               15 kW ~ 55 kW : Y-D 기동
               75 kW 이상   : 리액터 기동
   나. MCC는 동력부하 중심에 설치하고 유지 보수를 위하여 인출형 채택
 7) 조명 설비
   . 전반 조명은 전자식 형광등 설치
   . 가능한 6등 이내 회로 구성
   . 주간 창측 조명 제어

8) 전열 설비
   . 모든 콘센트에 접지선을 설치하여 감전 및 기계 효율 향상
   . 방안 양쪽으로 콘센트 설치하여 안전성 및 미관 고려
9) 승강기 설비
   군관리 제어 고려
10) 기타 PEAK 전력 제어로 전기 요금 절약

3. 정보 통신 설비
   1) 전화 설비
      가. 1층에 전화용 MDF 설치하여 전자식 교환대와 연결
      나. 1층에 DATA용 MDF 설치하고 통합 SYSTEM 구축
      다. 각층에 IDF 설치
      라. 전화용 MDF와 DATA 접지는 반드시 별도 접지
   2) 인터폰 설비
      가. 시설 관리 유지용 상호 인터폰 설치
   3) TV 공청 설비
      가. 공중파 방송, 유선방송, 위성방송안테나 설치
      나. 자체 가능한 방송 SYSTEM 구축
      다. 말단의 전계 강도를 70dB 이상 유지
   4) 방송 설비
      가. MAIN AMP는 방재실에 설치
      나. 회의실, 세미나실 등에 AUDIO/VIDEO 설비
      다. 층별 용도별 구분
      라. 방송 앰프와 화재 수신반 연동
   5) CCTV 설비
      가. 방재실에 CCTV CONSOL 설치
      나. 지하 주차장, 현관, 승강기 등에 CCTV 설치
      다. 고정형과 회전형 적절히 설치
   6) 주차 관리 설비
      가. 신호 관재, 주차 관제, 재차 관제 설비 선정
      나. 검지 방식은 LOOP COIL 방식 채택

4. 방재 설비
   1) 전기 소방 설비
      가. 자동 화재 감지 설비 : R형 수신반
      나. 유도등 설비 : 피난구 유도등(대/중/소), 통로 유도등 설계
      다. 비상 콘센트 설비 : 지하층과 11층 이상에 설치

2) 피뢰 설비
   가. 건물보호, 옥탑 부분 보호(각종 안테나, 연도 등등)
   나. 접지 설비
      피뢰 접지 전력접지, 전화접지, OA접지, 건물 접지 등

5. 에너지 절약 방안
   1) 수변전 설비 ; 직강하식 수전설비, 몰드 변압기 채택, 적정 수용율 등
   2) 동력설비 : 역율 개선용 콘덴서, 적합한 기동방식, 흡수식 냉동기 사용
   3) 냉난방기 : 겨울용 난방기로 기름 방식이나 전기 히터 방식보다는 신제품인
                히트 펌프 방식을 채택하여 전력 절감 (1/2이상 절약)
   4) 중앙 냉난방 보다는 각 호실 냉난방 채택
   5) 조명 : 기존 40W형광등에서 32W 슬림형 형광등 사용
             6등 이내 회로 구성
             창문 쪽 주광 스위치를 사용하여 낮에 절전

1.1.12 복합형 공동 주택 전기 설계 시공 감리상 유의사항

1. 개요
   - 국내 복합형 공동주택 출현(주상 복합) 90년대 초
   - 도심의 택비 부족 현상과 야간의 도심 공동화 완화 목적
   - 초고층화, 다세대화
2. 특징
   1) 초고층으로 철골 구조체
   2) 공동 주택 : 대형화 고급화
   3) 상용, 레져 스포츠와의 복합형 건물
   4) 건식 구조, 가변적 공간 계획
   5) 반영구적
   6) 채광과 향은 기존 아파트에 비해 불리

3. 기존 아파트와 다른 건물 특징에 따른 설계 및 시공
   1) 수변전 설비
      (1) 변전실 위치 선정
         - 지하층에 주 변전실을 설치하되 50~60층 건물이라면 건물 높이가 200~250m 이므로 옥탑층에 Sub Station 검토
         - 장비 반출입 및 유지 보수 고려
         - 침수 등의 피해 없도록 고려
      (2) 전원 인입
         - 보통 22.9 kv 특고 수전
         - 주거용과 상업용 별도 수전하여 공급 체계가 완전히 분리되도록
      (3) 용량 및 뱅크 구성
         - 동력, 냉방, 전등 전열 구분 뱅크 구성
         - 1뱅크 1,500kVA가 바람직함
            (더 커지면 차단기 등 단락 용량 문제 발생)

   2) 비상 발전 설비
      50~60층의 초고층 입주자들에게 정전에 의한 엘리베이터 중단은 엄청난 문제이다. 따라서 비상 전원 계획을 철저히 수립해야 한다.
      - 출력은 비상 출력이 아닌 24시간 연속 운전 가능한 용량 선정
      - 발전기에서 배전반에 이르는 선로등도 연속 운전 가능 시스템 구성

3) 반송 설비

　층에 따라 운행 속도를 3단계 정도 구분
- 15층 이하 : 60~90 m/min
- 16~30층 : 120 m/min
- 30층 이상 : 180 m/min
- 상가 부분 : 에스컬레이터 검토

4) 배관 설비

　바닥은 R.C조와 동일하나 벽체와 천장은 많이 다르다.
- 건식 공법(경량 칸막이 사용)이므로 가변 벽체에는 콘센트 등의 시설을 하지 않도록 고려.
- 천정 높이가 기존 주택에 비해 높으므로 Box에서 기구까지 Flexible Conduit 사용하고 충분한 길이 시공시 고려
- EPS를 강전과 약전 분리 검토

5) 약전설비

　전화설비, CATV, 확성 설비, CCTV, 방범설비, 인터폰 설비, 원격 검침 설비, 자동 제어설비 등 각종 약전 설비가 증가 추세임.
- 통신 : UTP 케이블 사용 검토
- 보안 측면에서 CCTV확대
- CATV : 위성 수신 검토

6) 방재 설비

　자동 화재 경보 설비, 피난 설비, 배연설비, 비상콘센트, 무선 통신 보조 설비 등에 스프링클러 설비가 추가됨.
　피뢰침은 기존 돌침형 보다 수평도체 방식이나 Mesh 방식

7) 접지 설비
- 강전계와 약전계 접지 선로를 분리하되 지하에 MESH 및 보링 접지를 병행하여 접지저항을 2(Ω) 이하로 낮춘 후 철골 구조 및 수도관등과 일체를 결합하는 통합접지(등전위 접지) 검토

4. 감리

　감리는 발주자 또는 감독을 대신하여 공사가 제대로 되는지 확인하여야한다. 또한 법적인 조건을 무시해서도 않으며 지나치게 법적 요건 충족에 매달려 불필요한 경비 부담을 주어서도 안 된다.
　감리자도 시공을 도와 줄 수 있는 지식과 경험 등이 필요하겠다.

1.1.13 초고층 빌딩의 전기설비 (83.4.3)

1. 개요

    서울특별시 초고층 건축물 가이드라인(2009.8.1 시행)

    「서울시 건축조례」 제6조 규정에 의한 서울특별시 건축위원회 심의를 받는 **50층 이상 또는 높이(옥탑·장식탑 등 포함)가 200m 이상인 건축물** (이하 "초고층 건축물"이라 함)에 한하여 적용한다.

2. 초고층 빌딩의 전기 설계

    초고층 빌딩은 수변전 설비, 간선설비, 승강기설비, 방재설비(화재, 피뢰), 내진 설계 등이 특히 중요하다.

    1) 수변전 설비

    (1) 수변전실 위치

    초고층 빌딩은 높이가 높아 (200m이상) 지하층 1곳의 변전실로는 전압강하가 너무 크기 때문에 30층~40층 정도의 층으로 구분하여 부 변전실을 설계하는 것이 바람직하다.

    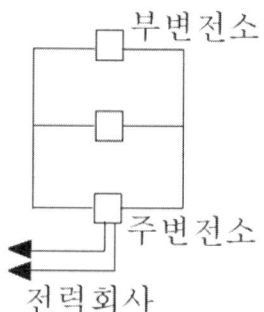

    (2) 변압기, 발전기, 축전지 등은 특히 지진에 대한 고려가 필요하다.

    2) 간선설비

    (1) 초고층빌딩은 수직으로 전압강하가 크기 때문에 간선의 용량 설계시 허용전류 외에 전압강하의 계산이 매우 중요하다.

    (2) 간선은 소용량 : 케이블
          대용량 : Bus duct가 필수이며

    (3) EPS에 간선 시공시
      - 수직 하중에 대한 대책
      - 자중에 의한 전선 탈락 방지, 신축
      - 사고시 단락전류에 의한 전자력 등을 함께 고려해야한다.

(4) 사고시를 대비한 간선 방식에는 아래와 같은 방식이 있다.

Back Up 방식	Loop 방식	예비 본선 방식
-중요부하만 양쪽에서 공급하고 일반 부하는 일방 공급. -가장 경제적임.	-평상시 By Pass : Off -이상시 By Pass : On -간선, 차단기 용량이 2배 용량이어야 함. -일반적 배전방식	-각부하마다 양쪽 FEEDER에서 공급 -신뢰도 가장 높다 -설치비 고가

3) 반송설비

　초고층빌딩에서 승강기의 설치는 필수이며 적어도 분당 540m 이상의 초고속이 설치된다. 따라서 설계시 여러 가지 주의가 필요하다.

(1) 고속화, 대용량화

　운송 능률을 높이기 위하여 고속 운행과 더불어 승차 정원을 늘려야 하며 다음과 같은 사항을 검토해야 한다.
  - 군 관리 운영 시스템 채택
  - 평균대기 시간을 15~20초 이내로 설계
  - 장애자를 위한 설비 구비

4) 방재설비

(1) 방화 및 소화 설비

　어느 층 이상의 고층에는 소방용 사다리가 닿지 않으므로 초고층빌딩에서의 방화설비와 소화 설비는 매우 중요하다.
  - 스프링 클러 전 층 설계 및 유지보수 철저
  - 방재 센터를 설치하고 화재시 진두지휘토록 설계
  - 중간층과 옥상에 피난장소 설치

(2) 피뢰침 설비
  - 돌침 방식 보다는 케이지방식이나 수평도체 방식 적용
  - KSC IEC 62305 규격에 맞는 설계 및 시공

(3) 항공 장애등
- 항공법에 의해 보통지역은 150m이상의 건축물, 장애물 제한구역에서는 60m이상의 건축물에는 항공장애등을 설치해야한다.

5) 정보통신 및 OA설비
(1) 확장성을 고려하여 전산실이나 OA기기가 많은 장소에는 Access Floor 방식으로 바닥 구성
(2) 정전 대책으로 UPS설치
(3) Noise 대책 : 건물차폐, 등전위 Bonding
(4) 광 CABLE인입 및 LAN 망 구성

3. 기타 고려사항
1) 내진 설계
(1) 건축물과 전기 설비의 공진 방지 설계
지진 발생시 건축물의 고유 진동수와 전기 설비의 진동수가 겹쳐 공진을 일으키면 그 피해가 더욱 커지게 된다. 따라서 이 공진 주파수를 검토하여 피할 수 있는 설계가 필요하다.
(2) 장비의 적정 배치
- 내진력이 적은 설비, 중요도가 높은 설비를 하부 배치
- 지진시 오동작 또는 폭발성 우려 기기를 하부 배치
(3) 사용 부재를 강화하는 방법
- 사용 부재를 보강하여 고정할 것
- 가대의 기초 강화(기기의 바닥, 측면, 상부를 고정)
2) 예비 전원 설비
(1) 발전기
- 상용 부하 설비 용량의 20~25% 확보
- 가스 터빈 발전기 권장
(2) U P S
- 전산실, 정보 통신 설비 등 공급
- 상용 부하 용량의 10% 정도 확보
3) 조명
- 일사량 반영
4) 접지
- KSC IEC 60364 및 62305 반영 : 공동 접지
- MESH 접지 공법 및 구조체 접지 권장
5) 피뢰설비
- KSC IEC 62305 반영
- 뾰족한 건물 : 돌침 방식 + 수평 도체 방식
바닥 면적이 넓은 건물 : 수평 도체 방식 또는 MESH 방식 권장

6) 인접 건물 전파 방해

  국내에서는 공중파가 중계소간 방향파 송수신 방식을 사용하므로 빌딩 인접 건물에는 전파장애가 발생할 수 있다.

  따라서 옥상에 별도의 안테나를 설치하여 장해 지역에 송신을 할 수 있는 시스템이 요구된다.

1.1.14 스포트 네트워크(SNW) 배전 방식(81.4.5)

1. 개요
   1) Spot Network 수전방식은 전력회사의 변전소에서 나온 2~4회선의 네트워크 배전선에 수전용개폐기를 통해서 네트워크변압기를 접속하고
   2) 그 변압기의 2차측은 프로텍터 차단기를 통해서 네트워크 모선에 병렬 접속하여 전력을 공급하는 방식으로,
   3) 무정전 공급이 가능해서 신뢰도가 높고 도심부의 부하밀도가 높은 지역의 대용량 고객에게 공급하는 방식으로 우리나라는 지중화지역의 지중 전선로로 공급한다.

2. 구성

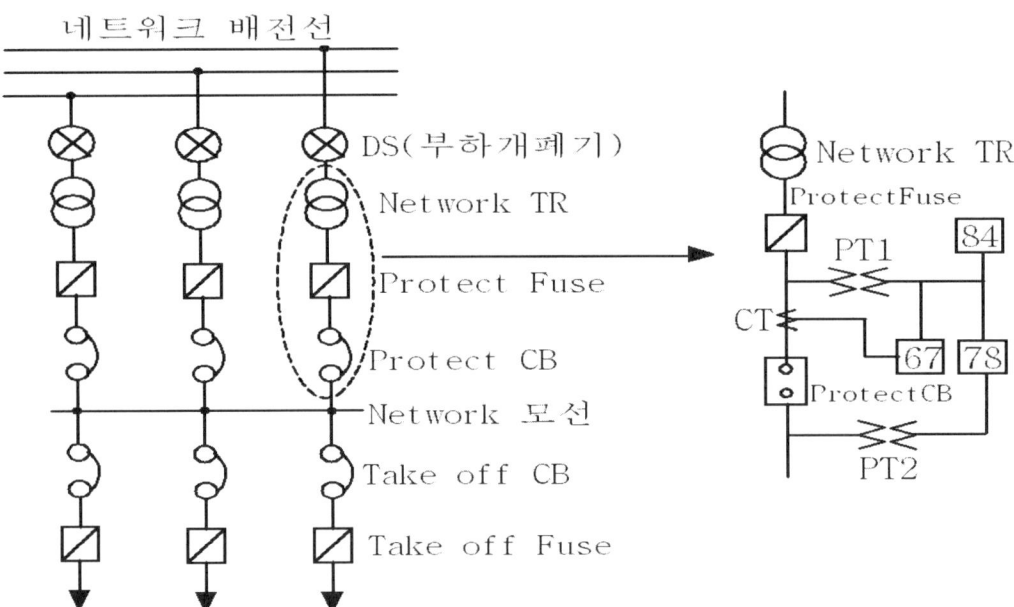

   1) 부하개폐기(DS)
      네트워크변압기 1차측에 설치(변압기의 여자전류를 개폐 가능한 부하단로기)
      → 기중 부하개폐기(SF6개폐기 사용)
   2) Newt Work변압기
      SF6가스 절연변압기나 몰드변압기 사용(폭발, 화재방지)하며,
      1회선 정전시 다른 건전한 회선만으로 최대부하에 견딜 수 있어야 하고 130[%]로 8시간의 과부하 운전에 사용할 수 있어야 함.

      $$TR용량 = \frac{최대수요전력[kVA]}{수전회선수-1} \times \frac{1}{1.3} \ [kVA] (과부하율 : 1.3)$$

3) Protector Fuse

후비 보호용으로 변압기2차 측 이후에서 단락사고가 발생한 경우 대전류 차단하는 한류효과 높은 전력퓨즈 사용

4) Protector차단기

사고 회선을 분리시키는 역할을 하며 고압 Spot Network의 경우는 VCB, 저압시는 ACB가 사용된다.

고압의 경우 단락차단도 되지만 저압 스폿네트워크 경우는 프로텍터 휴즈와 차단전류 영역을 분담하여 변압기 1차측 단락사고 발생시에 전원측으로 역류하는 단락전류 및 지락전류를 차단한다.

5) Take Off 퓨즈 및 차단기

네트워크 모선에서 각 방면의 부하로 분리되는 것인데 고압은 VCB, 저압은 ACB, MCCB가 사용된다.

3. 보호 계전기

1) 무전압 투입(84.전압계전기)

네트워크 모선이 무전압 일 때(전회선 정전시)어느 회선이든 복전 되면 네트워크변압기가 충전되면 그 회선의 프로텍터 차단기를 자동투입

2) 역전력 차단(67.주계전기)

배전선로 사고 및 변압기 1차측 사고시 계통으로의 역전력을 차단하고 계통의 단락 및 지락전류 유입시 차단

3) 차전압 투입(78.위상계전기)

네트워크측 보다 전원측의 전압이 높고 위상이 앞서는(진상) 두가지 조건 만족시 자동적으로 프로텍타 차단기 자동투입

4. 특징

장 점	단 점
- 무정전 공급 가능 - 전압변동률이 작다. - 전력손실이 감소 - 기기 이용률 향상	- 투자비가 많이 든다. - 수전방식의 보호 및 보호협조 계전방식이 복잡하다. - 오동작의 가능성이 있다.

5. Spot Network설계상 문제점
   1) 각종 차단기 및 보호 장치가 개발되어 있지 않다.
   2) Spot Network Fuse는 비보호영역이 없어야 한다.

6. 결론

   현재의 배전방식은 공급신뢰도가 매우 낮은 수동절체 다중 Loop방식으로 구성되어 있어 향후 기하급수적으로 늘어나는 전력수요에 양적, 질적 요구를 충족할 수 없을 것이다.

   따라서 부하밀도가 높은 지역에 Spot Network 수전방식을 고려했으나 다중접지방식인 우리나라 배전선로에서는 고장전류로 인한 Protector차단기의 오동작 등으로 적용이 어려운 것이 현실로 향후 다중접지계통에 적합한 Spot Network방식의 개발을 통해 실질적인 Spot Net work 배전방식의 운영이 필요하다.

1.1.15 최대 수요 제어장치(Demand Controller)의 기능과 효과 설명(60.1.4)

1. 구성

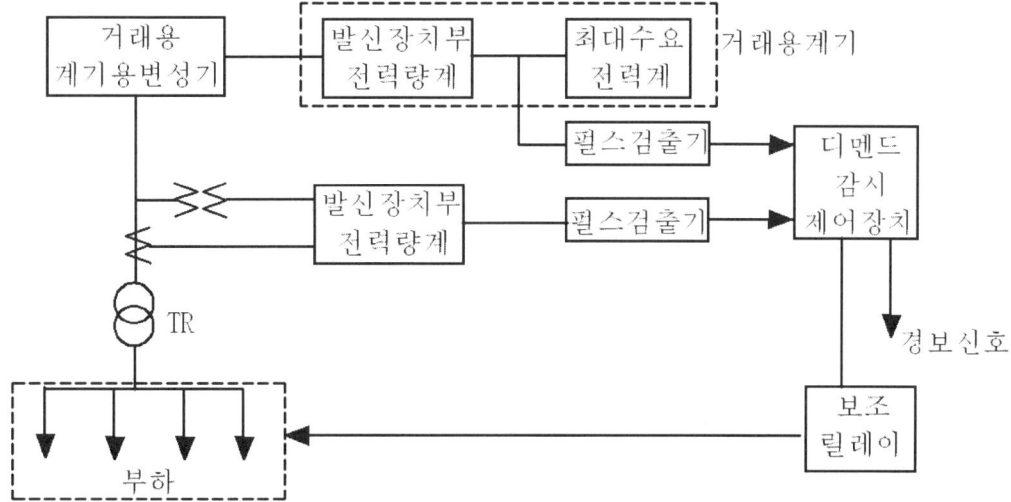

   1) 입력 펄스 회로
      (1) 전력 회사의 거래용 계기에서 펄스의 제공을 받는 경우
      (2) 발신장치부 전력량계를 설치하여 출력 펄스를 이용하는 경우
   2) 제어 출력 회로
      (1) 보조 릴레이, 신호 전송 회로, 제어대상 부하 제어 회로 등을 구성할 필요가 있다.
      (2) 제어 대상 부하
         냉난방기 등 차단 후 재투입하는데 일정 시간 여유가 있는 부하

2. 효과
   1) 수용가 측면 : 효과적인 부하관리로 Peak치를 줄여 전기 요금 경감
   2) 전력 회사 측면 : 피크 전력을 억제하여 발전 설비 확충에 따른 시설 투자비 절감
   3) 국가적 측면 : 에너지의 효율적 이용 및 외화 절약

1.1.16 경부하와 첨두부하의 격차를 줄이기 위한 부하 관리 방안 (75.1.7)

1. 수요 관리 개념
    최소의 비용으로 전기 에너지 서비스의 욕구를 충족시키며 전기 사용 패턴을 바람직한 방향으로 개선해 나가는 것을 말한다.

2. 목적
    1) 합리적인 전력 이용
    2) 전원 설비의 투자 규모 축소
    3) 전원의 안정적 공급
    4) 전력 요금 경감

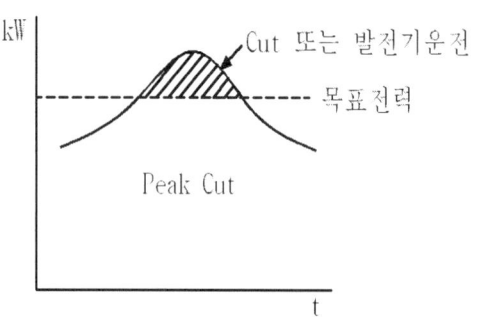

3. 최대 전력 억제방법
    최대 수요전력을 억제하여 전기요금 절약 및 에너지 절약이 목적임.
    1) 부하의 Peak Cut
        일시적으로 차단할 수 있는 부하의 강제 차단

    2) Peak Shift
        피크 부하를 경부하 시간대로 이전하는 방식
        예, 심야 전력을 이용한 빙축열
            시스템 방식
            오폐수 및 급수펌프 가동을
            피크 시간대 피함.

    3) 자가 발전 설비 가동에 의한 피크 제어자가 발전 설비 가동에 의한 피크 분담
        예, 코 제너레이션

    4) Demand Control에 의한 Program제어
        (1) 구성
            디멘드 감시부 및 디멘드 제어부로 구성
        (2) 기본기능
            ① 연산 표시 기능
                최대전력을 목표전력에 맞추기 위해 부하의 조정량을 연산하여 디지털 표시.

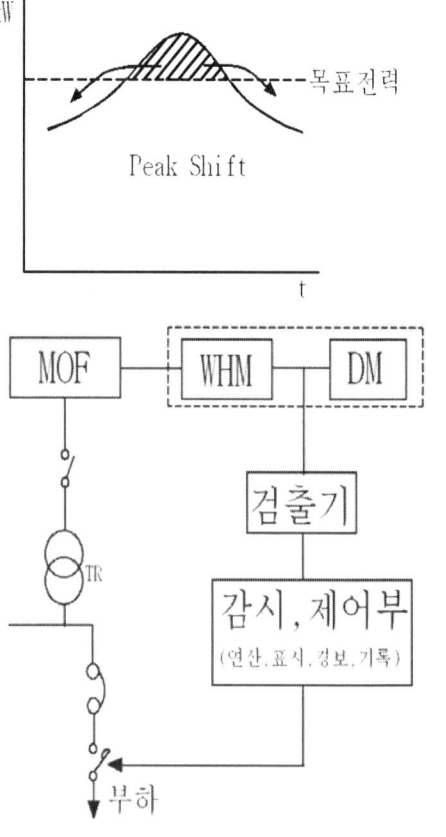

② 경보 기능
   디멘드값이 목표값을 초과할 경우 경보
③ 기록 기능 : 디멘드값, 전력량, 경보 등 데이터를 자동 기록
④ 부하제어기능
   최대 전력을 목표값으로 억제하기 위하여 설전된 조건에 따라 조정 부하를 자동으로 개폐하는 방식으로 다음과 같은 방법이 있다.

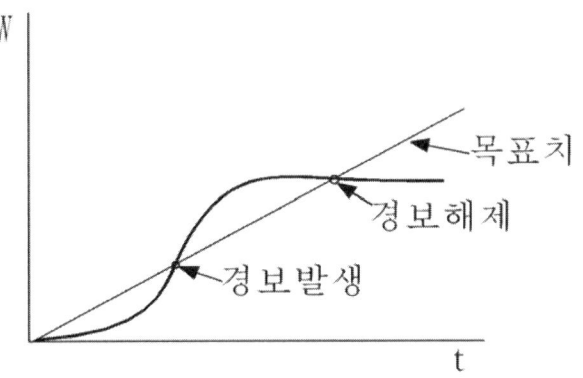

가) 우선 순위 방식
   중요도가 낮은 부하부터 순차적으로 차단, 투입시에는 중요도가 높은것부터 투입.
나) 사이클릭 방식
   직전에 조작한 것을 최하위로하고 순위를 돌려가며 운전.
다) 재투입 방식
   부하가 가벼워져 투입조건에 여유가 생겼을 때 자동 투입.
라) 시한 종료시 투입방법
   투입조건에 관계없이 시한 종료시에 투입하는 방식.

1.1.17 한국 전력 공사와 계약 용량 산정시 주요 시설물에 시설하는 예비 변압기가 계약용량에서 제외되는 계통 구성 방법 설명 (87.1.10)

1. 개요
   예비 변압기는 상수도 가압장, 빗물 펌프장 등 중요 시설 주 변압기와 교대로 사용하거나 주 변압기가 고장이 났을 경우 계통 절체 후 즉시 사용할 수 있도록 구축된 변압기를 말한다.

2. 예비 변압기가 계약 용량에서 제외되는 계통구성 방법
   1) 한전 기본 공급 약관 시행세칙 제2절 전기 사용 기준 전기 사용의 특성상 사용설비 또는 변압기 설비를 2중으로 시설하여 상용 설비와 동시에 사용할 수 없도록 설치하는 경우, 그중에서 용량이 큰 쪽의 사용설비 또는 변압기 1대만을 계약 전력으로 산정할 수 있다.
   2) 구성 방법
      평상시에는 예비 변압기에서 전기를 인출하여 사용하여 사용할 수 없도록 인터록의 구조로 되어 있어야 한다.

3. 전력 요금
   1) 상시 전력 기본료 : 사용 기간 중 Peak 값 x 100(%)
      　　　　　　　　동절기 정지 기간 : 기본료 없음
   2) 예비 전력 기본료 : 사용 기간 중 Peak 값 x 10(%)
      　　　　　　　　동절기 정지 기간 : 기본료 없음

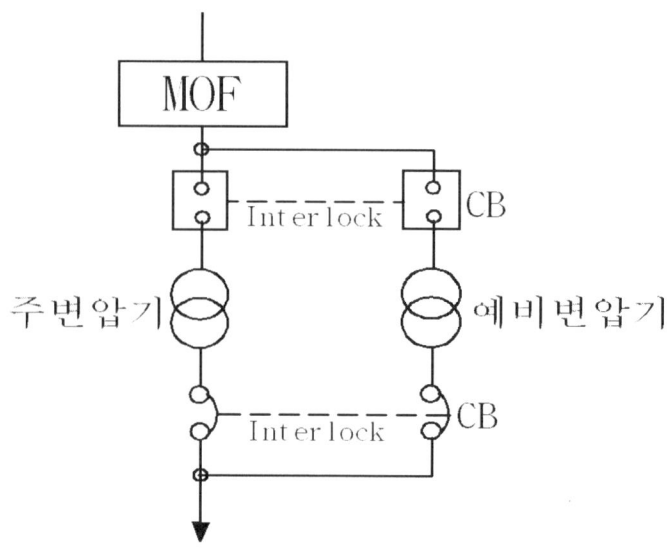

1.2.1 단락전류 종류(77.2.3. IEEE와 IEC비교)

1. 개요
   1) 전력계통에 단락 고장이 발생하면 기기를 손상시키고 이상전압발생
   2) 계통에 중대한 영향을 주므로 고장을 신속히 제거하기위해 보호계전기와 조합된 차단기를 설치한다.
   3) 단락전류는 교류분만을 표시하는 대칭전류와 직류분을 포함한 비대칭전류로 구분 된다.
   4) 고장전류를 분석하는 방법으로 IEEE-141과 IEC-60909가 다르며 세계 추세를 볼 때 IEC를 적용하여 계산하는 것이 더 바람직하다고 할 수 있다.

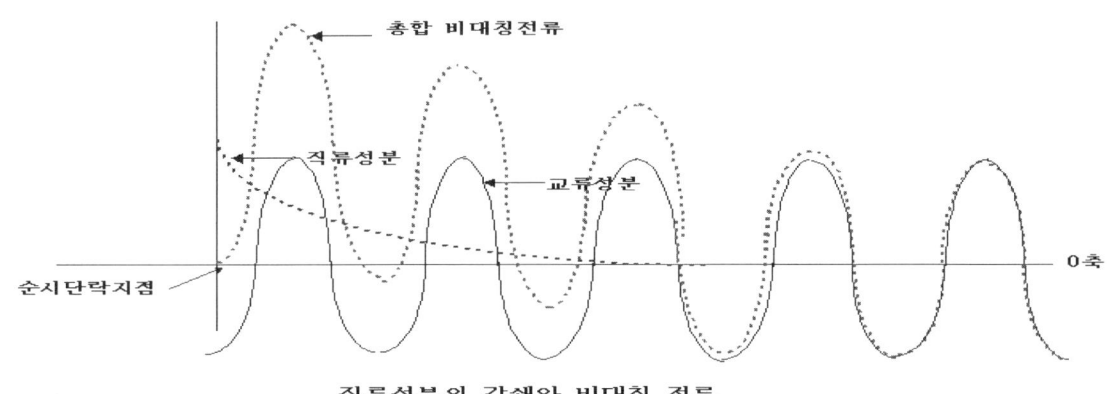

직류성분의 감쇄와 비대칭 전류

2. 비대칭 계수(K)
   - 비대칭 계수 K는 전원점에서 단락점까지의 X/R 로 시간에 따라 변하며
   - 단상 최대 비대칭 계수와 3상 평균 비대칭 계수로 구분 된다.
   - 비대칭 단락전류 Is = K · Is

   K:비대칭 계수, Is:대칭단락전류

   1) 단상 최대 비대칭계수(K1) :1.0~1.732
      - Power fuse 와 같이 각상별로 차단하는 기기의 단락전류 구할 때 적용
      - 회로의 X/R 불분명할 경우 K1 값
   가) 단락점이 전원측에 가까울 때 : 약 1.6 적용
   나) 단락점이 전원측에서 멀 때   : 약 1.4 적용
   2) 3상평균 비대칭 계수(K3) : 1.0~1.394

   ACB, MCCB 등 3상을 동시에 개폐하는 기기의 단락전류 구할 때 적용
   - 회로의 X/R 불분명할 경우 K3 값

가) 단락점이 전원측에 가까울 때 : 약 1.25 적용

나) 단락점이 전원측에서 멀 때   : 약 1.1 적용

3. IEC-60909 에 의한 단락전류 분류

   1) Ik" (Initial Symmetrical Short-Circuit Current. 초기대칭 단락전류)
      - 초기 대칭 단락 전류로 단락 순간에 적용 할 수 있는 유효분 단락 전류 실효치
      - 여기에서 구한 Ik" 는 기타 계산의 기초가 되고
      - 저압 Fuse, MCB, RY 순시 탭 등에 적용

   2) Ip (Peak Short-Circuit Current. 피크 단락 전류)
      - 최대 단락 전류 순시치
      - Ip = $\sqrt{2} \; k \; I_k^{''}$
        여기에서 k : 고장 상태에서 X/R의 함수임
      - Bus 기계적 강도에 적용

   3) Ib(Symmetrical Short-Circuit Breaking Current. 대칭단락 차단전류)
      - 스위치 첫 번째 극의 접촉 분리 순간의 유효 대칭 교류분
      - Ib는 발전기와 전동기의 기여전류를 계산하여 합산해야 한다.
        Ib = μ Ik" 여기에서 μ : 기여 전류 계수이고 전동기의 기여 전류가 계통에 비해 현저히 작을 경우는 Ib = Ik"로 해도 실용적으로는 문제가 없다.
      - 차단기의 차단 용량 결정시 적용

   4) Ik (Steady-State Short-Circuit Current. 정상 상태 단락전류)
      - 과도 상태 소멸 후 실효치
      - 발전기의 기여를 고려한 전류로서
      - Ik = λ · Ig
        여기에서 λ : 발전기의 여기전압 함수
                Ig : 발전기의 정격 전류임
      - 한시 탭 정정에 적용

4. IEEE-141에 의한 단락전류 분류

   1) First cycle fault current
      - 계통의 고장전류 발생시 1/2 cycle 시점의 고장전류
      - 케이블, CT, MCB, RY 순시 탭 선정시 적용

2) Interrupting fault current
   - 차단기가 동작 할 수 있는 3~5 cycle 후의 고장전류
   - 고압 및 특고 차단기 선정시 적용

3) Steady state fault current
   - 회전기에 의한 영향이 없어지는 안정된 시간(30cycle)후의 전류
   - 보호 계전기 한시 탭 정정에 적용

5. IEEE와 IEC 비교

IEC-60909	IEEE-141
Ik"(Initial Symmetrical Short-Circuit Current) (초기 대칭 단락 전류) 저압 Fuse, MCB, RY 순시 탭 등에 적용	1. First cycle fault current - 케이블, CT, MCB, RY 순시 탭
Ip (Peak Short-Circuit Current) (최대 단락 전류) - Bus 기계적 강도에 적용	
Ib (Symmetrical Short-Circuit Breaking Current) (대칭 단락 차단 전류) - 차단기 결정시 적용	2. Interrupting fault current - 고압 및 특고 차단기 선정시
Ik (Steady-State Short-Circuit Current) (정상 상태 단락전류) - 한시 탭 정정에 적용	3. Steady state fault current - 보호 계전기 한시 탭 정정

1.2.2 단락전류 계산 방법

1. 계산순서 (계.임.기/M.P.Z/전류.차단)
   1) 단선 결선도에 의해 계통 파악
   2) 선로 기기의 임피던스 조사 (전원측 : 전력회사에 문의)
   3) 기준 용량 결정 (통상 100 MVA로 함)
   4) Impedance Map 작성
   5) 고장 Point 선정
   6) 임피던스(Z) 합성(직병렬, △-Y 변환)
   7) 단락전류 계산
   8) 차단기 정격 결정

2. 비대칭 계수 k
   계산 결과가 Sym 일 때 Asym로 환산하는 계수
   - Asym = Sym X k
      X/R 로 계산
      1Φ : 1.0 ~ 1.732
      3Φ : 1.0 ~ 1.394

3. Is 계산 방법
 가. 평형 고장(3상단락)
  1) % Z 법

  $$\%Z = \frac{전압강하}{계통전압} = \frac{IZ}{V} \times 100 = \frac{PZ}{V^2} \times 100 = \frac{PZ}{10\,V^2}\,(\%)$$

  단락전류 $Is = \frac{100}{\%Z} \times In \quad (In = \frac{Pn}{\sqrt{3}\,V})$

  단락용량 $Ps = \frac{100}{\%Z} \times Pn$

  2) P U 법
   - 계산 용량이 큰 전력회사에서 많이 사용
   - 단락전류 $= \frac{1}{Z(pu)} \times In$
   - % Z 법의 100대신 1을 사용하여 계산을 단순화 함.

3) Ohm 법
   - 임피던스를 (Ω)로 나타내고 Ohm의 법칙에 의해 계산
   - 단락전류 Is = $\dfrac{E}{Zg+Zt+Zl}$ (E: 회로상전압)

   여기서 Zg, Zt, Zl : 발전기, 변압기, 선로의 임피던스
   - 전압을 변압비에 따라 환산해야 하므로 과정이 복잡함.

나. 불평형 단락(1선지락, 2선지락, 2선단락)
 1) 대칭 좌표법

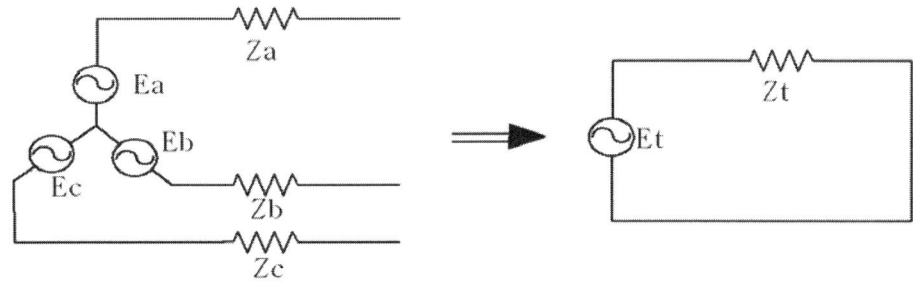

   (1) 직류분을 포함한 비대칭 3Φ 계산은 복잡하여 대칭회로
       (영상분, 정상분, 역상분)로 분해하여 계산하는 방법.
   (2) 3Φ 교류 -> 각 상별로 즉, 단상 회로로 치환
       ① 영상분 -> 지락 사고시 지락 전류 : 중성점에서 합류
       ② 정상분 -> 크기 같고 120° 위상차(시계방향)
       ③ 역상분 -> 행렬식으로 해석

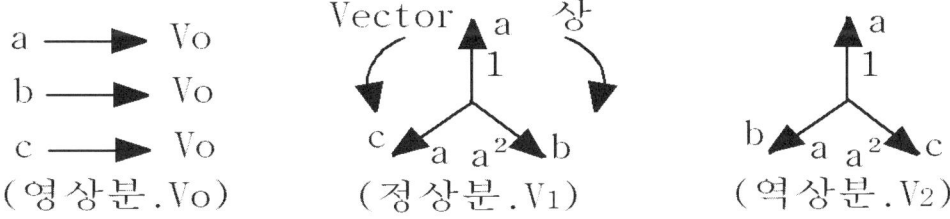

   (3) 대칭분 전압

   - 영상분 $V_0 = \dfrac{1}{3}(V_a + V_b + V_c)$

   - 정상분 $V_1 = \dfrac{1}{3}(V_a + a V_b + a^2 V_c)$

   - 역상분 $V_2 = \dfrac{1}{3}(V_a + a^2 V_b + a V_c)$

(4) 각상 전압
- a상 Va = Vo + V_1 + V_2
- b상 Vb = Vo + $a^2 V_1$ + a V_2
- c상 Vc = Vo + a V_1 + $a^2 V_2$

4. 단락전류 산출에 필요한 주요항목
 1) 전원측 임피던스
  - 전력회사에서 정기적으로 임피던스 계산하여 제시함.
  - 한전에서 제시하는 임피던스는 100MVA기준임.
 2) 케이블 및 전선의 임피던스
  - 메이커 카다록을 참조한다.
  - 일반적으로 (Ω/Km)로 주어지므로 이를 %Z로 환산한다.
  - $\%Z = \dfrac{P}{10\,V^2} \times Z(\%)$
 3) 변압기 %Z
  - 변압기 카다록 또는 명판 참조
  - 22.9KV 변압기 %Z : 보통 6% 내외
 4) 기여 전류원
  (1) 기여 전류원이란
   전동기와 같이 회전기가 연결된 계통에 단락사고가 발생하면 고장 후 수 사이클 동안 회전기와 직결된 부하의 회전에너지(관성)에 의해 회전기는 발전기로 작용하고 자신의 과도 리액턴스에 반비례한 고장 전류를 사고점에 공급 하는 것을 말한다.
  (2) 사고 전류의 기본 Source는 전력회사 시스템, 자가발전기, 동기전동기, 유도전동기 등이다.
  (3) 각 기기의 기여 전류 특징
   ① 유도 전동기
    유도 전동기는 잔류 자속에 의하여 영향을 미치며 수사이클 후에는 과도 리액턴스가 25%로 정상전류의 약4배 크기의 기여전류 공급.
   ② 동기 전동기
    동기전동기는 타여자 방식으로 감쇄가 비교적 느리며 과도 리액턴스가 9%정도로 정상전류의 약11배 크기의 기여 전류를 공급한다.

③ 동기 발전기

　　과도 리액턴스가 10% 정도로 정상전류의 약10배의 기여전류 공급.

④ 전력용 콘덴서

　　전력용 콘덴서도 큰 과도 고장 전류를 공급하게 되나 지속 시간이 아주 짧고 주파수가 계통의 주파수보다 아주 높기 때문에 일반적으로 고장 전류원에 공급하지 않는다.

5. 임피던스 합성 방법

　1) 사고 예상점에서 본 임피던스를 합성
　2) 저항분과 리액턴스분을 각각 합성
　3) 발전기, 전동기 등의 고장전류의 공급원 역할을 하는 것은 무한대 모선으로 간주하여 한전 전원과 병렬접속
　4) 합성은 직 병렬, Y-△ 변환에 의한다.
　　(1) 직 병렬

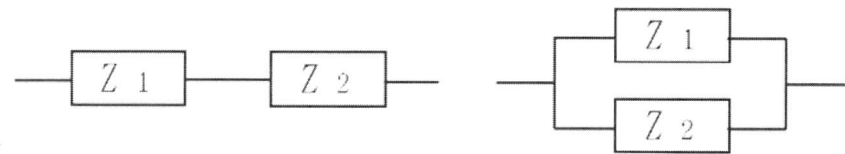

　　　직렬합성 $Z_0 = Z_1 + Z_2$ 병렬합성 $Z_0 = Z_1 \cdot Z_2 / Z_1 + Z_2$

　　(2) Y-△

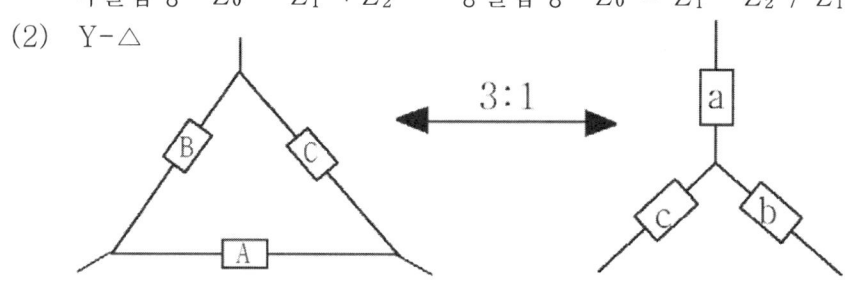

$$A = \frac{ab+bc+ca}{a} \qquad a = \frac{BC}{A+B+C}$$

$$B = \frac{ab+bc+ca}{b} \qquad b = \frac{CA}{A+B+C}$$

$$C = \frac{ab+bc+ca}{c} \qquad c = \frac{AB}{A+B+C}$$

6. 불평형율

　- 불평형 정도를 나타내는 척도로서

　　불평형율 = $\dfrac{역상분}{정상분}$ * 100 (%)

　- 역상분 또는 영상분이 정상분의 2%를 넘지 않으면 평형으로 간주함.

1.2.3 단락전류 억제 대책에 대하여 설명(50.4.3)

1. 개요
   1) $Is = \dfrac{100}{\%Z} \times In = \dfrac{100}{\%Z} \times \dfrac{Pn}{\sqrt{3}\,V}$ 에서

      단락 전류 억제 방법으로는 - %Z를 늘리는 방법
      - Pn을 줄이는 방법
      - V를 늘리는 방법
      - 신속히 차단하는 방법 등이 있을 수 있으나
        실제 대책은 3항에서 설명키로 한다.

   2) 단락용량 증대원인
      - 발전기 단위용량 증대
        (기존:50MVA. 최근:450/600MVA. 원자력:1,000MVA)
      - 전원 입지의 집중화(영광, 영흥)

2. 단락용량 증대시 영향
   1) 전기설비의 열적, 기계적 강도
      - 송전선로, 변압기, 변류기 등의 기기 및 설비가 큰 단락전류의 Joule열로 인하여 열적으로 파손되기 쉬우며
      - 대전류에 의한 큰 전자기계력으로 기기의 왜형 또는 파손 등이 될 수 있다.
   2) 차단기 차단능력
      - 차단기가 대 전류를 차단해야 하므로 차단용량이 커져야 하고, 차단뿐만 아니라 재투입 능력 및 접촉자 소손 등의 문제가 야기될 수 있다.
   3) 지락 전류 증대
      - 지락 사고시 지락 전류가 증대되어 인근 약 전선에 전자유도장해가 커지고 대지 표면의 전위 경도가 커져 보폭전압에 의해 감전 우려가 발생한다.
   4) 고장시 과도 이상 전압
      - 고장 전류를 차단하는 경우 큰 재기전압으로 재 점호를 일으키기 쉽게 되고, 이에 따른 개폐서지를 발생시킨다.

3. 실제적인 억제 대책
   1) TR 의 임피던스 콘트롤
      변압기 주문시 임피던스를 높게 하여 단락 전류 억제
      (장점) 계통 연결 차단기 선정이 용이
      (단점) 전압 변동이 크고 효율이 낮아진다.
             TR 가격 상승
      (적용) 타 기기의 설치 장소가 부족한 곳에 적용

2) 계통 분리
   < ⓐ 또는 ⓑ 점에서 사고 발생시 >
   - CB D를 먼저 계통에서 분리한 후
   - B를 차단하여 계통의 피해를
     줄이는 방법

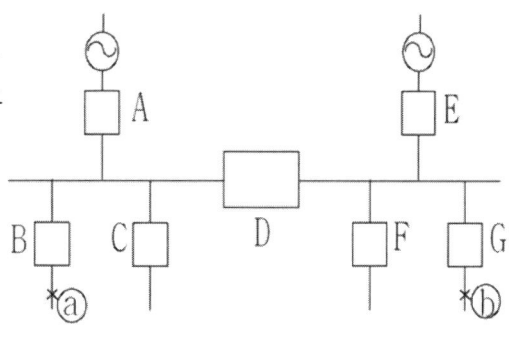

   (장점) 설치비가 싸다.
          CB의 단락 용량이 작아도 된다.
   (단점) 모선 연결 차단기가 차단 후 재투입 필요
          계전기에 의한 보호 협조. Inter-lock 필요
          계통 분리가 끝날 때까지 과도한 단락 전류가 흘러
          기계적 파손 우려
   (적용) 수전 변압기가 2대 이상이거나 발전기와 병렬 운전시 적용

3) 캐스 케이드 보호 방식

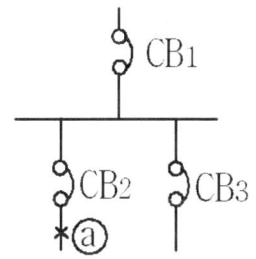

   - ⓐ 점에서 사고 발생시 CB2의 차단 용량이
     회로의 단락 용량에 부족할 때
     CB1에 의해 후비 보호를 하는 방식
   (장점)
   전 용량 차단 방식에 비해 경제적
   (단점)
   전원측 차단기 트립으로 건전 회로까지
   정전 확대
   (적용)
   고장 전류가 10(KA) 이하인 22KV급 이하
   회로에 사용

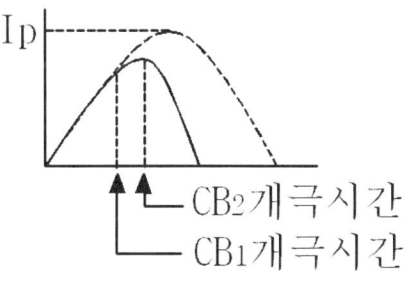

4) 한류 Fuse에 의한 백업 차단 방식
   전력 Fuse의 한류 특성에 의해 고속 차단(0.5 Cycle)
   (장점) 차단기 기기의 열적 기계적 손상 감소
   (단점) 결상 우려
   (적용) 고압 차단기의 후비 보호용

5) 한류 리액터 설치

계통의 수전 용량이 증가하여 단락 용량이 커졌을 때 차단기를 교체하지 않고 한류 리액터 설치하여 단락 전류를 억제.
(장점) 기존 차단기로 큰 단락 용량 대응이 가능
(단점) 설치 면적이 증가
       운전 손실, 전압강하 발생
(적용) 저압 분기 회로용

6) 한류 저항기

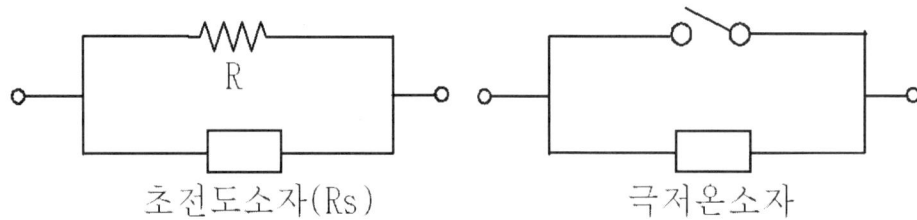

초전도소자(R_s)　　　　　극저온소자

(1) 초전도소자 이용

상시 $R_s=0$이고 사고시 소자에 자계를 가하여 상 전도로 이행하여 단락 전류 억제

(2) 극저온 소자 이용: 극저온 소자 발열에 의해 저항 증가로 전류 억제
(장점) 한류 효과가 우수
(단점) 소자가 이상전압에 쉽게 손상 할 수 있다.
(적용) 초전도 전류 제한 변압기에 적용

7) 계통연계기에 의한 경감

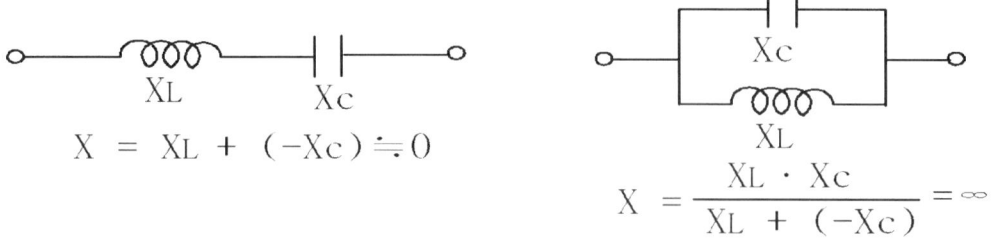

$X = X_L + (-X_c) \fallingdotseq 0$　　　　$X = \dfrac{X_L \cdot X_c}{X_L + (-X_c)} = \infty$

(1) 평상시는 리액터 L과 콘덴서 C를 직렬 공진의 꼴로 하여 리액터 L의 유도성 임피던스를 콘덴서 C의 용량성 임피던스로 없앰으로써 전체를 저임피던스로 한다.
(2) 사고가 발생하면 리액터 L과 콘덴서 C를 병렬 공진의 꼴로 하여 전체를 높은 임피던스로 한다.

(3) 계통 연계기는 이 두 회로 변환을 싸이리스터를 사용함으로써 사고 발생 후 1/2 사이클 내에 한류 동작으로 들어가 고속(0.5Cycle)으로 차단기를 동작 시킨다.

(장점) 차단기 교체하지 않고 계통 용량을 늘릴 수 있다.
　　　　전압 변동이 거의 없다.
　　　　정전이 적어 공급 신뢰도가 높다.
(단점) 설치 면적이 많이 소요
(적용) 주로 대용량 설비에 적용(유럽 쪽에서 많이 사용)

1.2.4 비 접지 계통에서 영상전압 얻는 법(52.1.4)

1. 3차 권선을 이용하는 방법

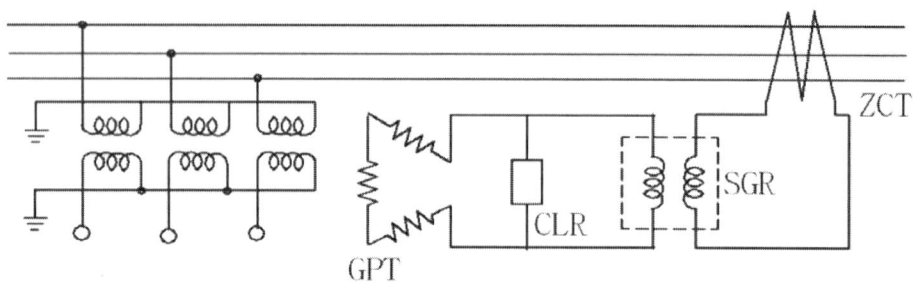

- 이 방법은 3차 권선을 OPEN △로 접속하고 Open된 곳에서 영상 전압을 얻는 방법이다.
- 한류 저항기 (CLR) : 비 접지 계통에서 GPT를 사용하여
1) SGR을 작동 시키는 데 필요한 유효 전류를 발생시키고
2) 지락전류를 제한하고
3) open △ 결선의 각 상 전압중의 제3고조파 전압의 발생을 방지한다.
4) ZCT에서 충전전류를 검출하여 GPT의 전압과 위상차로 작동한다.
5) 그림에서 Vo : 영상전압
   Ip : CLR에 의한 유효전류
   ΣIc : 사고전류 이외의
        충전전류의 합
   Ic_1 : 자회로 충전전류
6) 자회로 사고시 : ΣIc와 Ip에 의해
        자회로 차단기가 동작함
   타회로 사고시 : 자회로 충전전류 Ic_1 이
        사고시와 반대방향으로
        흘러 자회로 차단기는 부 동작함.

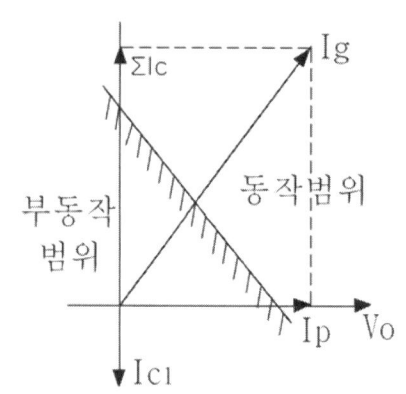

2. 보조 변압기를 이용하는 방법

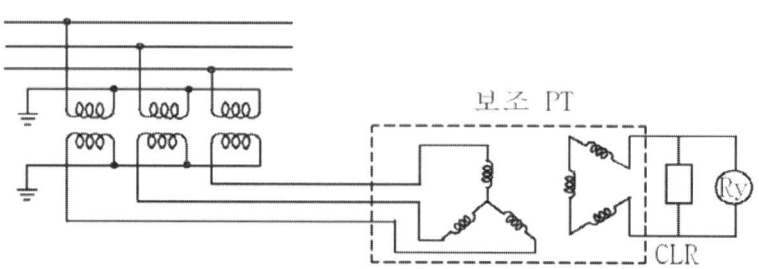

- 이 방법은 2차권선 밖에 갖고 있지 않을 때 2차 측에 보조 PT 3개를 설치하고 1차를 Y로, 2차를 open△로 접속하여 영상 전압을 얻는 방법.

3. 중성점 접지 변압기를 이용하는 방법
   - 이 방법은 주로 발전기에서 중성점 전압을 얻고자 할 때 사용.

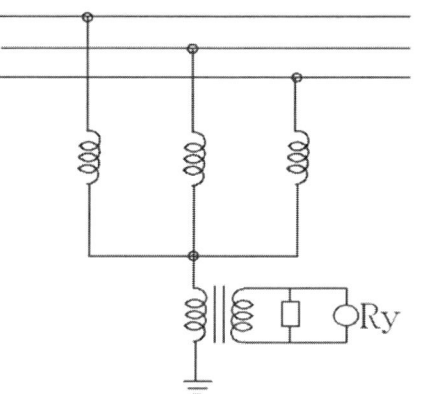

4. SGR, DGR 선정시 유의사항
   1) 방향지락 계전기는 고감도이므로 OVGR과 조합하여 오동작을 방지
   2) ZCT의 2차 단자는 계전기와 조합하지 않을 때는 단락시킨다.
   3) ZCT의 2차 단자는 Megger로 시험시 분리
   4) ZCT의 2차 배선은 전력선과 함께 묶지 말 것
   5) ZCT의 2차 배선은 Shield Cable을 사용하고 Shield Cable을 접지
   6) ZCT의 Shield 접지는 항상 부하 측에서 할 것

5. CLR 용량 선정
   1) $Rn = \dfrac{9}{n^2} \cdot r = \dfrac{9}{n^2} \cdot \dfrac{E_1}{3In} = \dfrac{E_1}{Ig}$

   여기서 Rn : CLR의 저항 용량 (Ω)   r : CLR의 1차측 환산 저항
         n : GPT의 권수비   3In : 1차 영상전류 유효분(380mA)

   2) 예(3.3kV)

   $Rn = \dfrac{9}{n^2} \cdot r = \dfrac{9}{n^2} \cdot \dfrac{E_1}{3In} = \dfrac{9 \times \dfrac{3300}{\sqrt{3}}}{(\dfrac{3300/\sqrt{3}}{190/3})^2 \times 0.38} = 50(\Omega)$

6. GPT 용량
   1) P = 3E₁ · In = E₁ · Ig (kW)   E₁ : 1차 상전압
                                      In : 1차 영상전압
   2) 예(3.3kV. 3상)   Ig(3In) : 1차 지락전류

   $P = E_1 \cdot Ig = \dfrac{3300}{\sqrt{3}} \times 0.38 = 724W ≒ 1(kW)$

1.2.5 유효접지와 비유효 접지(65.1.6)

1. 중성점 접지 목적
   - 각상의 대지전위를 낮추어 사용기기 및 선로의 절연Level 낮춤
   - 고장시 보호계전기를 확실하게 동작시켜 고장선로를 선택 차단하며 지락시 Arc전류를 신속히 소멸

2. 중성점 접지 방법
   - 비접지: 중성점을 접지하지 않는 방식
     (절연변압기와 인체에 접촉에 감전의 위험이 없는 기기 등)
   - 직접접지: 저항이 Zero에 가까운 도체로 중성점을 접지하는 방식
   - 저항접지: 중성점을 적당한 저항치로 접지시키는 방식
   - 리액터접지: 저항접지방식과 마찬가지로 고장 전류를 제한시켜 과도안정도를 향상시킬 목적으로 사용되는 방식.
   - 소호리액터 접지: 중성점을 송전선로의 대지정전용량과 공진하는 eactor를 통하여 접지하는 방식.

3. 접지 계수
   - 1선지락 사고가 발생하였을 경우 고장점에서의 건전상의 대지전압의 최고값(실효치, 과도 부분을 제외)를 사고제거후의 선간전압으로 나누어 %로 표시한 값.

   $$\text{즉, 접지계수}(k) = \frac{\text{고장점에서의 건전상의 대지전압 최고치}}{\text{사고 제거후의 선간전압}} \times 100\,(\%)$$

4. 접지계통
   1) 유효접지(Effective grounding)
   - 1선 지락 고장시에 어느 점에서든지 영상임피던스 대 정상임피던스의 비가 유효범위($R_0/X_1 \leq 1$, $X_0/X_1 \leq 3$)내에 있어야 하며
   - 접지계수 : 75% 이하
     즉, 상 전압이 1.3배를 넘지 않도록 하는 접지계통
   - 직접접지, 저저항 접지방식을 뜻함

- 계산예

 (1) 정상시 접지계수 = $\dfrac{13.2}{22.9}$ = 57.6 %

 (2) 사고시 전압상승 = $\dfrac{75\%}{57.6\%}$ = 1.3 배 이하

(장점)
 - 이상 전압을 낮출 수 있음
 - 전로, 기기의 절연 레벨을 낮출 수 있음
 - 보호 계전기의 동작 확실
(단점)
 - 지락 전류가 큼
 - 안정도가 낮음
 - 유도 장해가 큼
 - 고장시 기기의 충격이 커질 우려 있음

2) 비 유효접지
 - 접지계수 : 75% 초과 가능 계통
   즉, 상 전압이 1.3배를 넘을 수 있는 계통
 - 주로 고저항 접지, 소호 리액터 접지, 비접지 방식을 말한다.
(장점)
 - 지락 전류가 작다
 - 안정도가 좋다
 - 유도 장해가 작다
 - 고장시 기기의 충격이 작다
(단점)
 - 고장시 높은 이상 전압 발생 가능
 - 보호 계전기의 동작 불확실

 - 긴선로 : 정전 용량이 커질 수 있다.

1.2.6 중성점 접지 방식

1. 중성점 접지 목적
   1) 지락 고장시 건전상의 전위상승을 억제하여 전선로 및 기기의 절연 레벨을 경감
   2) 뇌, 아크 지락, 기타에 의한 이상 전압의 경감
   3) 지락 고장시 지락 계전기의 동작을 확실히 하게함.

2. 중성점 접지방식

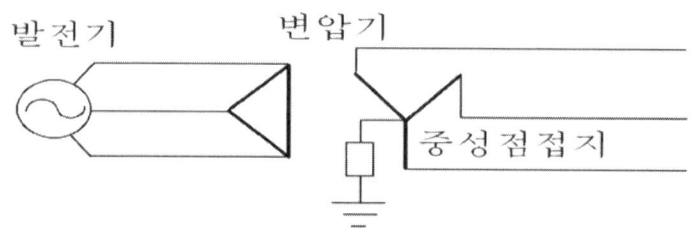

* 직접 접지 방식   ($Z_n = 0$)
* 저 저항 접지 방식 ($Z_n = R$, 30Ω 이하)
* 고 저항 접지 방식 ($Z_n = R$, 100~1,000Ω)
* 리액터 접지 방식   ($Z_n = jX_\ell$)
* 비 접지 방식   ($Z_n = \infty$)

1) 직접 접지 방식   ($Z_n = 0$)

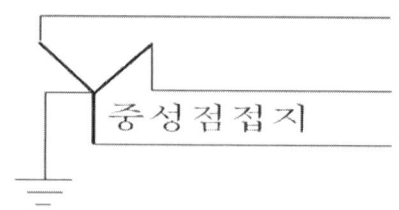

< 장점 >
(1) 지락 사고시 건전상의 대지 전압은 거의 상승하지 않아 (1.3이하) 선로 애자 개수를 줄이고 기기의 절연 레벨을 낮출 수 있다.
(2) 선로 전압 상승이 낮기 때문에 정격 전압이 낮은 피뢰기 사용 가능
(3) 단 절연과 저감절연이 가능
    단 절연 : 중성점은 항상 0 전위이므로 선로측에서 중성점에 이르는 전위 분포를 점차 낮추어 변압기 중량이 가벼워지고 가격을 낮출 수 있다.
(4) 지락시 지락 전류가 커서 보호 계전기 동작이 확실하고 고속 차단기와의 조합으로 고속 차단 방식(6Cy이내 차단)이 가능.

< 단점 >
(1) 지락 전류가 저 역율의 대 전류이므로 과도 안정도가 나빠진다.
(2) 지락 고장시 병행 통신선에 전자 유도 장해를 줄 수 있으나 고속 차단으로 영향을 줄일 수 있다.
(3) 지락 전류가 커서 기기에 충격에 의한 손상을 줄 수 있다.
   이 방식은 절연 레벨의 저감이 가장 큰 장점으로 우리나라의 송전 계통에서 채택하는 방식이다.

2) 저항 접지 방식 (Zn = R)

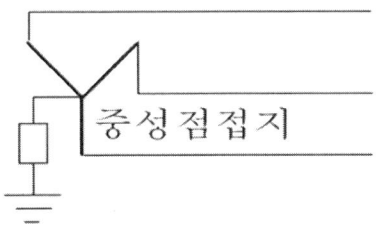

(1) 저항값이 30Ω 이하인 저 저항 접지 방식과 100~1,000Ω 인 고 저항 접지 방식이 있다.
(2) 접지 저항이 너무 낮으면 고장 발생시 통신 유도 장해가 있고 너무 높으면 계전기의 동작이 문제되고 동시에 건전상의 대지 전압 상승을 초래 함.
(3) 현재 이 방식은 대부분 직접 접지방식으로 전환되는 추세임.

3) 리액터 접지방식 (Zn = jXℓ)
   (1) 저항 접지 방식과 마찬가지로 고장 전류를 제한
   (2) 과도 안정도를 향상 시킬 목적으로 채용하는 방식

4) 소호 리액터 접지방식

변압기의 중성점을 송전 선로의
대지 정전 용량과 공진(ωL=1/3ωC)
하는 리액터를 통하여 접지하는 방식
< 장점 >
(1) 지락 고장시 고장점에는 극히 작은 손실 전류만 흐름.
(2) 고장점에 전압의 상승률이 적다.
(3) 정전 없이 송전이 가능

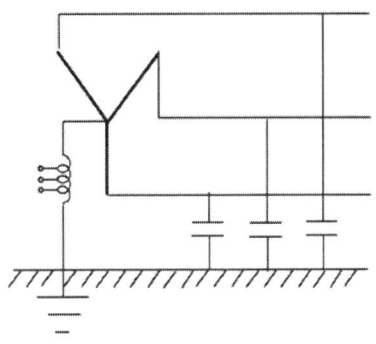

< 단점 >
   (1) 단락 사고시 이상 전압 발생 우려
   (2) 선택 접지 계전기의 동작이 곤란하여 Tap 변동 등 조작, 보수가 까다롭다.

5) 비 접지 방식

< 장점 >
   (1) △-△ 결선 변압기 사용시 채택
   (2) 선로의 길이가 짧거나 전압이 낮은 (33Kv) 계통에서 사용
   (3) 대지 정전 용량이 작아 대지 충전 전류가 적음

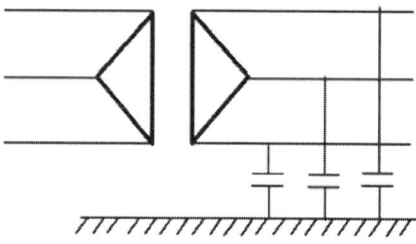

   (4) 지락 고장시 지락 전류는 아주 작아서 그대로 송전 가능함.
   (5) 단상 변압기를 △-△ 결선으로 사용중 1대 고장시 V-V결선 운전 가능
< 단점 >
   (1) 전압이 높고 선로 길이가 긴 경우는 대지 정전 용량이 증가하여 지락 사고시 이상 전압 발생 가능

3. 결론
   1) 저 임피던스 방식은 지락 전류 값을 크게 해서
      - 이상 전압의 억제
      - 전선로 및 기기의 절연 경감
      - 계전기 및 차단기의 신뢰성 및 확실성 등의 특성이 있으며
   2) 고 임피던스 방식은 지락 전류 값을 작게 해서
      - 과도 안정도의 증대
      - 통신선에의 유도 장해 경감
      - 고장점의 손상 저감
      - 기기에의 기계적인 충격 완화 등의 특성을 고려하여 계통의 실정에 맞는 방식을 채택해야 한다.

< 중성점 접지 방식 비교 >

항 목	직접 접지	저항접지, 리액터접지	비 접지
1. 접지 계수	75% 이하	중간	75% 초과 가능
2. 지락 사고시 건전상 전압상승	작다 (1.3E이하)	중간	크다. 장거리 송전시 이상전압발생
3. 임피던스	0	저저항 : 30Ω이하 고저항 : 100Ω이상	∞
4. 지락 전류	최대	중간	380mA 정도로 적다.
5. 지락시 통신선 유도장해	최대 고속차단으로 최소화	중간	작다
6. 보호 계전기 동작	가장 확실 (신뢰도 최고)	중간	지락 계전기 적용 곤란
7. 절연 레벨	저감절연 단 절연	중간	전 절연 균등 절연
8. 애자 갯수	최저	중간	최고
9. 변압기 절연	단절연	전절연	전절연
10. 장 점	전압 상승 작다. 보호 계전기 확실 절연 레벨을 낮출 수 있음	전압 상승 작다. 보호 계전기 확실 지락 전류 작다. 통신 장애 작다.	지락 전류 작다. 통신 장애 작다.
11. 단 점	지락 전류가 큼 통신 장해 큼	저항기 또는 리액터 시설비 고가 소호리액터 조작복잡	전압 상승 크다. 보호 계전기 불확실 절연 레벨을 낮출 수 없음.

1.3.1 비상 발전기실 설계시 고려사항(78.4.2)

1. 개요

   발전기는 사용 목적에 따라 상용 발전기와 비상용 발전기로 구분되며 여기에서는 빌딩에서 일반적으로 많이 사용하는 디젤 엔진, 공랭식 발전기실의 설계시 고려사항을 살펴보기로 한다.

2. 발전기실 설계시 고려사항

건축적 고려사항	1. 장비의 반.출입이 용이할 것 2. 유지 보수에 충분하게 벽, 천정과 이격 시킬 것 3. 전기 기기실끼리 집합되어 있을 것 4. 불연재료 재료로 건축되고 출입문은 방화문을 사용할 것 5. 배수가 가능할 것 6. 굴뚝 설치가 가능 할 것 7. 급기와 배기가 가능하고 짧을 것 8. 급유가 가능할 것 9. 수냉식-냉각수 공급이 가능 할 것 10. 기초는 가능한 한 방진, 독립기초를 할 것 11. 연료 탱크와 발전기는 2m이상 이격할 것 12. 발전기와 건축물은 최소 600mm이상 이격할 것
환경적 고려사항	1. 환기가 잘되고 환기 시설을 할 것 2. 고온의 장소를 피하고 필요시 냉난방을 할 것 3. 다습한 장소를 피하고 필요시 제습장치를 할 것 4. 화재나 폭발의 위험이 없는 장소 5. 염해에 대하여 고려할 것 6. 부식성 가스나 유해성가스가 없는 곳 7. 홍수, 침수의 우려가 없는 곳 8. 방음 시설을 갖출 것
전기적 고려사항	1. 부하의 중심에 있을 것 2. 전원 인입이 편리 한 곳 3. 간선 등 배선이 용이한 곳 4. 장래 증설이 가능 할 것 5. 경제적 일 것 6. 기술 발달에 따른 신제품을 사용 하여 효율성, 편리성을 기할 것

3. 발전기실 설계
　1) 발전기실의 넓이
　　$S \geq 1.7\sqrt{P}$ (㎡)　　　　　(추천치 $S \geq : 3\sqrt{P}$)
　　　여기서 S : 발전기실의 소요면적 (㎡)
　　　　　　P : 마력(HP)
　　　　가로 : 세로 = 1.5 ~ 2 : 1 이 이상적임

　2) 발전기실의 높이
　　　H = 엔진 높이의 2배 이상

　3) 발전기실 기초
　(1) 기초 중량
　　　$W = 0.2\,Wg\,\sqrt{N}$ (kg)
　　　　여기서 W : 발전기 기초 중량 (kg)
　　　　　　　Wg : 발전기 설비 총 중량 (kg)
　　　　　　　N : 엔진의 회전수 (rpm)
　(2) 기초 깊이
　　　$깊이 = \dfrac{Wg}{2402.8 \times B \times L}$
　　　　여기서 Wg : 발전기 설비 총 중량 (kg)
　　　　　2402.8 : 콘크리트 밀도 (kg/㎥)
　　　　　　　B : 기초의 폭 (m)
　　　　　　　L : 기초의 길이 (m)

　4) 공기 소요량
　　　- 1, 2차 수냉식 엔진의 경우
　　　$Q = Q_1 + Q_2 + Q_3$ (㎥ / min)
　　　　　Q : 총 공기 소요량, 약 0.5 ~ 0.6 (㎥ / min. PS)
　　　　　Q_1 : 연소 공기량 (㎥ / min)
　　　　　Q_2 : 실온 상승 억제 공기량 (㎥ / min)
　　　　　Q_3 : 유지, 보수 인원 필요 공기량 (㎥ / min)
　　　　　　　보통 1인당 0.5 (㎥ / min)
　　　- 가스터빈. 라디에이터 냉각 방식은 이보다 더 크다.

4. 환경 대책
   1) 소음 대책

소음 종류	원 인	대 책
1. 배기음	- 디젤 엔진 중 가장 큰 소음원임. - 배기가스가 고속 또는 충격적인 유동으로 대기 중에 배출될 때 발생	- 소음기 설치
2. 기관음	- 기관 속도 영향이 크고 회전 속도가 높을수록 커진다.	- 방음 커버로 몸체를 차폐 - 건물 구조를 방음 구조로 함. - 저속도 회전기 채택.
소음기 종류	팽창식 흡음식 공명식 (흡음판)	

2) 진동 대책
   (1) 진동 원인
      - 회전 운동에 의한 불균형
      - 폭발, 압력 운동의 관성력에 의한 진동
      - 불완전 연소에 의한 회전 변동
      - 운동부 가공 오차에 의한 불균형 등
   (2) 대책
      - 방진 고무 채택 : 소용량에 적합
      - 방진 스프링 채택 : 중, 대용량에 적합

3) 대기 오염 방지 대책
   (1) 배기가스 분류
      - 유황 산화물 (SOx) : 석유 계통의 유황분이 연소 되면서 발생함.
                         대기 중의 수분(H_2O)과 혼합하여 호흡기 장해를 유발한다.
      - 질소 산화물 (NOx) : 연소 공기 중 질소와 산소가 고온으로 화합 하면서 발생함.
   (2) 대책
      - 유황분이 적은 연료 사용
      - 연료를 예열하고 배기가스에 탈류 장치 설치
      - 높은 연통을 사용하여 배기가스의 확산 방지
      - 기관 연소 시스템을 개량(디젤->가스 터빈)

1.3.2 비상 발전기 용량 산정에 대하여 설명(63.1.3)
발전기 용량 산정시 고려할 사항을 설명(83.1.1)
RG계수에 의한 발전기 용량 산정(69.3.3)

1. 개요

   최근 전동기 가동 방식이 VVVF 및 인버터 제어방식 등으로 인한 기기의 고조파 발생 및 역상 전류를 고려한 용량 산정 방법이 요구되어, 일본에서는 1983년 PG방식을 폐기하고 RG방식에 의한 용량 산출 방식을 사용하고 있으며 발전기 용량 산정시 다음 사항을 고려해야한다.
   - 고조파 및 역상 전류 발생부하를 검토
   - 단상 부하의 연결 상태를 검토
   - 전동기 기동 방시 및 기동 전류 검토
   - 변압기 돌입전류 검토

2. 발전기 용량 산정 방법 비교(국토해양부 설계기준)

   1) NEC방식(미국에서 사용)
      - 전부하를 합산
      - 전동기 부하는 125%를 적용
      - 일반 부하는 100% 적용
      - 비상 대상 부하는 전부 합산
      - 수용율을 적용하지 않는다.
      - 용량 산정 방법이 간단하다.

   2) PG방식

      PG방식은 한국에서 주로 사용하는 방식으로 PG1, PG2, PG3, PG4중 가장 큰 값을 채택하며, 설계 기준에 의하면 설계기준에 나와 있는 PG1, PG2, PG3방식은 사이리스터 부하가 포함되지 않은 경우에 적용한다라고 되어있어 사이리스터가 있는 부하는 PG4를 반드시 검토해야 할 필요성이 있다.

      (1) PG1 (부하의 정상 운전시에 필요한 발전기 용량)

      $$PG1 = \frac{\Sigma P_L \times Df}{\eta_L \times \cos\theta} \ (kVA)$$

      ΣP_L : 부하 출력 합계 (kW)
      Df : 부하의 종합 수용율
      η_L : 부하의 종합 효율 (분명하지 않을 경우 0.85)
      $\cos\theta$: 부하의 종합 역율 (분명하지 않을 경우 0.8)

(2) PG2 (부하중 최대 기동전류를 갖는 전동기 기동시 순시 전압 강하를 고려한 발전기 용량)

$$PG2 = Pm \times \beta \times C \times Xd'' \times \frac{100 - \Delta V}{\Delta V} \ (kVA)$$

    Pm : 최대 기동 전류를 갖는 전동기 출력 (kW)
    β : 전동기 기동 계수 (분명하지 않을 경우 7.2)
    C : 기동 방식에 따른 계수 (직입:1.0   Y-Δ:0.67)
    Xd″ : 발전기 정수 (0.25~0.3)
    ΔV : 발전기 허용 전압 강하율(승강기 경우 20%, 기타 25%)

(3) PG3 (발전기를 가동하여 부하에 사용 중 최대 기동 전류를 갖는 전동기를 마지막으로 기동 할 때 필요한 발전기 용량)

$$PG3 = (\frac{\Sigma P_L - Pm}{\eta_L} + (Pm \times \beta \times C \times Pf)) \times \frac{1}{\cos \theta} \ (kVA)$$

    Σ PL : 부하 출력 합계 (kW)
    Pm   : 최대 기동 전류를 갖는 전동기 출력(kw)
    ηL   : 부하의 종합 효율 (분명하지 않을 경우 0.85)
    β   : 전동기 기동 계수 (분명하지 않을 경우 7.2)
    C   : 기동 방식에 따른 계수 (직입:1.0   Y-Δ:0.67)
    Pf   : 최대 기동 전류를 갖는 전동기 기동시 역율
         (분명하지 않을 경우 0.4)
    cosθ : 부하의 종합 역율 (분명하지 않을 경우 0.8)

(4) PG4 (부하중 고조파 부분을 고려한 경우 발전기 용량)
    PG4 = Pc x (2~2.5) + PG1
        Pc: 고조파분 부하(제6고조파:PcX2.67, 제12고조파:PcX1.47)
- 발전기 용량분의 고조파분이 120% 미만이 될 수 있도록 발전기 용량을 선정 하는 것이 바람직함.

3) RG 방식

RG방식은 일본에서 1983년 PG방식을 폐기하고 현재 사용하는 방법으로 PG방식은 전동기 기동에 따른 전압강하만을 고려했으나, RG방식은 단시간 과전류 내력을 고려한 RG3와 허용 역상 전류를 고려한 RG4가 보완이 된 계산 방식이지만 계산이 복잡한 단점이 있다.

(1) 계산 방법

발전기 출력계수(RG)를 산정하여 부하 출력 합계(K)와의 곱으로 계산.
즉, G = RG · K

여기서 G : 발전기 용량(KVA)
RG: 발전기 출력 계수
(RG_1 RG_2 RG_3 RG_4 중 가장 큰 계수)
K : 부하 출력 합계 (KW)
RG_1 : 정상 부하 출력 계수
RG_2 : 최대 기동 전류 전동기 기동에 따른 발전기 허용 전압 강하 출력 계수
RG_3 : 발전기 단시간 과전류 출력계수
RG_4 : 허용 역상전류, 고조파 전류 출력 계수

(2) 출력 계수

① 정상 부하 출력 계수 (RG_1)

RG_1 = 1.47 x D x Sf

여기서 D : 부하의 수용율
(소방부하 : 1.0, 일반부하 : 0.4~1.0, 실제값 적용)
Sf : 불평형 부하에 의한 선전류 증가 계수

② 허용 전압 강하 출력 계수 (RG_2)

$$RG_2 = \frac{1 - \Delta E}{\Delta E} \cdot Xd \cdot \frac{Ks}{Zm} \cdot \frac{M_2}{K}$$

여기서 ΔE : 발전기 허용 전압 강하
Xd : 발전기 정수(부하 투입시 허용되는 임피던스)
Ks : 부하 기동방식에 따른 정수(직입:1.0, Y-Δ:0.67)
Zm : 부하 기동시 임피던스 (0.14)
M_2 : 기동시 전압강하가 최대로 되는 부하기기 출력(KW)
K : 부하 출력 합계 (KW)

③ 단시간 과전류 내력 출력계수 (RG_3)

$$RG_3 = 0.98 \cdot d + (\frac{1}{1.5} \cdot \frac{Ks}{Zm} - 0.98 \cdot d) \frac{M_3}{K}$$

여기서 d : 베이스 부하의 수용율
(소방부하 : 1.0, 일반부하 : 0.4~1.0, 실제값 적용)
Ks : 부하 기동방식에 따른 정수(직입:1.0, Y-Δ:0.67)

Zm : 부하 기동시 임피던스 (0.14)
M₃ : 단시간 과전류 내력을 최대로 하는 부하기기 출력
K : 부하 출력 합계 (KW)

④ 허용 역상전류, 고조파 전류 출력 계수 (RG_4)

$$RG_4 = \frac{1}{KG_4} \sqrt{(\frac{0.43R}{K})^2 + (\frac{1.25\Delta P}{K})^2 \cdot (1-3u-3u^2)}$$

여기서 KG_4 : 발전기 허용 역상 전류 계수 (0.15)
R : 고조파 발생 부하 출력 합계 (KW)
K : 부하 출력 합계 (KW)
ΔP : 단상 부하 불평형 출력값(KW)
u : 단상 불평형 계수

4. 발전기용 엔진의 선정
 1) PG 계산 방식에 의한 원동기 출력

$$Pe = \frac{Pg \times \cos\theta_g}{\eta_g} \times \frac{1}{0.736} \ (PS)$$

여기서 Pe : 발전기 원동기 출력값(PS)
Pg : PG 방식에 의한 발전기 용량(KVA)
$\cos\theta_g$: 발전기 역율 (보통 0.8)
η_g : 발전기 효율 (0.85 ~ 0.95, 보통 0.92)

 2) RG방식에 의한 원동기 출력
  (1) 원동기 출력 계수 (RE)를 산정하여 부하 출력 합계(K)와의 관계식으로 계산한다.
   E = 1.36 RE · K · Cp (PS)
   여기서 E : 원동기 출력 (PS)
    RE : 원동기 출력 계수 (RE_1, RE_2, RE_3 중 가장 큰 계수)
     RE_1, RE_2, RE_3 계산 공식은 설계 기준 5.3항 참조
    K : 부하 출력 합계 (KW)
    Cp : 출력 보정 계수

  (2) RE 계수 조정
   - 실용상 바람직한 RE값의 범위는 1.3D ≤ RE ≤ 2.2 이다.
   - 승강기 이외의 부하가 원인이 되어 과대한 RE값이 되는 경우 기동방식을 변경하여 실용상 범위를 만족하도록 한다.

3) 엔진 선정시 기타 검토사항
- 디젤 엔진과 가스 터빈 엔진 중에 방화 및 연료의 경제성 면에서는 디젤 엔진이 좋다.
- 저속기가 고속기보다 성능이 우수하여 바람직하나 설치비가 높고 설치 면적이 많이 필요 하므로 이를 고려해야 한다.

	저 속 기	고 속 기
RPM	900 이하	1200 이상
연속 운전	적합	부적합(10시간정도)
크기/중량,설치면적	대형, 중량, 크다.	소형, 경량, 작다.
진동 및 특성	작다, 전압특성 우수하고 기동 실패 적다.	크다.
건설 비용	고가	저가
유지 보수	어렵다.	쉽다.

1.3.3 발전기 용량 선정시 (단상)부하의 영향(69.1.12)

1. 개요

   3상 발전기에 단상 부하를 접속하거나 고조파 부하 등이 접속되면 전압 불평형, 파형 왜곡, 불평형 전류, 용량 감소, 진동 등의 영향이 발생하기 때문에, 선정시에 부하의 종류와 특성 등에 대하여 충분히 검토하여야하며, 3상 발전기의 용량 선정시 주의해야 할 문제점으로는 단상부하, 전동기부하, 정류기 부하, 엘리베이터 부하 등이 발전기 미치는 영향과 대책을 고려해야한다.

2. 단상 부하의 영향 및 대책

   1) 이용율 감소

   3상 발전기에 단상 부하를 접속하면 $\sqrt{3}$ 배의 부하를 접속하는 것과 같은 결과가 되어, 접속 가능한 3상 부하의 용량은 감소하여 발전기의 이용율이 낮아진다.
   - 3상 발전기에 접속 가능한 단상 부하 용량은 다음 그림과 같다.

   < 그림 1. 교류 발전기 허용 단상 부하 >

   2) 전압 불평형 및 파형의 왜곡 현상 발생

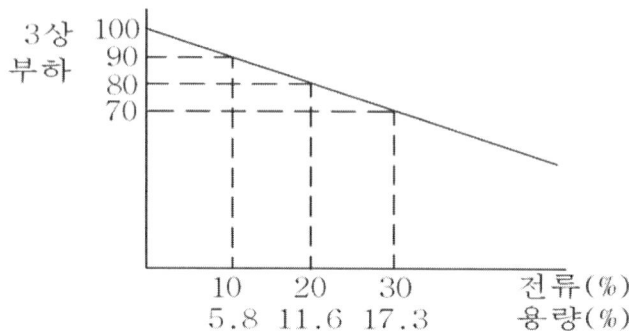

   그림과 같이 단상 부하가 걸려 있는 경우에 각상에 걸려있는 부하의 크기가 다르다면 이에 따라 각상의 전압과 전류의 크기가 달라지고 따라서 파형도 왜곡 현상이 나타난다.

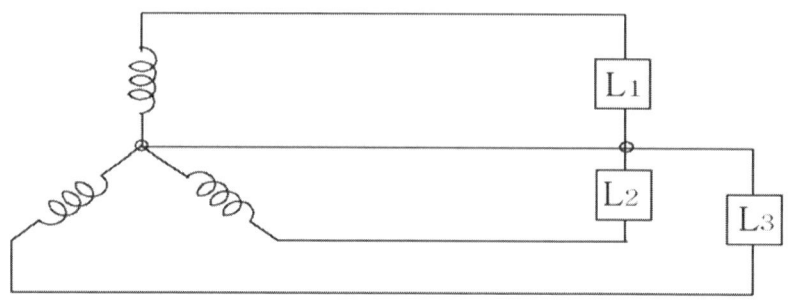

3) 불평형 전류 발생 및 과열 현상 발생
   - 발전기에 불평형 전류가 흐르면 발전기 고정자에 역상 전류가 흐르고 이 역상 전류에 의하여 회전자가 회전 방향과 반대방향의 자계가 발생하므로 회전자가 기계적으로 진동을 하게 된다.
   - 또한 이 역상 전류는 회전자를 가열시켜 발전기 과열의 원인이 된다.

4) 기계적 진동 발생
   - 발전기에 불평형 전류가 발생하면 회전자의 각상의 위상각 변동에 따른 각 속도가 일정하게 유지될 수 없어서 발전기에 기계적인 진동이 발생한다.

5) 대책
   (1) 단상 부하를 3상의 상별로 골고루 배분하여 접속
   (2) Scott 변압기에 의한 접속
   (3) 단상부하의 용량을 발전기 용량의 10% 이내로 접속

3. 기타 부하의 영향 및 대책
   1) 정류기등 고조파 부하
   (1) 원인
       - 사이리터식 CVCF 및 UPS
       - 축전지 충전장치
       - 엘리베이터(사이리스터 위상제어 방식)
       - 사이리스터 제어모터 등

   (2) 영향
       전원에 정류기부하가 접속하면 전압파형의 왜곡이 생겨 다음과 같은 현상을 야기 시킨다.
       - 전동기의 손실 증가, 온도상승
       - AVR로 위상 제어를 하는 경우 위상이 변동하여 동작이 불안정
       - 발전기 자체 권선의 온도 상승과 손실 증가.

   (3) 대책
       - 정류 상수를 많게 한다.
       - 필터 설치
       - 발전기 리액턴스가 작은 것을 선정하고 용량을 크게 한다.

2) 전동기 기동 영향
   (1) 원인
       전동기는 용량에 따라 전전압 기동, Y-Δ기동, 리액터 기동 등을 사용하여 기동을 하게 되는데 이때 기동 돌입전류 발생

   (2) 영향
       - 발전기의 전압 불평형
       - 파형의 찌그러짐
       - 권선의 온도를 상승
       - 진동 현상을 발생시키며 심한 경우 발전기를 멈추게 한다.

   (3) 대책
       - 전동기 기동 특성을 고려하여 발전기 용량을 정한다.
       - Y-Δ기동, 리액터 기동 등 감전압 방식 채택
       - 전동기간의 기동 간격을 넓게 준다.

3) 엘리베이터 부하
   (1) 엘리베이터 모터는 제동시 전력을 회생시키므로 엔진이 여기에 견디어야 한다.
   (2) 최근에 VVVF 제어 방식의 E/V가 많이 채택되어 이에 따른 고조파가 많이 발생한다.
   (3) 위 고조파 부하와 동일한 대책이 필요하다.

4. 주위 환경 영향
   1) 주위온도 영향
      - 주위온도가 40℃를 넘게 되면
      - 10℃ 상승 할 때 마다 약 1.25%의 출력이 감소한다.

   2) 고도 영향
      - 설치장소가 500m를 넘는 경우
      - 100m 마다 0.8%의 출력이 감소한다.

1.3.4 동기 발전기의 병렬 운전 조건과 병렬 운전 순서 (81.2.4)

1. 동기 발전기의 병렬 운전 조건

    2대 이상의 동기 발전기가 같은 부하에 전력을 공동으로 공급하는 것을 병렬 운전이라 하며 이 병렬 운전을 하기 위해서는 다음과 같은 조건을 만족해야 한다.

    <전.위.주/파.상>

병렬 운전 조건	조건을 만족시키기 위한 조처
1) 기전력의 크기가 같을 것	전압계를 확인하며 계자 전류를 조정해서 맞춘다.
2) 위상이 같을 것	동기 검전기로 확인하며 원동기의 속도를 조정하여 맞춘다.
3) 주파수가 같을 것	
4) 파형이 같을 것	발전기 제작시의 문제로서 운전 중에는 고려하지 않는다.
5) 상회전 방향이 같을 것	설치시 상회전 방향 검출기로 확인하여 결선

   1) 기전력의 크기가 같을 것
   (1) 현상
       기전력의 크기가 다르면 전압차에 의한 무효 순환 전류 발생함.
       - 기전력이 작은 발전기 : 증자작용(용량성) -> 전압증가
       - 기전력이 큰 발전기   : 감자작용(유도성) -> 전압감소

       < 증자 작용 >   < 감자 작용 >   < 벡터도 >

       - 전압이 다를 경우 : 무효 순환전류(무효 횡류) 발생 -> 저항손 발생
                        -> 발전기 온도 상승 -> 과열 -> 소손 가능
       - 무효 순환전류 : 발전기는 동기 리액턴스가 전기자 저항보다 훨씬 크기 때문에 순환 전류는 전압에 대해서 거의 90도 늦은 위상차를 갖는다.

(2) 확인 방법 : 전압계로 확인
(3) 대책 : 전압 조정기(AVR) 이용하여 계자전류를 조정

2) 위상이 같을 것
   (1) 현상
       위상이 다를 경우 : 위상차에 의한 동기화 전류 발생

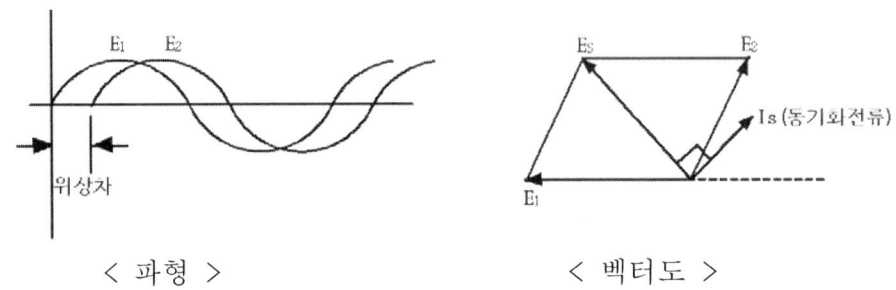

    < 파형 >   < 벡터도 >

- 위상이 앞선 발전기 : 부하 증가 -> 회전속도 감소
           부하 증가 -> 과부하 우려됨.
- 위상이 늦은 발전기 : 부하 감소 -> 회전속도 증가
- 동기화전류 : 동기발전기를 병렬 운전할 때, 자동적으로 동일위상을 보전할 수 있게 하는 전류

   (2) 확인방법 : 동기 검전기로 확인
   (3) 대책 : 원동기 속도 조정하여 위상이 일치하도록 한다.

3) 주파수가 같을 것
   (1) 현상
       주파수가 다르면 : 기전력의 크기가 시간에 따라 달라짐.

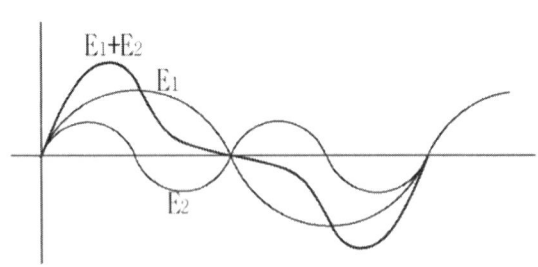

   (2) 영향
       무효 횡류가 두발전기간 교대로 흐르게 되어
       - 난조, 탈조의 원인이 되며
       - 발전기 단자전압이 최대 2배까지 상승 -> 권선 과열 -> 소손

4) 파형이 같을 것
   (1) 현상
       파형이 다르면 전압의 각 순간의 순시치가 달라져 발전기간 무효 횡류가 흐르게 됨.

(2) 영향 : 전기자 동손 증가 -> 과열

(3) 대책 : 발전기 제작상 문제로서 제작시 주의해야 하며 운전 중에는 고려하지 않아도 됨.

5) 상회전 방향이 같을 것

(1) 다를 경우 : 단락 상태가 됨 ($Is = \dfrac{E1+E2}{1/2Xd}$)

(2) 확인 : 상회전 방향 검출기로 확인

(3) 대책 : 시공시 결선 주의

2. 부하 분담을 위한 조건

발전기 부하는 언제나 부하의 변동이 일어날 수 있다.
이런 변동부하에 부하를 각 발전기가 고르게 분담하려면 발전기는 다음과 같은 조건이 필요하다.

1) 각속도가 같을 것
2) 적당한 속도 변동율을 가질 것

3. 병렬 운전 순서

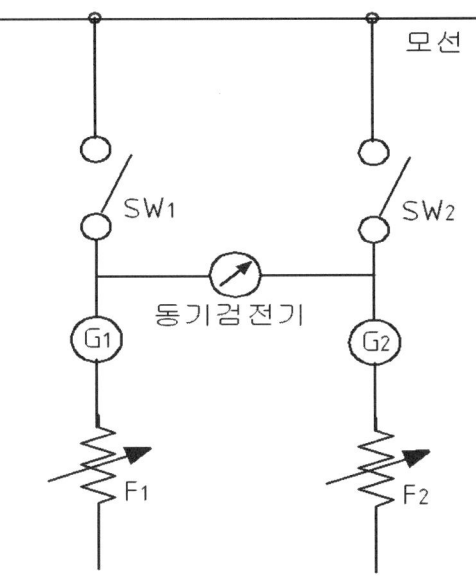

왼쪽 그림과 같이 모선에 A 발전기가 운전 중일 때, B발전기를 병렬 운전에 투입하기 위해서는 다음과 같은 순서로 운전해야한다.

1) B발전기의 원동기를 서서히 운전해서 정격 속도에 가깝도록 한다.
2) 계자 저항기를 조정하여 단자 전압을 모선의 전압과 같도록 한다.
3) 두 발전기의 동기 검전기로 동기를 확인하여 주파수와 위상을 맞춘다.
4) 동기가 되면 차단기 SW_2를 투입한다.

4. 병렬 운전 효과
   1) 발전기 1대 고장시 비상 전원의 연속 공급 가능
   2) 부하량에 따라 발전기 분할 제어 가능
   3) 1대 사용시 보다 소음, 진동, 연료소비 적음
   4) 정격 전압을 안정적으로 공급
   5) 발전기 1대 용량으로 용량 부족시 보강
   6) 부하 변동이 심한 경우

1.3.5 가스 터빈 발전기의 구조, 특징, 선정시 검토사항, 시공시 고려사항(83.3.2)
가스 터빈 발전기 와 디젤 발전기 비교(62.2.5)

1. 개요
   최근의 인텔리젠트 빌딩 등은 단순 정전 대비 보다는 안정적인 전원을 공급해야 하므로 양질의 전원을 공급할 수 있고 저소음, 저진동, 경량, 소형인 가스 터빈 발전기가 채택되고 있는 추세임.
2. 가스 터빈 발전기
 1) 구조
    가스 터빈 발전기 엔진의 기본 구성 요소는 크게 압축기, 연소기, 터빈의 3가지로 나눌 수 있다.

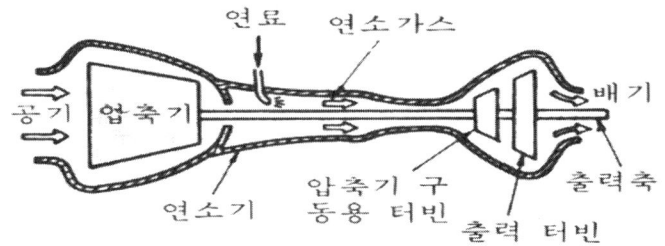

   (1) 압축기
      - 내연 기관의 효율을 높이기 위하여 외부에서 인입되는 공기를 압축하여 연소기로 내어 보내는 장치
      - 정밀하고 고속 회전에 견딜 수 있는 많은 Blade로 구성 됨.
   (2) 연소기
      - 압축기에서 압축된 흡입 공기에 연료를 분사, 연소하여 고온 고압의 기체를 생성하는 장치
      - 연소 효율이 높고 착화성이 뛰어나야 하며 출구 온도 분포가 균일해야 함.
   (3) 터빈
      - 연소기에서 고온 고압으로 가열된 기체를 팽창시켜 회전력으로 변환시키는 장치
      - 고온 고압, 고 회전력에서 저 마모, 저 열팽창 등의 특성이 있는 티타늄, 알루미늄, 니켈 등의 합금으로 제작함.
 2) 작동 원리
    디젤엔진의 '흡입->압축->폭발->배기' 4행정의 맥동 행정을 '흡입->압축->연소->팽창->배기' 5행정의 회전 행정으로 대신하여 연소 효율을 높임.

3) 특징
 (1) 간단한 구조
    압축기, 연소기, 터빈 등이 대부분 경량 고금속 재료이므로 구조가 간단하고 가볍다. 따라서 설치 운반이 용이하고 면적을 줄일 수 있다.
 (2) 연료의 다양화
    디젤엔진은 경유와 중유만 사용할 수 있지만, 가스 터빈은 연소실의 구조를 간단히 변형 시키면 등유, 경유, A중유, LNG등 다양한 연료를 사용할 수 있다.
 (3) 저 소음 및 저 진동
    디젤 엔진은 맥동 소음으로 다른 장소로 소음이 잘 전달되는데 비해, 가스 터빈은 회전 고속 소음으로 다른 장소로 소음 전달이 적다. 진동도 맥동에 의한 것보다는 회전형이 훨씬 적다.
 (4) 간단한 냉각 방식
    대형 디젤 엔진은 대부분 수냉식으로 냉각수를 확보해야 하지만 가스 터빈은 공랭식으로 냉각수가 불필요하다.
 (5) 고온의 배기가스
    가스 터빈의 가장 큰 약점은 고온의 배기가스이다.
    여기에 대하여는 뒤에 시공시 고려사항에서 별도로 설명.
 (6) 고가의 설치비
    디젤 엔진에 비하여 가스 터빈은 상당히 고가이므로 병원이나 대형 전산 센터처럼 고급의 전력 품질을 요구하지 않는 단순히 비상용 예비전원의 장소에서는 채택을 많이 하지 않는 형편이다.

4) 기종 선정시 검토 사항
    가스 터빈은 아래의 장소에 적용 하는 것이 바람직하다.
 (1) 비상 전원 의존도가 높고 양질의 전원이 요구되는 부하 설비(대형전산 센터, 대형 병원 등)에는 가격으로 그 효과를 비교 할 수 없으므로 가스 터빈 발전기가 유리하다.
 (2) 건축물을 근대화 할 경우
 (3) 냉각수 확보가 어려운 곳
 (4) 진동 방지용 별도 기초가 어려운 곳
 (5) 열병합 발전 시스템이나 Peak Cut 겸용 부하
 (6) 대도시와 같이 공해가 우려 되는 곳에는 연료로 도시가스를 사용할 경우 NOx, SOx 등의 공해가 거의 없어 가스 터빈이 유리함.

5) 시공시 고려할 사항
 (1) 급기 대책
  - 가스 터빈은 연소를 위한 공기와 몸체를 식히기 위한 공기가 필요하고, 급기 온도는 발전기 출력에 중대한 영향을 주며 엔진의 수명에도 큰 영향을 준다.
 (2) 배기 대책
  엔진 몸체를 식히고 배출되는 배기는 온도가 그리 높지 않아 큰 문제가 되지 않지만, 연소실에서 터빈을 회전시킨 후 배출되는 배기는 온도가 약 400~600℃의 고온 고압이므로 연도 크기, 단열 등에 유의해야 한다.
 (3) 배기 단열 대책
  연도 단열이 실패하면 건물 구조물의 하자가 되어 큰 문제가 된다.
  연도 처리 방법으로는 아래 2가지 방법이 있다.
  가. 내화 벽돌 처리 방법
   - 재래식 방법인 이 방법은 옹벽 + 단열 + 내화벽돌 구조로 단시간 운전에는 별 문제가 없으나 장시간 운전시에는 연도 내부의 잠열로 단열 효과가 상실되어 옹벽의 균열, 가스 누기, 건물로 열전달 등이 발생하여 바람직하지 못함.
  나. AS PIPE 방법
   - 가격이 고가이기는 하지만 연도 파이프 자체가 2개의 공기 단열층으로 되어 있어 내부 유속에 의해 온도 상승을 막아 주므로 가스터빈 발전기의 연도의 근본적인 공법으로 추천 될 수 있다.

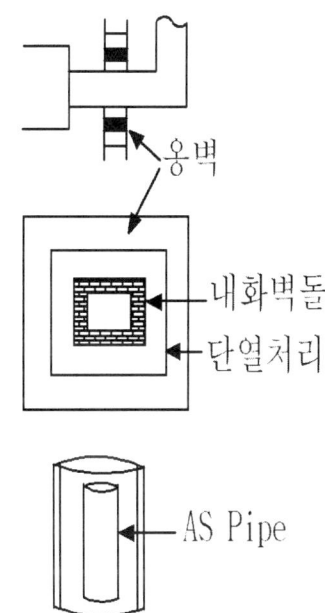

3. 맺는말
 현대의 건축물은 엔텔리젠트화 되어가고 있다. 이러한 추세에 부응하여 건축물의 비상 전원도 과거와 같이 단순 정전 대비를 위한 비상 대책보다 는 안정적인 전원을 공급하는 하나의 부 전원으로 발전되어가고 있다.
 즉, 정전이나 사고시에도 평소와 같은 양질의 전원을 부하측에서 요구하는 것이다. 이러한 부하의 중요도에 따라 디젤형이 갖지 못한 많은 장점을 가진 가스 터빈형 발전기의 수요가 추후 증대 되리라 예상한다.

4. 디젤 엔진과 가스 터빈 발전기 특성 비교
< 작.출.경.진 / 소.부.냉.가 / 연.급.전.부 >

구 분		디 젤 엔 진	가 스 터 빈
일반적 특성	작동 원리	흡입, 압축, 폭발, 배기의 맥동운동	흡입, 압축, 연소, 팽창, 배기의 회전 행정
	출력 특성	주위 조건의 영향이 적음.	흡인공기 온도가 높으면 수명에 악영향을 주고, 출력도 줄어듦.
	경부하특성	불완전 연소로 엔진 내부에 고착(흑화 현상) 발생	별 문제 없음
	진 동	진동 방지 대책 필요	저 진동
	소 음	맥동 소음(105~115dB)으로 타 장소 전달이 큼.	회전 고속음(80~95dB)으로 타 장소 전달 적음.
	부피, 중량	체적이 크고 무겁다	체적이 작고 가볍다.(1/2정도)
	냉각방식	일정규모 이상(약500KVA)수냉식. 라디에이터, 저수조, 쿨링타워 등 필요	공냉식
	가 격	가스 터빈에 비해 저가	고가(디젤의 약2~4배) *
연료 특성	연료 소비율	150~230 (g/ps.h)	많다. 200~500 (g/ps.h) *
	사용 연료	경유, 중유	LNG, 천연가스, 등유, 경유, 중유
급기 배기	급기 배기 장치	배기시 소음기 필요	공냉식이므로 급 배기량이 많아 별도장치 필요 *
	배기 단열	기본적 단열	별도 단열대책 필요 *
전기적 특성	전압 변동율	± 4%	± 1.5%
	주파수 변동율	± 5%	± 0.4%
	기동 시간	보통 8~10초	보통 40초 *
	부하 특성	단계적 부하투입(30->50->80%)	100% 투입(1축식), 70%(2축식)
엔진 제작 여부		중용량(750KVA)까지 국내 생산	국내 제작 불가 *

* : 단점

1.3.6 마이크로 가스터빈 (66.4.1)

1. 개요

    마이크로 터빈 시스템은
    - LNG등 천정 연료를 사용하여 디젤엔진등 기타 발전원에 비해 공해 배출이 적고
    - 열병합 발전 시스템으로 운용할 경우 높은 열효율을 가진다.
    - 단위 면적당 출력이 우수하여 입지 선정에 유리하다.

        이러한 이유로 마이크로 터빈이 주목을 받고 있고 출력은 수십 KW에서 수백 KW에 이르며 최근 소용량의 마이크로 가스터빈이 주목을 받고 있다.
        마이크로 가스터빈이란 가스터빈, 발전기, 제어장치가 하나의 패키지로 된 출력 100kW 정도 이하의 가스터빈 발전 시스템을 말한다.

2. 마이크로 가스터빈의 특징

    1) 공기 베어링 기술로 윤활유 생략

        로터가 회전할 때 스스로의 회전력에 의해 로터와 베어링과의 사이에 공기 막을 형성하여 로터를 부상시켜, 종전의 윤활유 방식의 윤활유 계통을 생략할 수 있어
        - 장치가 간단해지고
        - 오일의 보급, 교환 등이 불필요

    2) 인버터 활용하여 감속기 생략

        일반적인 가스 터빈은 발전기 주파수에 맞는 회전수로 하기 위하여 가스 터빈과 발전기사이에 감속기를 설치하나 마이크로 가스터빈은 분당 수 만회하는 가스 터빈의 회전수를 직접 발전기에 전달하고, 발전기는 고주파의 교류전력을 발생하나 이것을 직류로 변환 후 인버터를 통하여 60Hz로 변환하기 때문에 감속기가 필요 없어 구조가 간단하고 소형화가 가능하다.

    3) 재생 사이클을 채용하여 열효율 향상

        500℃ 이상 되는 배기가스를 이용하여 증기를 만든 후 증기터빈을 돌리고 이 증기터빈과 가스 터빈의 양쪽 힘으로 발전하여 열효율을 약 두 배로 올린다.

        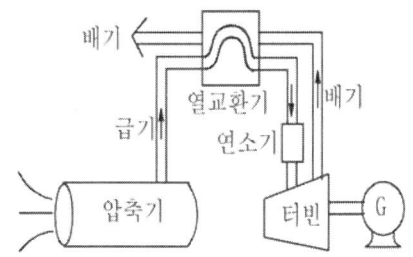

        - 기존 터빈 열효율 : 약 15%
        - 마이크로 가스터빈 : 약 25~30%

    4) 기타
        - 가동 부품의 소형화로 Size, 중량, 배기가스등을 줄일 수 있음
        - 다양한 연료 사용 : LNG, LPG, 메탄, 바이오 가스등
        - 제어 계통 우수 : 마이크로 프로세서를 이용하여 제어 성능이 우수
        - 보호장치가 일체화되어 배전 계통에 분산형 전원으로 연계가 용이

1.3.7 축전지의 용량 산출 방법(63.3.5)(68.4.5)

1. 개요

   축전지 설비는 정전시 또는 비상비 신뢰할 수 있는 예비 전원이며 건축법이나 소방법의 규정에 의하여 예비 전원이나 비상 전원으로 사용되고 있다.
   예를 들면 비상용 조명, 유도등의 전원뿐만 아니라 수변전 기기의 조작 및 제어용 전원으로도 사용된다.
   구성은 축전지, 충전 장치, 제어 장치 등으로 구성된다.

2. 축전지 용량 산출 순서 < 부.축.방 / 특.셀.방 / 환산.용량 >
   1) 축전지 부하 용량 산출
   2) 축전지 종류 결정
   3) 방전 전류 및 방전 시간 결정
   4) 축전지 부하 특성 곡선 작성
   5) 축전지 셀 수 결정
   6) 방전 종지 전압 (허용 최저 전압)결정
   7) 환산계수, 보수율 결정
   8) 축전지 용량의 계산

3. 축전지 용량 산출
   1) 축전지 부하 용량 산출
      축전지용 부하는 일반적으로 단시간 부하 및 연속 부하로 나눌 수 있으며, 단시간 부하의 경우에는 전체의 시설 용량에서 동시에 소비 가능량의 최대치를 필요 부하용량으로 산정해야한다.
      (예, 차단기가 동시 투입은 불가하므로 동시에 투입되는 수량을 확인하여 필요 부하 용량으로 산정한다)
      가. 순시 부하
         - 차단기 조작 전원
         - 소방 설비용 부하 등
      나. 상시 부하
         - 배전반 및 감시반의 표시 등
         - 비상 조명등
         - 연속 여자 코일 등

2) 축전지 종류 및 특성
   (1) 내부 구조에 따른 종류

   < 공.구 / 충.과.수 / 정.용.가 >

구 분	연(납) 축 전 지		알 칼 리 축 전 지	
1. 공칭 전압	2.0 V		1.2 V	
2. 구조	+극:PbO$_2$ -극:Pb 전해질 : H$_2$SO$_4$		+극:NiOOH(수산화니켈) -극:Cd(카드뮴) 전해질 : KOH(수산화칼륨)	
3. 충전시간	길다		짧다 (장점)	
4. 과충전 과방전	약함		강함 (장점)	
5. 수명	10~20년		30년 이상 (장점)	
6. 정격 용량	10시간		5시간 (약점)	
7. 용도	장시간, 일정 전류 부하에 적합		단시간, 대전류 부하에 적합(전류 변화 큰 부하)	
8. 가격	싸다		비싸다	
9. 온도특성	열등		우수(장점)	
10. 형식	CS 클래드식	HS 페이스트식	포켓식	소결식
	완방전식	급방전식 단시간대전류 자동차기동 엔진기동등	AL:완방전식 AM:표준형 AH:급방전식	AHS급방전식 AHH급방전식

(2) 외함의 구조에 따른 종류

   가. 개방형(Open Type) : 가스 제거 장치가 없는 것

   나. 밀폐형(Bended Type) : 배기 마개에 필터를 설치하여 산무가 나오지 못하게 한 구조

   다. Sealed Type : 사용 중 발생하는 산소와 수소를 결합하여 물로 합성 하는 특수 구조로 물의 보충을 필요로 하지 않는 구조

   라. Gel Type : 전해액을 액으로 사용하지 않고 Gel을 주입한 구조

3) 방전 전류 및 방전 시간 결정

   (1) 방전 전류 $I = \dfrac{부하용량}{정격전압} (A)$

   (2) 방전 시간 결정
   - 단시간 부하 : 통상 1분을 기준
   - 연속 부하 : 통상 30분을 기준

4) 축전지 부하 특성 곡선 작성
   - 방전 전류와 방전 시간이 결정되면 우측 그림과 같은 특성 곡선을 그리되 최악의 조건을 고려하여 방전의 종기에 큰 방전 전류가 오도록 작성한다.

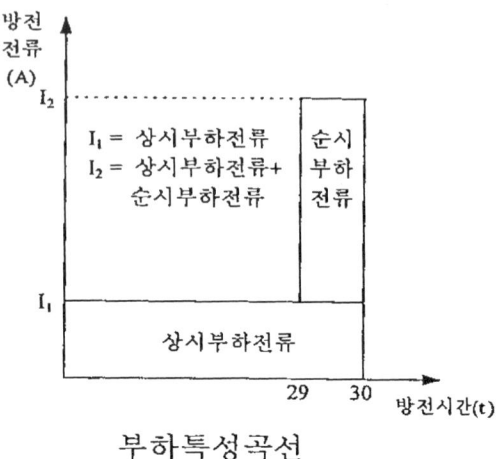

부하특성곡선

5) 축전지 셀 수 결정

   축전지 셀 수는 계통 정격전압과 단위 축전지의 공칭전압이 결정되면 다음 식에 의해 산출한다.

   $$축전지\ 셀수 = \dfrac{계통정격전압}{1셀당 공칭전압}$$

종 류	계통 정격전압	셀의 공칭전압	셀 수
연 축전지	110v	2.0	110/2=55

6) 셀 당 허용 최저 전압 (방전 종지 전압)

   축전지의 최저 전압은 각종 부하로부터 요구되는 허용 최저 전압에 축전지와 부하사이의 선로 전압강하를 더한 값이다.

   예를 들어 부하의 최저 허용 전압이 95v이고 선로의 전압 강하가 5v이라면 축전지 단자에서의 허용 최저 전압은 100v이다.

   축전지 구성을 55로 할 때 셀 당 허용 최저 전압은 1.8v이다.

   $$V = \dfrac{Va + Vc}{n} \ (V/Cell)$$

   여기서 Va : 부하의 허용 최저 전압 (V)
   Vc : 축전지와 부하 사이의 전압강하 (V)
   n : 축전지의 Cell 수

7) 보수율(L) 및 용량 환산 계수 결정(K)

   (1) 보수율

   축전지에는 수명이 있어 그 말기에 있어서도 부하를 만족하는 용량을 결정하기 위한 계수로 보통 0.8로 선정한다.

   (2) 용량 환산 계수

   위에서 축전지 종류, 방전시간, 방전 종지 전압을 결정하고 최저 축전지 사용 온도(보통 5℃ 기준)를 고려하여 다음 표에 의해 용량 환산 계수 K를 결정한다.

형식	온도 (℃)	방전시간 10분 허용최저전압 (V/셀)			방전시간 30분 허용최저전압 (V/셀)		
		1.6	1.7	1.8	1.6	1.7	1.8
CS	25	0.90 0.80	1.15 1.06	1.60 1.42	1.41 1.34	1.60 1.55	2.00 1.88
	5	1.15 1.10	1.35 1.25	2.0 1.8	1.75 1.75	1.85 1.80	2.45 2.35
	-5	1.35 1.25	1.60 1.50	2.65 2.25	2.05 2.05	2.20 2.20	3.10 3.00
HS	25	0.58	0.70	0.93	1.03	1.14	1.38
	5	0.62	0.74	1.05	1.11	1.22	1.54
	-5	0.68	0.82	1.15	1.20	1.35	1.68

비 고 : 상단은 900Ah를 넘고 2000Ah이하인 것, 하단은 900Ah이하인 것

8) 축전지 용량 결정

축전지용량 $C = \dfrac{1}{L}(K_1 I_1 + K_2(I_2 - I_1) + K_3(I_3 - I_2) \cdots)$

L : 보수율 (보통 0.8)
I_1, I_2, I_3 : 방전 전류
K_1, K_2, K_3 : 용량 환산 계수

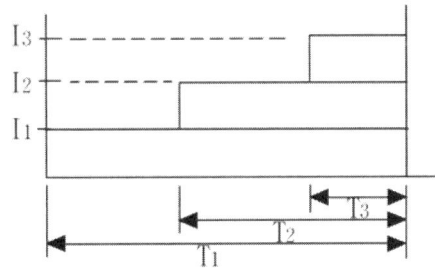

축전지용량 $C = \dfrac{1}{L}(K_1 I_1 + K_2 I_2 + K_3 I_3 \cdots)(Ah)$

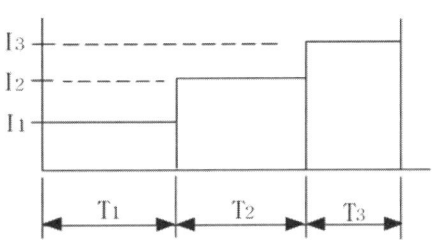

1.3.8 충전 방식 종류 및 특징(78.2.5)(81.3.5)
축전지의 부동 충전 방식(62.1.7)
균등 충전 방식(63.1.1)

1. 개요

    축전지 설비는 정전시 및 비상시 가장 신뢰 할 수 있는 전지이며, 건축법이나 소방법의 규정에 의하면 예비 전원이나 비상 전원용으로 채택하고 있다.
    최근 건축물의 인텔리젠트화, 정보화에 따라 고도의 감시 설비의 조작 및 제어 전원이 필수이며 여기서는 충전 방식별 특징에 대해 설명하고자한다.

2. 충전 방식

    최근에 많이 사용하는 축전지의 충전방식은 부동 충전 방식과 균등 충전 방식을 모두 갖추고 필요에 따라 선택 사용하도록 하는 방식을 선호하고 있는 추세이다.
    충전은 초기 충전, 사용 중 충전, 이상시 충전 등으로 구분할 수 있으며 그 방법으로는 다음과 같다.
 1) 초기 충전

    축전지에 전해액을 주입하여 처음으로 행하는 충전으로 비교적 소 전류로 장시간 통전하여 축전지를 활성화 하는 것을 말한다.

 2) 사용 중의 충전
  (1) 부동 충전

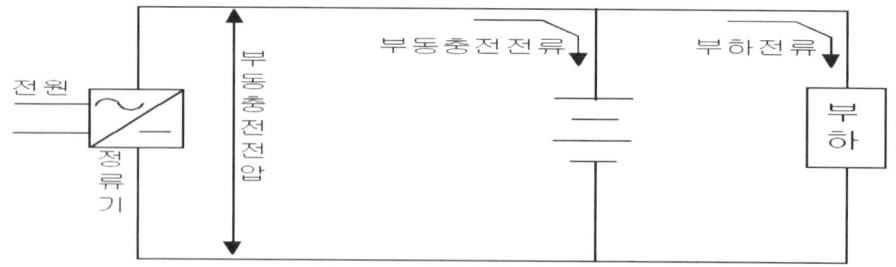

    - 전지의 자기 방전을 보충하는 동시에
    - 상용 부하에 대한 전력 공급은 충전기가 부담하고
    - 충전기가 부담하기 어려운 일시적인 대전류는 축전지가 함께 부담케 하는 방식으로 다음과 같은 이점이 있다.

① 축전지는 항시 완전 충전 상태에 있다.
② 정류기의 용량이 비교적 적어도 된다.
③ 축전지를 장시간 사용할 수 있다.(장수명화)
  * 세류 충전 : 자기 방전만을 항상 충전하는 방식
  * 회복 충전 : 방전한 축전지를 차 회의 방전에 대비해 용량이 충분히 회복할 때까지 충전하는 방식

(2) 균등 충전
- 부동 충전 방식에 의해 사용할 때 각 전지간에 전압이 불균일하게 된다. 이를 시정하기 위해 일시적으로 과 충전하는 방식
- 약 1~2개월에 한 번 정도 실시
- 인가전압 : 연축전지 2.4V ~ 2.5V
           납축전지 1.45~1.5V
- 인가시간 : 약10~15시간
  <균등 충전 시기>
    1. 부동 충전시 1~2개월에 한 번 정도 실시
    2. 충 방전이 심한 경우(월1회)
    3. 과 방전시 또는 오래 방치한 경우
    4. 방전 후 즉시 충전하지 않은 경우

(3) 자동 충전 방식
 - 초기에 대전류가 흐르는 결점을 보완하여 일정전류 이상이 흐르지 않도록 자동 전류 제한 장치를 달아 충전하는 방식
 - 회복 충전 시 : 균등충전 방식으로 작동
   충전 완료 후 : 자동으로 부동충전 상태로 전환됨.
 - 최근에는 거의 이 방식으로 충전

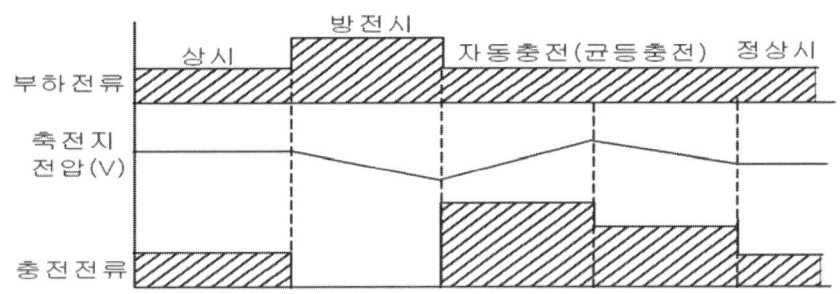

3) 이상시 충전 방식
    (1) 급속 충전 : 응급적으로 용량을 약간 회복시키기 위하여 단시간에 보통 충전 전류의 2-3배의 전류로 충전하는 방식으로 자주하여서는 좋지 않은 방식이다.
    (2) 과 충전 : 축전지 고장을 사전에 방지 또는 이미 고장 난 축전지를 회복하기 위해 저 전류로 장시간 충전하는 방식.
    (3) 보 충전 : 축전지를 장시간 방치 시(자기방전상태) 미소전류로 장시간 충전하는 방식

3. 정류기 용량 산출
 1) 정류 방식 선정
    정류 방식에는 다이오드 또는 SCR 소자를 이용한 단상 반파, 단상 전파 및 3상 반파, 3상 전파 방식 등이 있으며 최근에는 SCR을 사용한 3상 전파가 많이 사용되고 있고 그 용량 계산은 다음 식에 의한다.

교류측 입력 용량 $\text{Pac} = \dfrac{(Il + Ic)Vd}{\cos\theta \times \eta \times 10^3} (kVA)$

교류측 입력 전류 $\text{Iac} = \dfrac{(Il + Ic) \times Vd}{\sqrt{3} \times E \times \cos\theta \times \eta} (A)$

Il : 직류측 부하전류 (A)
Ic : 축전지 충전 전류 (A)
Vd : 직류측 전압 (V)
$\cos\theta$: 정류기 역율(%)
η : 정류기 효율 (%)
E : 교류측 전압 (V)

4. 축전지실 위치 선정시 고려사항
 - 부하에 가까운 곳
 - 직사광선을 피할 것
 - 내부 내산 도료, 내산 설비 할 것
 - 환기 설비 및 내진 대책
 - 진동이 없는 곳
 - 보수, 점검, 반입을 고려
 - 축전지 하중을 고려하여 거치대 설치
 - 최근에는 정류 기반 내에 내장하는 추세임.

1.3.9 연축전지의 설페이션(Sulphation) 현상 (78.1.1)

1. 설페이션(Sulphation)의 정의
   - 연축전지를 방전상태로 오래 방치시
   - 극판상에 황산연의 미립자가 응집
   - 비교적 큰 결정의 백색 피복물 즉, 백색 황산염이 발생함.
   - 이 현상을 설페이션(Sulphation)이라 함.

2. Sulphation의 영향
   1) 전지 용량 감소
      이 백색 피복물은 부도체 이므로 작용물질의 면적이 감소하여 전지의 용량이 감소함.

   2) 수명 단축
      작용물질을 탈락시켜 수명을 감축함.

   3) 기타 현상(영향)
      (1) 내부 저항이 대단히 증가
      (2) 전해액의 온도 상승
      (3) 황산의 비중이 낮아지고
      (4) 가스의 발생이 심해짐.

3. 대책
   1) Sulphation 현상이 가벼운 경우 : 과충전을 하면 됨.
   2) Sulphation 현상이 심한 경우 : 희류산 또는 중성 유산염으로 장시간 충전 하면 이 백색 피복물을 제거할 수 있음.

1.3.10 전기 자동차 축전지의 충전방식 (응.72.4.4)

1. 정전류 충전(Constant Current Charge)
   1) 정의
      - 정전류 충전은 일반적인 충전법으로
      - 충전시 가감저항기를 이용하거나
      - 전압을 변화시켜 전류를 일정하게 하는 방식임.
   2) 특성
      - 축전지의 전압이 상승하면 전류가 저하하기 때문에 그때마다 충전 전류를 조정함.
      - 축전지 용량의 1/8~1/16 정도의 전류로 충전
      - 축전지 비중은 축전지 전압이 2.35~2.4V/Cell 에 달할 때 급속 상승하나 충전이 끝날 때 쯤 에는 교반(휘저어 섞임)되어 일정하게 된다.
   3) 용도
      - 전지의 초기 충전
      - 충전 시험 등에 사용

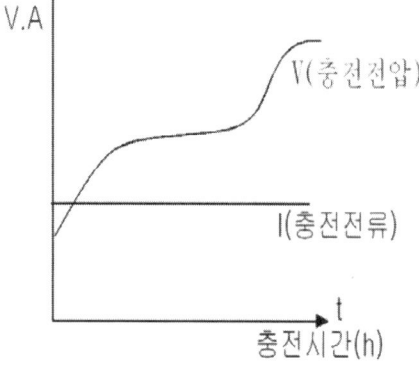

<정전류 방식의 충전곡선>

2. 정전압 충전(Constant Voltage Charge)
   1) 정의
      - 충전 초기부터 충전 종기까지 충전전압을 일정(2.3~2.5/Cell)하게 함
   2) 특성
      - 충전이 진행되면 축전지 역기전력에 의해 충전전류 저하
      - 충전 초기에는 큰 전류가 흐르고 점차 전류가 적게 흐름.
      - 장점 : 가스 발생이 적음 짧은 시간에 충전이 가능
      - 단점 : 초기에 대전류가 필요하므로 대용량의 충전기 필요
      - 많이 사용 하지 않음.

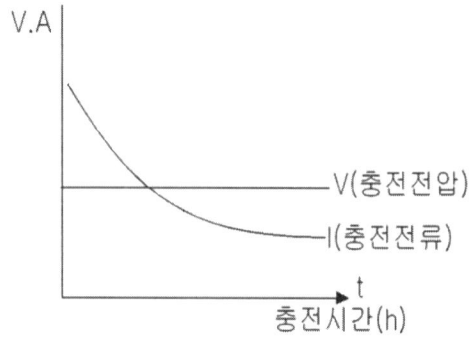

<정전압 방식의 충전곡선>

3. 정전류. 정전압 충전방식(자동차 충전방식)
   1) 정의
      - 최대 충전전류와 충전전압을 일정하게 하여 충전

2) 특성
   - 전지 전압이 일정값이 될 때까지
     정전류 충전 후 그 이후에는 정전압 충전
   - 충전전류는 초기에 크고 점차 작아짐.
   - 충전 전압은 초기에는 작지만
     정전압 충전시간 동안에는 단자전압과
     비슷하게 됨.
   - 충전전압 : 일반적으로 14.4V 설정
     (12V * 1.2)

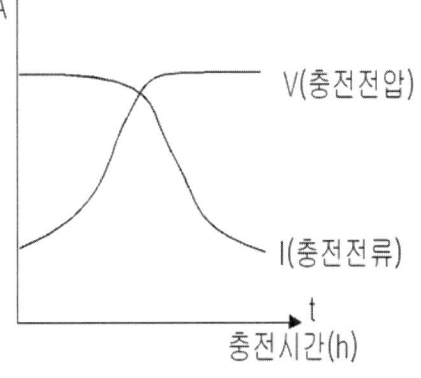

<정전류.정전압 방식의 충전곡선>

3) 용도
   - 자동차의 충전계통

4. 준 정전류 정전압 충전
   1) 정전압 충전방식의 변형으로 충전 상태에 따라 수하특성이 있음
   2) 충전전압이 낮을 때는 충전전류를 크게 하고, 충전전압이 높을 때는 충전전류를 작게 함.
   3) 충전전압이 급격히 상승하는 전압(2.4V)에 대하여는 타이머 동작시켜 충전량을 제어
   4) 정전류/정전압 방식보다 저렴함.
   5) 용도 : 전기차용

5. 계단 충전방식(Step Current Charge)
   1) 정의
      - 전류를 충전이 진행됨에 따라 2단,
        3단으로 저하시켜 충전
   2) 특성
      - 1단의 전류는 3~8시간율 전류 사용
        전압이 2.35V가 되면 2단으로 전환
      - 최종의 전류는 20시간율 정도 사용
      - 장점 : 최종 전류가 작아 물의 분해가 적음
              전지 온도 상승이 적음

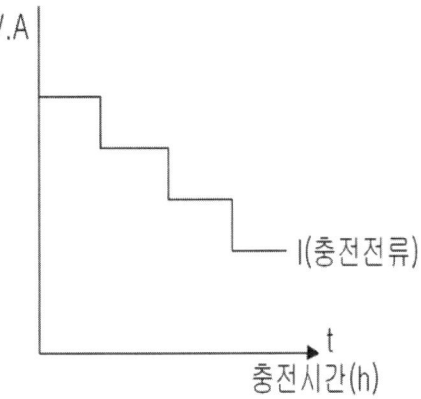

<계단 전류 방식의 충전곡선>

6. 급속 충전(Boosting Charge)
   1) 축전지 사용 중에 용량을 보충할 목적으로 단시간에 행하는 것.
   2) 보통 충전 전류의 2~3배의 전류로 충전

1.3.11 UPS 구성, 동작원리 및 선정방법

무정전 전원장치(UPS) 의 동작 원리를 설명하시오. (62.4.5)
UPS의 구성에 따라 분류하고 설명하시오. (65.3.2)
UPS의 병렬 시스템 선정시 고려사항을 적으시오. (81.1.12)

1. 개요

UPS는 잠시도 정전 또는 전압 변동을 허용할 수 없는 중요한 부하기기에 상용전원이 정전 되거나 긴급 사고가 발생할 때 부하측 전원이 차단 또는 전압변동이 되지 않도록 무정전으로 준비된 비상 전원에 의해 양질의 전원을 공급하는 장치이다.

2. UPS
(1) 구성

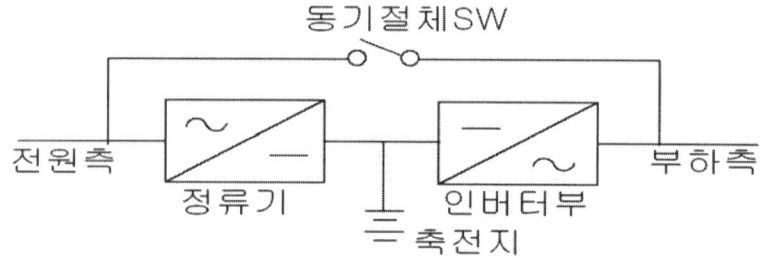

1) 컨버터(정류기, 충전기)
  3상 또는 단상 입력 전원을 공급받아 직류 전원으로 변환하는
  동시에 축전지를 충전시킨다.
2) 인버터
  직류 전원을 양질의 교류 전원으로 변환하는 장치
3) 동기 절체 스위치(BY PASS SW)
  UPS의 과부하 및 이상시 상용전원이나 발전기 전원으로 절체
4) 축전지
  정전시 인버터부에 직류 전원을 공급하여 부하에 일정시간 동안 무 정전으로 전원을 공급하는 설비
(2) 동작원리
  1) 정상시 운전
    3상 또는 단상 입력 전원(상용 또는 발전기 전원)을 공급받아 정류부에 의해 정류된 뒤 인버터에서 AC로 변환되어 전력을 공급.
  2) 정전시 운전
    인버터가 축전지에서 전력을 공급받아 부하에 무 순단으로 전력을 공급하며 축전지는 UPS가 저전압(방전 종기 전압)으로 트립이 될 때까지 방전을 계속 함.

3) 복전시 운전

　저 전압으로 UPS가 저전압으로 트립 되기 전에 AC입력 전원이 공급되면 UPS는 정류기로부터 전력을 공급받아 부하에 연속적으로 전력을 공급하고 축전지는 재충전된다.

4) BY PASS 운전

　UPS에 고장이 발생했을 경우 절체 S/W는 부하를 인버터로부터 입력 전원으로 절체하여 공급하며, BY PASS 방식에는 무 BY PAS 방식, 절단 절환 방식, 무순단 절환 방식 등이 있다.

(3) UPS 용량 선정 (86.3.3)

　1) 일반부하 용량

$P = \alpha \beta (\Sigma P_L + P_T)$

　　α : 수용율 (0.8 ~ 1.0)
　　β : 고조파 여유 계수 (1.25)
　　P_L : 부하량 (KVA)
　　P_T : 증설 가능 여유량 (20% 정도)

　2) 돌입 전류를 고려한 용량

$$P \geq \frac{P_S}{0.5}$$

　　P_S : 최대 돌입 용량

　3) 과전류 내량을 고려한 용량

$$P \geq \frac{\Sigma P_L + P_S}{r}$$

　　P_L : 부하량
　　P_S : 돌입 용량
　　r : 과부하 내량

　　상기 3가지 값 중에 제일 큰 값을 적용한다.

(4) UPS 계획 및 설계시 고려 사항

　1) 부하 내용의 중요도 파악 및 UPS 공급 부하 선정

　　부하 용량　　3Φ　$P = \sqrt{3} \, E \, I \times 10^{-3}$ (KVA)
　　　　　　　　1Φ　$P = E \, I \times 10^{-3}$ (KVA)

　2) 수용율

　　일반 : 0.8 ~ 1.0　　통신부하 : 1.0

3) 고조파 전류 영향에 따른 여유 용량 및 억제 대책
   여유 용량   3Φ 1.2 - 1.4
              1Φ 1.3 - 2.0
4) 장래 증설 또는 여유율
5) 시동 돌입 전류 및 억제 대책
6) 과부하 내력
7) 부하 불평형율 : 단상 혼용 부하의 경우 20% 내외
8) 전압 및 전압 변동율 결정
9) 주파수 및 주파수 변동율
10) 부하 역율
11) 수전방식 및 발전기와의 협조
12) 환경 조건 검토
    - 주위온도 및 공조시스템 설치 여부
    - 소음, Noise, 내진, 방진, 먼지, 환기, 소화기 등
    - 설치 Lay Out, Space, 내하중 등
13) 경제성 등

(5) UPS 운용 시스템 및 특징
 1) 단일 시스템

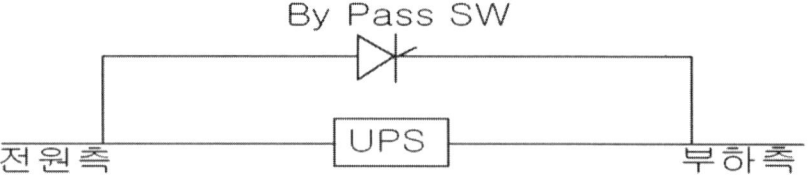

 - 바이패스 전환회로에 SCR을 사용한 반도체 S/W에 의해 무순단으로 전환.
 - 소용량에서 대용량까지 단일 시스템의 표준
 - 경제적이며 고 신뢰도 시스템임.

 2) 병렬 시스템

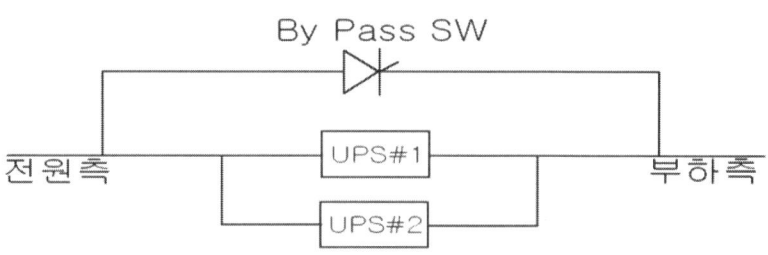

- UPS를 2대 또는 그 이상으로 병렬 운전하여 신뢰성을 높인 시스템.
- 금융기관 전산실, 병원 수술실 등 고 신뢰성을 요구하는 시스템에 적용

3. 시스템 구성 방식

U P S	바이패스	시스템 구성	적 용 예
단 일 시스템	무	→[UPS]→	* 주파수 변환을 요하는 곳 * 바이 패스를 적용 못하는 곳
	절단전환	→[UPS]→ (bypass switch)	* 바이패스 전환시간(0.05-0.1초)이 허용되는 부하
	무순단 절환	→[UPS]→ (다이오드 바이패스)	* 절대 정전을 허용하지 않는 부하
병 렬 시스템	무	→[UPS][UPS]→	* 주파수 변환을 요하는 부하중 대 용량
	절단전환	→[UPS][UPS]→ (bypass switch)	* 바이패스 전환시간(0.05-0.1초)이 허용되는 부하중 대 용량
	무순단 절환	→[UPS][UPS]→ (다이오드 바이패스)	* 절대 정전을 허용하지 않는 부하 중 대 용량 (금융기관 등)

1.3.12 ON LINE 및 OFF LINE방식 UPS

1. ON-LINE 방식(UPS의 일반적인 방식)
   1) 구성도 및 구성 요소

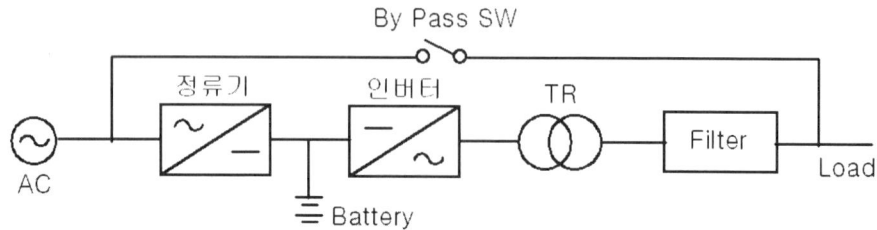

   가. 컨버터(정류기, 충전기)
      3상 또는 단상 입력 전원을 공급받아 직류 전원으로 변환하는 동시에 축전지를 충전시킨다.
   나. 인버터
      직류 전원을 양질의 교류 전원으로 변환하는 장치
   다. 동기 절체 스위치
      인버터의 과부하 및 이상시 상용전원이나 발전기 전원으로 절체
   라. 축전지
      정전시 인버터부에 직류 전원을 공급하여 부하에 일정시간 동안 무 정전으로 전원을 공급하는 설비
   2) 동작원리
   (1) AC - DC - AC로 2중 변환을 하여 평상시에도 항상 인버터를 통하여 전원이 공급.
   (2) 입력전원이 인가되면 충전부는 축전지를 충전시키고, 정류부는 인버터에 직류전원을 공급.
   (3) 정류부에서 직류 전원을 공급받아 인버터부가 스위칭 동작을 하여 필터를 통하여 정현파를 만들어 부하에 전원을 공급.

   3) 장/단점
      (장점)
   (1) 이중변환을 거침으로서 고조파, 서지, 노이즈 등 많은 전원잡음을 없앨 수 있다.
   (2) 절체시간 등 응답속도가 빠르다.
   (3) 주파수 변동이 없다.
   (4) 전압안정도가 높고 전기적 특성이 좋다.

(단점)
   (1) 효율이 낮다 70~90%
   (2) 가격이 비싸다.
      ON-LINE 방식을 많이 사용하는 이유는 대용량화가 용이하고 부하가 요구하는 전원 특성을 충분히 맞추어 줄 수 있어 일반적으로 이 방식을 많이 사용.
 2. OFF-LINE 방식
  1) 구성도

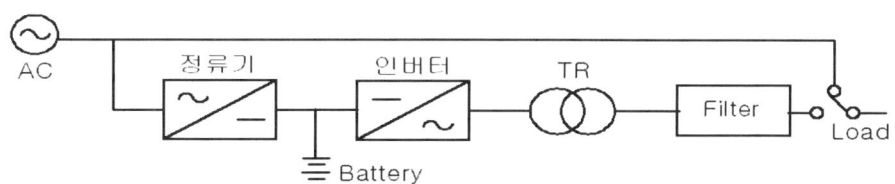

  2) 동작 원리
     평상시 상용전원을 공급하고 있다가 정전 시에만 인버터를 동작시켜 부하에 전원을 공급하는 방식.

  3) 장/단점
     (장점)
   (1) 평소에 인버터를 안 거쳐 효율이 높다.(90% 이상)
   (2) 가격이 싸다.
   (3) 내구성이 높다.
     (단점)
   (1) 입력에 따라 출력이 변동. 전원 잡음을 차단할 수 없음
   (2) 응답속도가 느리고 순간정전에 약하다.
   (3) 정밀기기는 사용 불가

 3. LINE-INTERACTIVE 방식
  1) 구성도

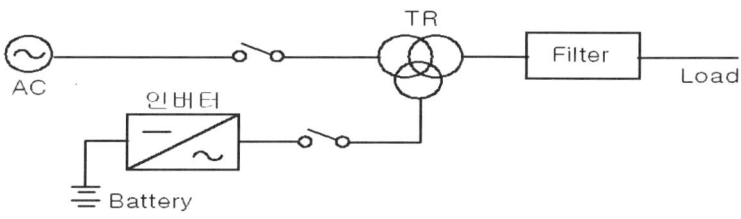

2) 동작 원리
　(1) 정상적인 상용전원 공급시 : 인버터 모듈내의 IGBT를 통한 Full 브리지 정류방식으로 충전함.
　(2) 정전시 : 인버터 동작으로 출력전압을 공급하는 OFF-LINE방식
　(3) 전압이 자동으로 일정하게 조정됨.
3) 장/단점
　(장점)
　(1) ON-LINE 방식에 비해 가격이 싸다.
　(2) 효율이 높다.
　(단점)
　(1) 과충전의 우려가 있다.

4. 특성 비교

구 분	On-Line	Off-Line	Line Interactive
1. 효율	낮다(70~90%)	높다(90%이상)	높다(90%이상)
2. 신뢰도	높다	낮다	중간
3. 절체시간	4mS 이하 무순단	10mS 이하	10mS 이하
4. 입력 변동시 출력 변동	무변동	입력변동에 따라 변동	5~10% 정도 전압 자동 조정됨.
5. 입력 이상시 (Sag,노이즈 등)	완전 차단	차단 못함	부분적 차단
6. 주파수 변동	변동 없음 (±0.5%이내)	입력변동에 따라 변동	입력변동에 따라 변동
7. 가격	고가	저가	중간

<IGBT>
Insulated Gate Bipolar Transistor 의 약어로 고속 Switching 능력과 고전압 대전류 처리 능력을 겸비하고 있는 새로운 소자이며, SCR, GTO, POWER TR 의 결점을 보완한 것이나 국내에서는 아직 생산이 안되고있다.

1.3.13 다이나믹 UPS 동작원리 (75.2.4)
(회전형 또는 로터리 UPS라고도 함)

1. 구성도 및 구성 요소
   1) 구성도

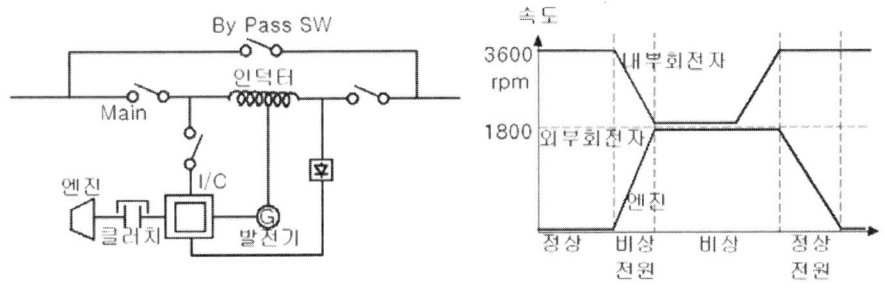

   2) 구성 요소
      (1) 디젤 엔진 : 비상 전원 공급
      (2) 발전기 : 정상시는 필터. 정전시는 전원 공급 기능
      (3) 인덕터 : 일정 전압 공급 (CV특성)
      (4) I / C : 부하 과도 형상 조절

2. 동작 원리

운 전	구 성 도	설 명
정상시 운전		1) 상시 운전 중에 부하 공급은 상용 전원 공급 2) 인덕터는 발전기에 의해 출력 전압을 기준 전압과 비교하여 피드백 제어로 일정 전압 유지(CV 특성) 3) I/C(인덕션 커플링)의 내부 회전자는 외부 회전자의 권선에 의해 여자되어 3600rpm 으로 회전하고, 외부 회전자는 동기 속도 1800rpm으로 운전함. 4) 발전기는 I/C의 외부 회전자에 의해 1800rpm 으로 운전 5) 디젤 엔진과 I/C의 외부 회전자 사이는 동기 클러치에 의해 분리된 상태이며, 내부 회전자 는 정전 대비를 위한 운동 에너지를 보유

| 정전시 운전 | 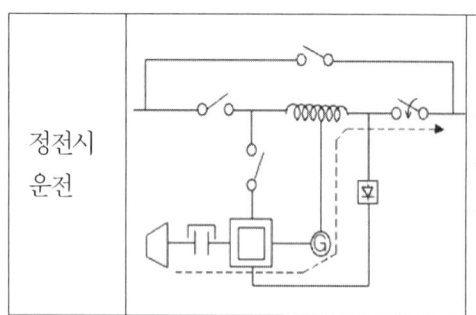 | 디젤 엔진의 속도가 I/C의 속도와 동기 되는 순간에 클러치가 자동 연결되어 발전기를 통해 계속 전력 공급 |

3. DYNAMIC UPS 의 특징

(장점)
1) 무 축전지 정전 보상 방식이며 정전 시간과 관계없이 연속 사용이 가능함.
2) 고조파 발생 없음
3) 대용량 부하의 병렬 운전 방식으로 적당함.
4) 공조기 불필요
5) 고 역율(0.98 이상)이며 출력 전압 안정도 좋음(±1%)

(단점)
1) 정격 전류의 약 10배의 단락 전류 발생
2) 설치비 고가
3) 소음 발생.
4) 설치면적이 큼.
5) 유지 보수가 어려움

4. 정지형 UPS 및 회전형 UPS 비교

구 분	정지형	회전형(다이나믹)
1. 동작 원리	정지기	회전기
2. 설치 면적	적게 차지함	많이 차지함
3. 설치 위치	실내	발전기, 배기덕트, 연료 배관 등이 있어 실내 설치시 환경대책이 필요함.
4. 용량	무전원상태에서 장시간 운전 불가 Back-Up용 발전기 필요	Back-Up용 발전기 불필요
5. 고조파발생	인버터 회로에서 다량 발생	발생 거의 없음
6. 유지 보수	정기기 이므로 쉽다	어려운 편이다.

1.3.14 자가용 발전설비와 UPS의 조합 운전시 고려사항 (75.4.4)

1. 개요
   비상용 자가 발전 설비와 UPS의 조합 운전은 실제로 많이 사용하고 있지 않으나 상용 전원이 장시간 정전된 경우에는 비상용 발전 설비로 전원을 공급해야 하므로 조합 운전 시에 발생하는 고조파, 전압 변동, 주파수 변동 및 안정도에 대하여 검토해야 한다.

2. 고려 사항
   1) 고조파
      UPS의 인버터 및 컨버터에서 많은 고조파가 발생하여 부하에 영향을 주는 것은 물론 발전기에도 온도 상승 등 나쁜 영향을 준다.
   (1) 영향
      - 발전기의 출력 전압 파형이 일그러져 발전기는 물론 부하에도 영향.
      - 발전기의 표류 부하손이 증가하며 회전자의 온도 상승.
   (2) 대책
      - UPS의 정류부의 상수를 높여 고조파의 파고치를 줄인다.
      - 발전기 자동 정전압 회로에 필터를 설치하여 출력 전압 파형의 일그러짐을 줄인다.
      - UPS 입력측에 FILTER를 설치하여 고조파 전류를 흡수한다.
      - 복수의 UPS 사용시 위상을 다르게 하여 발전기 측에서 본 정류 상수를 높게 한다.
      - 고역율 컨버터를 채택하여 고조파 발생 자체를 줄인다.

   2) 절환에 따른 문제(돌입 전류에 의한 전압변동, 주파수 변동)
   (1) 각종 부하를 투입 할 때 시동 전류나 돌입 전류에 의한 전압 변동과 주파수 변동을 보며 부하 투입 순서나 부하 투입 그룹을 선정해야 함.
   (2) 특히 대형 변압기나 대형 전동기 등을 투입 할 때 발생하는 큰 돌입 전류를 주의한다.
   (3) UPS가 발전기에 급격한 부하가 되지 않도록 UPS의 정류기에 워크인 기능을 둔다.
      < 워크인 >
      교류 입력이 복전 될 때 UPS정류기의 위상 제어에 의하여 교류 입력 전류를 서서히 증가시켜, 발전기에 순시 전력이 인가되는 것을 경감 시키고, 발전기의 출력 전압 및 출력 주파수의 변동을 억제하는 기능.

3) 기계와 전기계의 공진현상
   터빈/발전기 축의 비틀림의 고유 진동수와 UPS의 전기적 주파수가 공진하는 것에 대한 대책으로 기계의 대책보다는 전기적 대책이 비교적 쉽다.

4) 발전기 출력 전압의 불안정
   발전기 전압 제어계와 UPS의 전압 제어의 응답 속도의 상황에 따라 발전기 출력 전압이 불안정하게 된다.
   이런 경우는 발전기 또는 UPS의 전압 제어계의 응답 속도를 변화시켜 불안정 해소한다.

5) 주파수 불안정
   발전기 출력 주파수와 UPS주파수가 달라 전압의 비트 현상이 나타나게 됨
   발전기의 회전수를 조절하여 출력 주파수가 일정하도록 제어하여 UPS와 동기 운전한다.

2장
수변전 기기

Chapter 2.1
　　변압기

Chapter 2.2
　　차단기류

Chapter 2.3
　　고압 기기류

Chapter 2.4
　　전력용 콘덴서

Chapter 2.5
변성기 및 보호계전기

2.1.1. 변압기의 결선 방식에 따른 특성과 장단점(83.2.6)

1. 개요

   변압기의 결선방식은 한전으로부터의 수전방식, 접지방식등과 부하의 정격 전압에 의해 결정된다.

   수용가 입장에서는 변압기 측의 결선방식이 운용 면에서는 별 문제가 없지만, 전력회사 입장에서 보면 변압기 결선방식에 따른 보호협조가 중요하며, 수용가 사고에 따른 전력회사로의 파급 등이 문제가 된다.

2. 변압기 결선 방식별 특성 및 장/단점

   1) Y - Y 결선 (Yy$_0$)

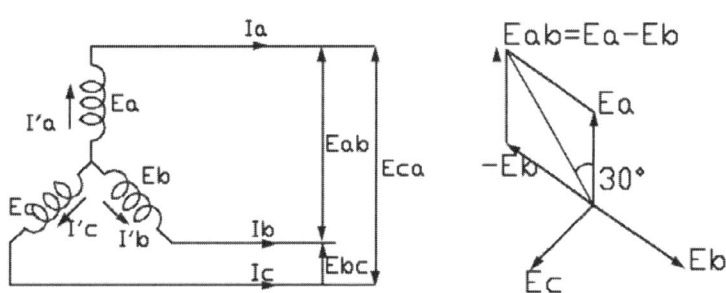

   <특성>
   (1) 선간 전압은 상전압의 $\sqrt{3}$ 배이고 위상이 30°앞선다.
   (2) 선전류 크기 = 상전류의 크기

   <장점>
   (1) 1차, 2차 모두 중성점 접지가 가능하여 이상 전압을 경감 시킬 수 있고, 단 절연 방식이 가능하다.
   (2) 선간 전압이 상전압의 $\sqrt{3}$ 배 이어서 고전압 권선에 적합하다.
   (3) 변압비나 권선 임피던스가 서로 틀려도 순환전류가 흐르지 않는다.
   (4) 1대의 변압기에서 2종의 전압을 얻을 수 있다.

   <단점>
   (1) 중성점 접지시 제3고조파 영향으로 통신 장애와 중성선이 과열 될 수 있다.
      대책 : Δ의 3차 권선을 추가하여 고조파를 해결한다.
   (2) 3고조파의 여자전류 통로가 없으므로 유도전압은 제3고조파를 포함한 왜형파가 되어 권선의 절연과 Stress가 증가한다.

2) △ - △ 결선 (Dd_0)

   <특성>

   (1) 선 전류는 상전류의 $\sqrt{3}$ 배이고 위상이 30°뒤진다.

   (2) 선간 전압 크기 = 상 전압

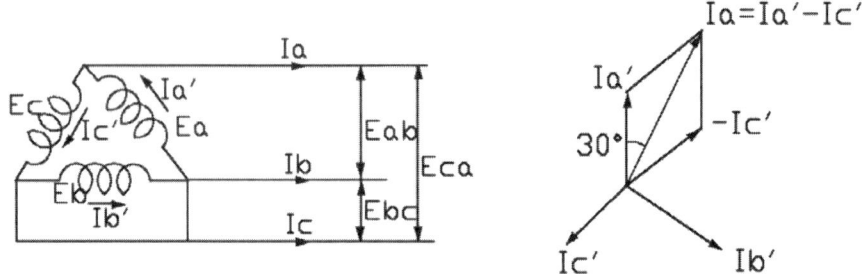

   <장점>

   (1) 3고조파가 △회로 내부에서 순환하여 열로 발산하므로 정현파 교류 전압이 유기된다.

   (2) 선전류는 상 전류의 $\sqrt{3}$ 배이어서 대 전류에 유리하다.

   (3) 3대중 1대 고장시 V-V 결선 운전 가능하다.
       이때 출력율 = 57.7 %

   <단점>

   (1) 중성점을 접지할 수 없어 지락 사고 검출이 곤란하다.
       (지락보호시 별도 접지 변압기 필요)

   (2) 각상 권선의 임피던스가 다르면 평형 부하에서도 변압기의 부하 전류가 불평형이 된다.

3) △ - Y 결선 (Dy_1)

   - 2차 Y가 30° 뒤짐
   - 저압측 중성점 필요한 곳에 사용

   <장점>

   (1) 2차의 중성점을 접지할 수 있어 이상 전압을 경감시킬 수 있으며, 단절연 방식이 가능하다.

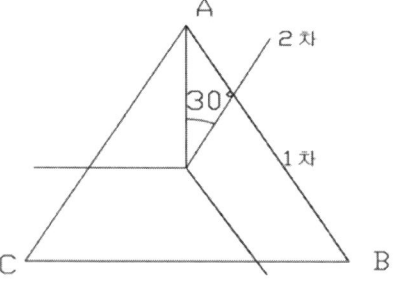

   (2) 2차의 선간 전압이 상전압의 $\sqrt{3}$ 배 이어서 고전압권선에 적합하다.

   (3) 1대의 변압기에서 2종의 전압을 얻을 수 있다.

<단점>
(1) 1차와 2차 사이에 위상차가 발생한다.
(2) 중성점 접지시 제3고조파 영향으로 통신 장애와 중성선이 과열 될 수 있다.

4) Y - △ 결선 (Yd_1)

2차가 1차보다 30°뒤진다.

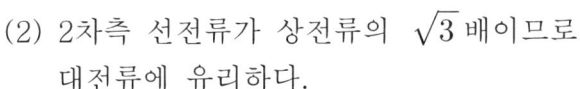

<장점>
(1) 1차의 중성점을 접지할 수 있어 이상 전압을 경감시킬 수 있으며, 단 절연 방식이 가능하다.
(2) 2차측 선전류가 상전류의 $\sqrt{3}$ 배이므로 대전류에 유리하다.
(3) 3고조파가 △회로 내부에서 순환하여 열로 발산하므로 정현파 교류 전압이 유기된다.

<단점>
(1) 1차와 2차 사이에 위상차가 발생한다.
(2) 각상의 권선 임피던스가 다르면 3상 부하가 평형이어도 변압기 2차측 전류가 불평형이 된다.
(3) TR 1차를 접지하면 3고조파 흘러 발전기에 흘러 들어가 발전기의 과열 원인이 된다.

5) V - V 결선

$$P = \sqrt{3} \times E_{ab} \times I_a$$
$$= \sqrt{3} \times E_a \times I_a'$$
$$= \sqrt{3} \times P_1$$

즉, 1대 용량의 $\sqrt{3}$ 배 출력임

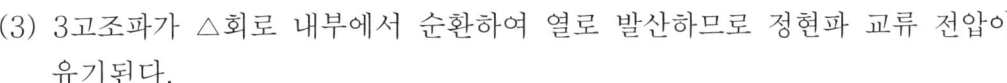

<특징>

- 이용율 $= \dfrac{V결선 출력}{2대 용량} \times 100 = \dfrac{\sqrt{3}}{2} = 86.6(\%)$

- 출력율 $= \dfrac{V결선 출력}{3대 용량} \times 100 = \dfrac{\sqrt{3}}{3} = 57.7(\%)$

<장점>
1) 2대로 3상 전압 얻을 수 있다.
2) 장래 시설 증가시 △-△ 결선이 가능
(단점)
1) 이용율이 낮다. ($\sqrt{3}$ / 2 = 86.6%)
2) 출력율이 낮다 ($\sqrt{3}$ / 3 = 57.7%)

3. 맺는말
   - 중성점을 접지할 필요가 있을 때에는 △-Y가 일반적이다.
   - OLTC 변압기에는 중성점에 TAP변환기를 배치하는 것이 유리하므로 Y결선이 유리하다.
   - Y-Y 결선에서 중성점 접지시 제3고조파 영향으로 통신 장애와 중성선이 과열 될 수 있으므로 △의 3차 권선을 추가하여 고조파를 해결.

2.1.2 변압기 병렬운전(62.1.4)(66.4.2)(78.3.2)(84.1.2)

1. 개요

   부하의 증대, 고장시 공급 능력 저하방지, 부하 변동에 대응한 경제 운전 등을 위해 2대 또는 그 이상의 변압기를 고압측과 저압측 각각의 기호 단자를 접속해서 운전하는 것을 병렬 운전이라 한다.

   이 병렬 운전은 각 변압기가 각각의 용량에 비례해서 부하를 분담하고, 횡류(순환전류)가 생기지 않는 조건이 필요하다.

   실제로 이들 조건이 약간 벗어나 있어도 부하 분담 및 온도 상승 등을 검토하여 이 값이 허용되는 범위에 있어서의 병렬 운전은 가능하다.

   < 병 렬 운 전 조 건 > < 극 상 각 / 권 % 용 >

	병 렬 운 전 조 건	단상	3상	다를 경우 문제점
1	극성이 일치할 것	O		등가적인 단락상태가 됨
2	상회전 방향이 맞을 것		O	
3	각 변위가 같을 것		O	순환전류가 흘러 TR 과열
4	정격 전압과 권수비가 같을 것	O	O	
5	%임피던스가 같을 것 (%리액턴스와 %저항의 비가 같을 것)	O	O	%임피던스가 낮은 쪽이 더 많은 부하 분담
6	정격 용량비가 1:3 이내 일 것	O	O	소 용량 변압기의 과부하

2. 병렬 운전 조건의 붕괴시 현상

   1) 극성(상회전)이 맞지 않을 경우

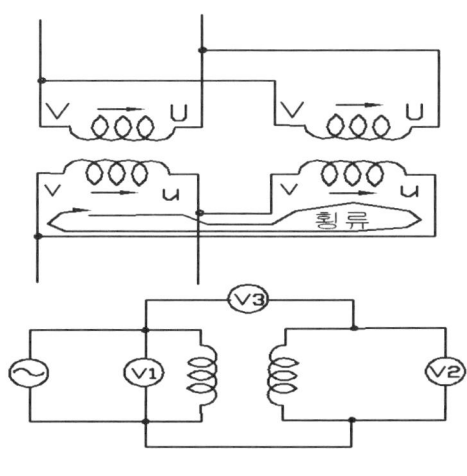

   우리나라는 감극성이 표준으로 되어있어 변압기 자체의 극성은 별 문제가 없으나 1차 또는 2차 단자를 그림과 같이 저압 권선 단자에서 극성을 상호 역 접속하면, 저압 권선 단자의 폐회로에는 변압기 A와 변압기B의 유기전압의 합 $E_{2a} + E_{2b}$가 발생하여 $Ic = \dfrac{E_{2a} + E_{2b}}{Za + Zb}$ 의 과대 횡류가 흐르고 등가적인 단락상태가 된다.

   이 경우 저압측 환산 임피던스 $Za + Zb$는 상당히 작은 값이어서 과대한 횡류가 흘러 단락 상태가 되고 변압기를 소손시키게 된다.

2) 상회전 방향이 맞지 않는 경우
아래 벡터도와 같이 등가적인 단락상태가 된다.

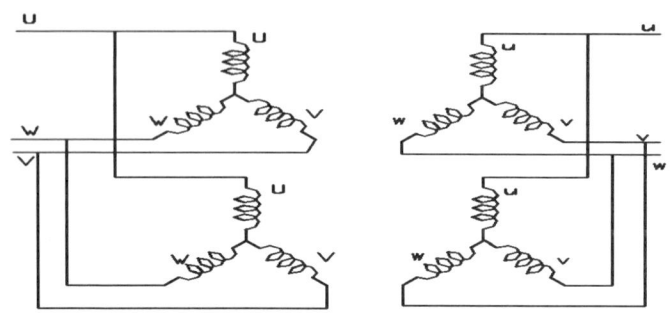

3) 각 변위가 맞지 않을 경우

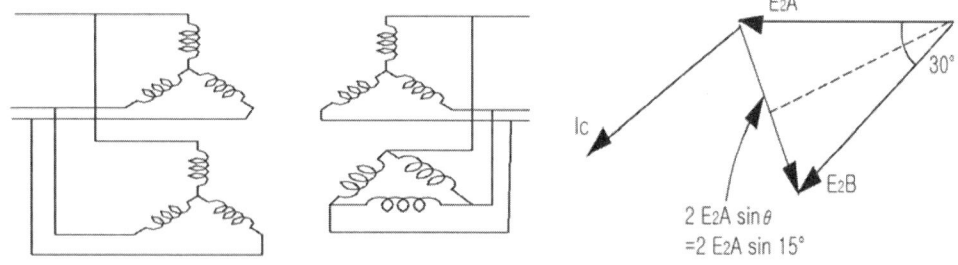

Y-Y 결선의 변압기와 Y-Δ 결선의 3상 변압기 2대를 병렬 운전 하면 2차 Y 결선의 변압기가 Δ변압기보다 $30°$의 위상이 빨라 $E_{2a}+E_{2b}$의 차전압이 발생하고 이것에 의한 횡류 Ic는

$$Ic = \frac{E_{2a} - E_{2b}}{Z_{2a} + Z_{2b}}$$ 가 된다.

이 횡류의 크기는 $Ic = \frac{2 E_2 \sin 15°}{2 Z_2} ≒ 0.26 \frac{100}{\%Z_2} I_2$

여기서 E_2 : 변압기 저압측 상 전압 (V)
Z_2 : 변압기 저압측 환산 임피던스 (Ω)
$\%Z_2$: 변압기 % 임피던스 (%)
I_2 : 변압기 저압측 정격 전류 (A)

예를 들면 %임피던스가 각각 5.2%인 변압기의 경우 횡류는 저압측 정격 전류의 5배나 되어 병렬 운전이 불가능하게 된다.
- 결선 조합이 병렬운전 조건에 맞지 않을 경우 각 변위가 맞지 않는 경우처럼 횡류에 의해 과열

4) 정격 전압과 권수비가 같지 않을 경우
- 정격 전압이 맞지 않는 경우 소손의 원인이 될 수 있다.

예. 3.3kV/110V 변압기를 6.6kV/220V 회로에 삽입시 권수비는 같다 해도 절연레벨이 낮아 소손이 될 수 있다.
- 또한 권수비가 상이하면 $E_2 a - E_2 b$ 의 차전압이 발생하고 이것에 의한 횡류 Ic는

  $$Ic = \frac{E_{2a} - E_{2b}}{Z_a + Z_b}$$ 가 된다.

- 이 횡류는 동손을 증대시켜 변압기가 과열된다.
- 이 때문에 변압기의 횡류는 전부하 전류의 10% 이하로 제한함.
  그러기 위해서는 변압기의 권수비의 차가 1/2% 이내이어야 한다.

5) % 임피던스가 같지 않은 경우

  병렬 운전 중인 양 변압기의 저압측 권선의 부하 분담을 Pa, Pb 저압 권선 측 % 임피던스를 %Za, %Zb라고 하면

  $$Pa = P \times \frac{\%Z_b}{\%Z_a + \%Z_b} \qquad Pb = P \times \frac{\%Z_a}{\%Z_a + \%Z_b}$$

  즉, 부하는 %임피던스에 반비례하여 %임피던스가 적은 변압기가 더 많은 부하를 분담하게 된다.

  %리액턴스와 %저항과의 비가 같지 않으면 양 변압기의 분담 전류 또는 분담 부하 용량간에 위상차가 생기므로, 최대 공급 부하 용량은 양 변압기 분담 부하 용량의 벡터합이 되고 동상시의 산술값 보다 작아진다.

6) 정격 용량비가 3:1 이상 클 경우

  정격용량이 작은 변압기가 과부하 되어 소손 원인이 됨.

3. 기타 주의사항

 1) 변압기 2차 차단기 용량

  변압기를 병렬운전하게 되면 변압기의 2차 회로에서 전원측을 본 %임피던스의 합성치가 낮아진다.

 2) 정격 차단 용량 $Ps = \sqrt{3} \ V \ Is = \sqrt{3} \ V \ \frac{100}{\%Z} \times In$

 3) 여기서 변압기 병렬운전에 따라 %Z가 감소하면 Is와 Ps가 증가한다.

 4) 따라서 차단기 차단용량을 높여 주어야 한다.

2.1.3 변압기 절연 방식 및 절연 계급 전기기기의 절연등급 설명(75.1.2)

1. 개요

    변압기 절연 방식에 소용량 건식을 제외하고는 거의 유입식이 사용 되어 왔으나, 최근에는 절연 기술 발달로 SF6 가스를 이용한 GAS 절연 방식이나 EPOXY 수지를 이용한 MOLD형 변압기 등이 많이 사용되고 있음.

2. 절연 매체에 따른 분류

절연 종류	절연 방식	장 점	단 점
1. 건식	- 종이, 면 등을 절연 와니스에 진공함침 - 저전압, 옥내용에 주로 사용	- 절연유를 사용하지 않아 화재 위험 적음.	- 절연강도 낮음. - 소음 발생 - 옥외용 사용 불가
2. 유입식	- 절연재료로 절연유 사용 - 고전압(22.9~345kV) 옥외용에 주로 사용	- 소용량 부터 대용량까지 선택폭이 넓음. - 신뢰도 높음. - 가격이 저렴	- 기름 사용으로 화재 폭발 가능성 높음. - 전력 손실이 큼
3. 가스형	- SF6가스 이용하여 탱크형으로 제작	- 가스 절연으로 절연 내력 높음. - 설치장소 줄일 수 있음	- 가스 누기 위험 있음. - 가격 고가
4. MOLD형	- 합성수지 등으로 권선 또는 전체를 절연 - 저전압, 6.6kV, 22.9kV에 주로 사용	- EPOXY수지사용으로 난연성, 소형, 경량화 - 손실 적어 에너지 절약 - 분해 반출입 가능 - 유입형에 비해 유지보수 용이 - 단시간 과부하 내량 큼 15분 기준:유입식-150% MOLD-200%	- VCB를 1차에 사용시 써지에 약하여 SA를 1차에 설치해야 함 - 옥외에 설치 불가 (외함내 내장시는 가능) - 대용량 제작 불가 - 초고압 변압기 제작 불가

3. 절연방식에 의한 분류

    1) 전 절연
        - 비 유효 접지 계통(△결선)에서 BIL 값 전체로 절연
          (상전압과 선간전압이 같으므로)
        예. 154kv = 5E + 50 KV = 750 KV
            즉, 750 KV까지 절연한다.

2) 저감 절연
- 유효 접지 계통(Y결선)에서 1선 지락 사고시 전위상승(1.3E) 이하로 절연
 (상전압이 선간전압의 $\frac{1}{\sqrt{3}}$ 이므로)
 예. BIL = 750 KV
  - 1000 KV 이상 : -250
   1000 KV 이하 : -100
  - 1단 저감 : 650 KV

3) 균등 절연
- 비 유효 접지 계통에서 변압기 권선을 균등하게 절연

4) 단 절연
- 유효 접지 계통에서 변압기 권선의 선로측 ~ 중성점 까지 단계적으로 절연.

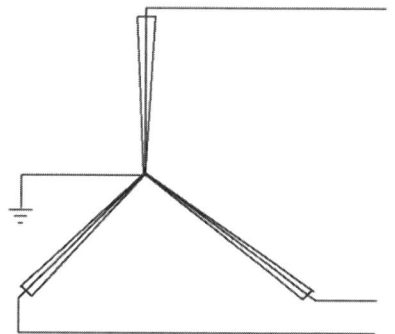

4. 절연 계급(등급)에 따른 분류
전기기기의 절연계급에 따라 온도 상승한도와 구성 재료는 KSC 4311에서 아래와 같다.

절연계급	절연물허용 최고온도(℃)	권선온도 상승한도(K)	절연 재료 및 방법	용 도
Y종	90	-	면, 비단, 종이 등으로 절연한 것	저압기기
A종	105	60	면, 비단, 종이 등을 바니스로 함침 시키거나 유중에 담근 것	유입 변압기
E종	120	75	에나멜선 사용	전동기
B종	130	80	석면, 유리 섬유 등을 합성수지와 조합	몰드TR
F종	155	100	석면, 유리 섬유 등을 내열성 합성수지와 조합 한 것	몰드TR
H종	180	125	마이카, 석면, 유리 섬유 등을 실리콘 수지와 조합한 것	건식 변압기
200,220,250		135,150	마이카, 자기, 유리 섬유 등을 시멘트와 같은 무기질 재료와 조합한 것	특수기기

2.1.4 % Z 전압이 변압기 특성에 주는 영향
(71.2.2)(74.4.1)(75.1.9)(84.3.5)

1. % 임피던스 란?
   1) 그림과 같이 임피던스 Z(Ω)가 접속되고, V(V)의 정격전압이 인가된 회로에 정격전류 I(A)가 흐르면 Z I의 전압강하가 발생하며, 이를 임피던스 전압이라 함.

   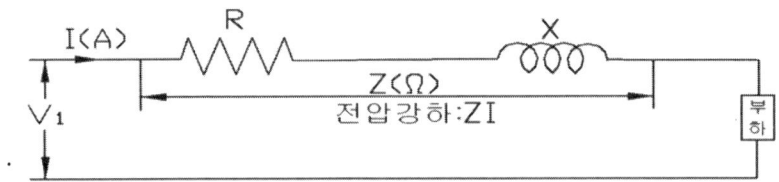

   2) 이 임피던스 전압과 1차 정격전압의 백분율을 %임피던스(%Z) 라 함.

   $$\%임피던스(\%Z) = \frac{임피던스\ 전압(Vs)}{1차\ 정격전압(V_1)} \times 100 = \frac{ZI_1}{V_1} \times 100 (\%)$$

   3) 단락 시험 접속도

   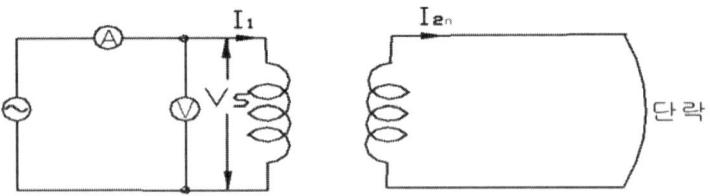

   위 그림과 같이 2차측(저압측)을 단락하고 1차측에 정격 주파수의 저 전압을 서서히 인가하여 정격전류가 흐를 때의 1차 인가 전압 (Vs)을 임피던스 전압이라 함

2. 임피던스 전압이 변압기 특성에 미치는 영향

특 성	%Z 전압이 커지면
1. 전압변동율	커진다.(불리)
2. 손실. 무부하손과 부하손의 손실비	
3. 계통의 단락 용량 및 사고시 사고전류	작아진다.(유리)
4. 단락시 권선에 미치는 전자 기계력	
5. 병렬 운전시 부하 분담	반비례

1) 전압 변동율

%Z가 커질수록 변압기 내부 임피던스가 커져 내부 전압가하가 커지므로 변압기 전압 변동율이 커진다.

전압변동율 ε = p cos θ + q sin θ (%)

$$\%Z = \sqrt{p^2 + q^2}$$

여기서 p : % 저항 강하
q : % 리액턴스 강하

즉, 위식에서 %Z가 커지면 p와 q가 커지고, 따라서 ε도 커진다.

2) 손실 및 무부하손과 부하손의 손실비
   - TR내부 임피던스가 커지면 내부 손실이 커지고 이는 주로 동손이다.
   - 무부하손은 %Z에 무관하지만 부하손은 %Z에 비례하여 커지므로 무부하손과 부하손의 손실비도 커진다.

3) 사고 전류 및 단락 용량
   - 변압기의 단락용량(차단용량)은 다음 식으로 구해지며 그 값은 %Z에 반비례한다.

   - $Is = In \times \dfrac{100}{\%Z}$ (KA) $\qquad Ps = Pn \times \dfrac{100}{\%Z}$ (MVA)

   여기서 Is : 사고 전류   Ps : 단락 용량 (MVA)
          In : 정격 전류   Pn : 기준 용량 (MVA)
          %Z : % 임피던스

   이 공식에서 %Z 가 커지면 단락용량 Ps는 작아진다.

4) 전자 기계력
   - 위 3)식에서 %Z 전압이 커지면 단락용량이 작아진다.

   따라서 사고시 사고전류가 줄어들고 권선에 미치는 전자력도 작아진다.

   $F = 2.04 \times 10^{-8} \times \dfrac{I_1 I_2}{D}$

   F : 도체에 작용하는 힘 (kg/m)
   $I_1 I_2$: 각 도체의 전류 순시값
   D : 도체 간격 (m)

5) 병렬 운전시 부하 분담

   변압기 여러대를 병렬로 접속하여 사용 할 때 변압기의 부하분담은 %Z가 큰 쪽이 아래식에서와 같이 더 적은 부하를 부담하게 된다.

   $Pa = P \times \dfrac{\%Z_b}{\%Z_a + \%Z_b}$ $\qquad Pb = P \times \dfrac{\%Z_a}{\%Z_a + \%Z_b}$

2.1.5 단권 변압기(81.1.6)(75.1.4)

1. 단권변압기란?
   - 1,2차 양 회로를 절연하지 않고 공통부분을 둠 으로써 같은 용량일 때 가격이 저렴하고, 경량화, 고효율 등의 잇점이 있으나 단락전류가 크고 1,2차 완전 절연이 안 되는 단점도 있음.
   - 회로도

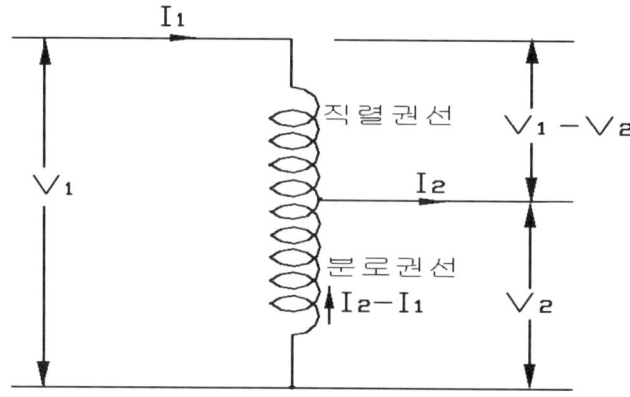

2. 2권선 변압기와 단권 변압기의 비교
   1) 2권선 변압기 권선 용량 (자기 용량)
      $P_S = P_L = V_1 I_1 = V_2 I_2$
      여기서 P_S : 권선 용량(자기 용량)
             P_L : 선로 용량 (=부하용량)
   2) 단권 변압기의 권선 용량 (자기 용량)
      $P_S = I_1 (V_1 - V_2)$ 양측에 V_1을 곱하고 나누면

      $= V_1 I_1 \times \dfrac{V_1 - V_2}{V_1}$

      $= 부하용량(P_L) \times \dfrac{고압측 전압(V_1) - 저압측 전압(V_2)}{고압측 전압(V_1)}$

   3) 단권 변압기의 자기 용량과 선로 용량의 비(권수분비)
      $k = \dfrac{P_S}{P_L} = \dfrac{(V_1 - V_2) I_1}{V_1 I_1} = \dfrac{V_1 - V_2}{V_1}$ (단권 변압기의 중요 특성임)

      예 $= \dfrac{345 - 154}{345} \times 100 = 55.36\%$

      즉, 2권선 TR보다 단권 TR 사용시 권선을 55.36%만 사용하면 됨.

3. 단권 변압기의 장/단점
   (장점)
   - 권선이 작아져 동손이 감소되어 효율이 좋다.
   - 공통 자로를 사용하므로 누설 리액턴스가 작아서
     1) 여자 전류가 적고
     2) 전압 변동율도 적으며
     3) 계통의 안정도가 좋다.
     4) 소형이 가능하고
     5) 가격도 저렴하게 할 수 있다.
   (단점)
   - 1차와 2차 회로가 전기적으로 완전 절연이 안 되어 저압측도 고압측과 같은 절연강도를 가져야 함.
   - 임피던스가 작기 때문에 단락 전류가 커져 기계적, 열적 강도를 크게 해야 함.

4. 단권 변압기의 자기 용량 : 부하 용량
   < 강압용 >   < 승압용 >

   강압용: $\dfrac{\text{자기용량}}{\text{부하용량}} = \dfrac{I_1(V_1 - V_2)}{V_1 I_1} = \dfrac{V_1 - V_2}{V_1}$

   승압용: $\dfrac{\text{자기용량}}{\text{부하용량}} = \dfrac{I_2(V_2 - V_1)}{V_2 I_2} = \dfrac{V_2 - V_1}{V_2}$

5. 용도
   1) 강압용 변전소
   2) 승압용 변전소
   3) 계통 연계용
   4) 기동 보상기 (3Φ, I M)
   5) 전차선 급전선용(AT 급전). KTX

2.1.6 몰드 변압기 (52.1.8)

1. 개요
   1) 몰드 변압기는 유입식 변압기에 비해 난연성, 고효율, 저손실, 과부하 내량 등 많은 장점을 가지고 있어
   2) 현재 빌딩, 병원, 공장 등 옥내용 변압기로 주류를 이루고 있지만
   3) VCB를 차단기로 사용할 경우 개폐 SURGE에 대한 대책으로 SA 등을 TR 1차에 취부 하여야 한다.

2. 장단점
   1) 장점
      (1) 난연성, 내습성 우수
          코일을 몰딩하고 있는 에폭시 수지는 열 경화성이 커서 열화에 의한 화재의 우려가 적고, 습기의 침투가 어려워 내습성이 우수함.
      (2) 고효율, 저손실
          직접 공랭식으로 냉각 되므로 유입 변압기에 비하여 전력 손실이 현저하게 감소되어 효율이 높아진다.
      (3) 과부하 내량 증가
          고진공 상태에서 몰딩하여 열용량이 크고, 온도 사승에 대한 시정수가 커서 단시간 과전류 내량이 크다.
      (4) 소형 경량화
          에폭시 수지의 높은 절연내력 특성 때문에 소형 경량으로 제작가능
      (5) 반입 설치용이
          몰드 변압기는 철심과 코일부분을 분리하여 운반이 가능하므로 반입구가 작은 전기실 등에 반입 설치가 용이하다.
          그러나 분해시에는 재 조립시 문제가 발생할 수 있어 꼭 필요한 경우가 아니면 분해하지 않는 것이 좋다.
      (6) 유지 보수 용이
          절연유를 사용하지 않아 절연유의 여과, 교체 등이 필요 없어 유지 보수가 용이하다.
      (7) 견고한 구조
          변압기가 일체화된 몰드 코일로 되어있어 운전 중의 진동, 단락시 전자력, 외부 진동 등에 강하다.
      (8) 냉각 효과 우수
          고압측과 저압측의 코일사이가 Air Duct로 되어 있어 공기에 의한 직접적인 냉각효과가 우수하다.

2) 단점
   (1) Surge에 약하다.
       최근에 많이 사용하는 VCB는 개폐서지가 많이 발생한다.
       따라서 VCB를 차단기로 채택할 때는 필히 Surge Absorber를 설치하여야 한다.
   (2) 유입식에 비하여 고가이다.
   (3) 안전성 문제
       충전전류는 작지만 몰드 표면에 유도전압에 의한 감전우려가 있어 가압상태에서 직접 손으로 만지는 것은 위험하다.
   (4) 옥외 설치 불가
       외함이 없는 상태로는 옥외에 설치가 불가능하고 옥외에 사용시에는 외함에 내장시켜야 한다.

3. 유입 변압기와의 비교
   1) MOLD TR이 유리한 점

항 목	유 입 식	몰 드 식
1. 연소성	가연성	난연성
2. 폭발성	폭발성	비 폭발성
3. 전력 손실	크다.	적다.
4. 단시간 내량	150%/15분	200%/15분(우수)
5. 단락 강도	보통	강함
6. 내진성	보통	강함
7. 외형 치수, 중량	크다.	작다.

   2) MOLD TR이 불리한 점

항 목	유 입 식	몰 드 식
1. 사용 장소	옥내, 옥외	옥내(옥외는 외함 필요)
2. 소음	적다.	큰 편이다.
3. 절연내력 (사용전압 2.9kV에서)	강하다. (BIL 150kV)	약한 편이다. (BIL 95 kV)

4. SA 선정시 고려사항(자세한 내용은 2.2.4.2 참조)
 1) SA 정격

공칭 전압(KV)	3.3	6.6	22.9
정격 전압(KV)	4.5	7.5	18
공칭 방전전류(KA)	5	5	5

 2) 설치위치
   피보호기기 전단 또는 개폐서지 발생 차단기 2차 각상 전로와 대지간

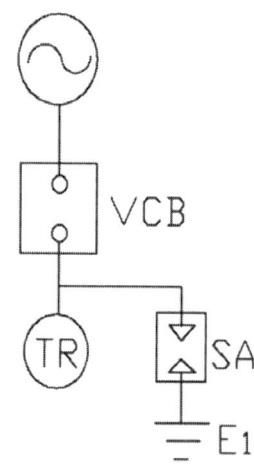

2.1.7 아몰퍼스 변압기

1. 아몰퍼스 변압기란?
   1) 기존 변압기의 무부하손을 감소시키기 위하여
   2) 아몰퍼스 박대상(Fe, Si, B, C)등의 혼합물을 용융, 급속 냉각하여 철심을 만듦.
   3) 원자가 규칙적으로 배열되기 전에 고체화되어 불규칙한 배열상태를 가진 두께 0.025mm의 박판임.
   4) 비 결정질이므로 히스테리시스손을 절감할 수 있으며
   5) 두께가 얇아 와류손도 감소시킬 수 있음.

2. 손실을 줄이는 방법
   1) 무부하손을 줄이기 위해서는
   - 철심의 재료를 개량하는 방법
   - 철심의 자속밀도를 낮추는 방법
   - 가공 방법을 개선하는 방법
   - 두께를 얇게 하여 Eddy Current Loss를 줄이는 방법 등이 있음.
   2) 부하손을 줄이는 방법
   - 변압기를 소형화하여 코일의 크기를 작게 하고
   - 도체의 길이를 짧게 하거나
   - 단면이 작은 도체를 채택하는 방법이 있음.

3. 아몰퍼스 금속의 특성
   1) 금속 내부 원자가 액체 상태와 같이 불규칙한 비 결정 상태 배열 용융, 급속냉각→원자가 규칙적으로 되기 전에 고체화 시켜 Bm을 적게하여 원자의 회전이 쉬워 히스테리시스손 절감.

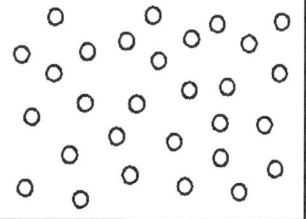

〈규소강판〉　　〈아몰퍼스 금속〉

2) 철심의 B-H곡선

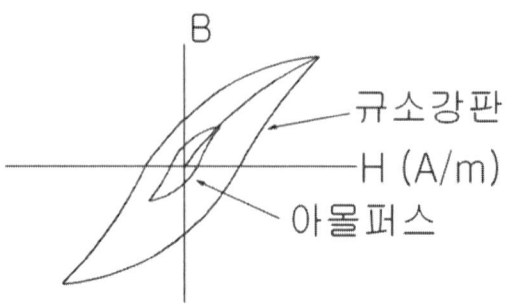

B : 자속밀도
H : 자계의 세기
$Ph = Kh \, f \, Bm^{1.6}$
kh : 재질에 따른 히스테리 계수

3) 소재 두께가 얇아 와류손 감소
   와류손 $Pe = Ke \, (t \cdot f \cdot Bm)^2$
   여기서 Ke : 재질에 따른 와류손 계수
         t : 철판 두께 (mm)
         Bm : 최대 자속밀도

4. 아몰퍼스 변압기의 특징
   (장점)
   1) 저 손실, 고효율 : 기존 변압기의 약 75% 절감
   2) 대기 전력 절감 -> 요금 절감
   3) 고조파 특성 우수 -> 전력 품질 향상
   4) 장 수명
   5) 권선의 고진공 주형 -> 방재성, 고 신뢰성
   6) 과부하 내량이 우수
   7) 기타
      - 고주파 대역에서 우수한 자기적 특성
      - 손익 분기점 단축 -> 종합적 경제성
   (단점)
   1) 재료가 얇고 높은 경도 -> 가공이 어려움
   2) 소음이 크다(소재의 기술력 한계)
   3) 부하율이 40~50%로 높은 부하에서는 효과가 적음
   4) 용량이 1250kVA가 한계임(그 이상은 철손절감 효과가 적음)
   5) 제작 단가가 고가임(기존 변압기의 약 2배)

5. 적용
   1) 부하율이 낮은 변압기
   2) 낮과 밤의 부하 사용 편차가 큰 경부하용
   3) 고주파 대역사용이 빈번한 실험실, 연구실

6. 변압기 특성 비교 (500kva기준)

구 분	유 입	몰 드	아몰퍼스
1. 무부하손/전력손실	보통	보통	작다.
2. 소음	작음	크다.	많이 크다.
3. 과부하내량	보통	크다.	매우 크다.
4. 제작 용량	넓음	작다.	작다.
5. 가격	저렴	보통.	비싸다.
6. 장점	-소음이 적다 -SA 불필요 -옥내 외 가능	-절연특성 우수 -유지보수 용이 -난연성	-저손실, 고효율 -고조파 영향 적다. -과부하내량 우수
7. 단점	-오일유출 우려 -과부하내량 약함	-소음이 큼 -무부하손실 큼 -VCB2차 사용시 서지	-소음이 상당히 큼 -가공이 어려움 -고가 -용량한계

2.1.8 자구 미세화 변압기 (고효율 저소음 변압기)

1. 변압기 변천 과정
   1) 유입 변압기 : 기름을 사용하므로 폭발 우려와 환경 파괴우려 있음.
   2) 몰드 변압기 : 주로 Epoxy 몰드형으로 유입 변압기의 단점을 보완하였으나 손실과 용량 한계가 있음
   3) 아몰퍼스 변압기 : 철심의 두께를 얇게하여 무부하손을 절감할 수 있으나 가공이 어렵고 소음이 크고 용량의 한계가 있고 고가임.
   4) 자구 미세화 변압기 : 아몰퍼스 변압기의 상당히 많은 단점을 보완하여 가공이 쉽고, 소음도 적고, 용량한계도 적으며 가격도 상당히 낮출 수 있는 차세대형 고효율 저소음 변압기라 할 수 있음.

2. 자구 미세화 변압기
   1) 원리
      - 자구 미세화 변압기 : 철심을 일반규소강판(CGO) 또는 아몰퍼스 대신 레이저 처리한 자구 미세화 철심을 이용하여 고효율, 저소음을 가능케 한 차세대 변압기임.
      - 자구 미세화 철심 : 철심의 자구(磁區, Domain)를 아래의 방법으로 강제적으로 분할하여 철손을 개선한 것임.
        (1) 레이저 처리 방법
            규소강판을 500℃ 이상으로 열처리하여 철손을 열화 시킴.
        (2) Geared Roll에 의한 기계적 방법
        (3) 화학적 방법 등
      - 제품별 철손 비교

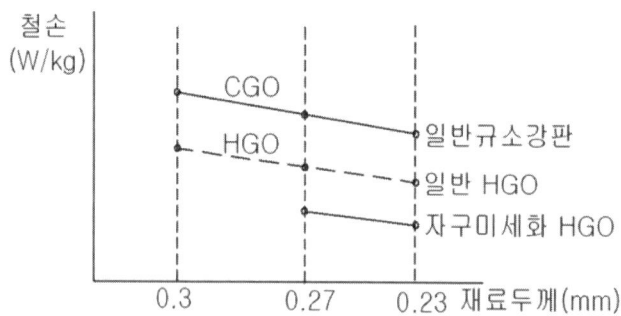

   2) 특징
      (1) 저손실, 고효율
          기존의 규소 강판 철심을 레이저빔으로 가공 분자구조를 미세하게 분할하여 손실을 적게 함.
          부하손 : 30% 저감, 무부하손 : 60~70% 저감

(2) 저 소음

　아몰퍼스 변압기는 얇은 강판 여러장을 겹쳐서 소음이 크지만 자구 미세화 변압기는 기존 규소 강판과 같은 두께여서 저 소음임.

(3) 가공이 용이

(4) 대용량 제작 가능

　아몰퍼스 : 1,250kVA한계, 자구 미세화 변압기 : 20MVA 가능

(5) 과부하 내량 증가로 UPS, 정류기 등 변압기로도 적합

(6) 고효율 기자재로 인증되어 보급 확대 기대

(7) 아몰퍼스 변압기에 비해 저가

3. 변압기별 특성 비교

구 분	유입형 일반변압기	몰 드	아몰퍼스	자구 미세형
1. 무부하손/전력손실	보통	보통	작다.	작다.
2. 소음	보통	크다.	매우 크다.	아주 작다.
3. 과부하내량	보통	크다.	조금 크다.	아주 크다. 115% 연속가능
4. 제작용량	소형~대용량	비교적 소용량	1,250kVA 소용량	20MVA대용량
5. 가격	저렴	보통. 100%	비싸다. 200%	중간. 150%
5. 장점	-소음이 적다 -SA 불필요 -옥내외 가능	-절연특성 우수 -유지보수 용이 -난연성	-저손실, 고효율 -저 고조파 -과부하내량 우수	-저손실, 고효율 -저 고조파 -과부하내량 우수 -저소음 -가공용이 -대용량 가능
6. 단점	-오일유출 우려 -과부하내량 약함	-소음이 큼 -무부하손실 큼 -VCB2차 사용시 서지 영향 우려	-소음이 상당히 큼 -가공이 어려움 -고가 -용량한계	

3. 적용

1) 계절별 부하사용의 편차가 크지 않은 수용가에 유리

2) 과부하 내량 증가로 UPS, 정류기, 전산센터 등 적합

3) 고조파 발생이 심한 부하용

4) 아파트, 빌딩 등 모든 부하에 적용 가능

2.1.9 절연협조와 관련하여 BIL을 설명 (78.4.1)

1. 개요
   1) BIL(Basic Impulse Insulation Level)이란
      피 보호기기의 **기준 충격 절연강도**를 말하는 것으로 기기의 절연을 표준화하고 통일된 절연 체계를 구성하기 위해, 절연 계급을 설정하며, 계통 기기의 채용상 경제성과 기능유지 및 절연협조의 기준이 되는 것으로 계통에서 발생할 수 있는 최대전압으로 뇌 충격파라고도 한다.
   2) 절연협조란
      - 계통내의 각 기기, 기구, 애자 등의 상호간에 적절한 절연강도를 갖게 하여, 계통설계를 합리적, 경제적으로 할 수 있게 한 것.
      - 하나의 전력계통에서 피뢰기 제한전압을 기준으로 하여, 이것에 어느 정도 여유를 가진 절연강도를 구비해서, 모든 기기에 이것 이상의 내압을 갖도록 함과 동시에
      - 기기의 중요도, 특수성 및 피뢰기의 원근에 따라 합리적인 격차를 두어, 계통 전체로서의 정연하고 합리적인 절연체계를 갖도록 하는 것.
      - 피뢰기 제한전압 < 기기의 절연강도 < 애자의 절연강도가 되어야 함.

2. 기기의 절연 내력 결정시 고려사항
   1) 계통의 이상 전압 파고치
   2) 보호 장치의 보호 능력
   3) 기기의 중요도
   4) 보수성
   5) 실험 데이터 등

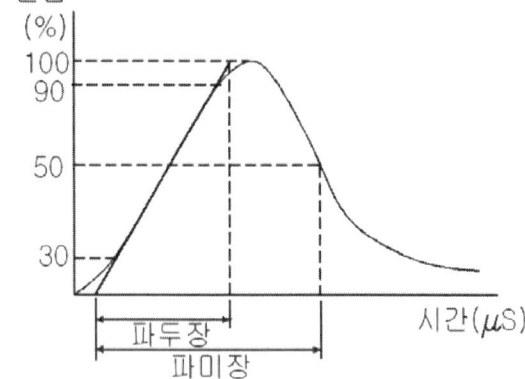

3. 충격파 표시 방법
   1) 파두장
      파고값 30%에서 파고값 90%까지 직선을 그을 때 가로축과 만나는 기점~파고값과 만나는 교점까지의 파형을 그리는 시간.
   2) 파미장
      파고값 30%에서 파고값 90%까지 직선을 그을 때 가로축과 만나는 기점~파고점의 50%까지 내려오는 파형을 그리는 시간.
   3) 충격파 표시법
      충격파 = 파두장 x 파미장(μs)
      우리나라 표준충격파 = 1.2 x 50μs

4. 절연계급
 1) 전력기기나 계통, 공작물 등의 절연 강도 계급을 말하는 것이다.
 2) 절연 계급 목적
  - 계통에서 발생하는 내부 또는 외부의 이상 전압에 대한 설계의 표준화
  - 기기 절연의 표준화
  - 절연 계통의 체계화

 3) 절연 계급 표시 방법
 (1) 유입 변압기
    BIL = 5 E + 50 (E : 절연계급 = 공칭전압 / 1.1)
    예) 22KV 계통
    5 × 22 / 1.1 + 50 = 150.1KV   정격: 150KV

정격전압(KV)	절연계급	상용주파(KV)	BIL(KV)
3.3	3A	16	45
	3B	10	30
6.6	6A	22	60
	6B	16	45
22	20A	60	150
	20B	50	125
A : 표준레벨, B : 저레벨(피뢰기 등으로 낮게 억제될 때 적용)			

< 유입 변압기 절연 계급 >

 (2) 몰드 및 건식 변압기
    BIL = 1.25 × $\sqrt{2}$ × 상용주파내전압
    (상용주파내전압 = 공칭전압 × 2.3)
    예) 22KV 계통에서 몰드변압기의 BIL값은:(B종)
    1.25 × $\sqrt{2}$ × 22 × 2.3 =   정격:95KV

정격 전압(KV)	상용주파(KV)	BIL(KV)
3.3	10	25
6.6	16	35
22	50	95

< 건식 변압기 절연 계급 >

2.1.9.1 충격파

1. 정의

   전력설비가 직격뢰를 받게 될 때 나타나는 뇌전압 또는 뇌전류로서, Surge라고도 부르며, 이 파형은 극히 짧은 시간에 파고값에 달하고, 또한 극히 짧은 시간에 소멸하는 Impulse Wave를 말한다.

2. 규약 표준 파형
   1) 정의
      - 과도적으로 단시간 내에 나타나는 충격전압과 충격 전류 중 진동파가 겹치지 않는 단극성의 파형을 말하며
      - 각종 전기기기의 절연강도, 절연협조에 이용하는 파형이다.
      - 우리나라는 파두장(파두시간) X 파미장(파미시간) 1.2 X 50(㎲)을 표준 충격파로 사용하고 있다.

   2) 충격파 파형

   <충격 전압파>　　　　　　　<충격 전류파>

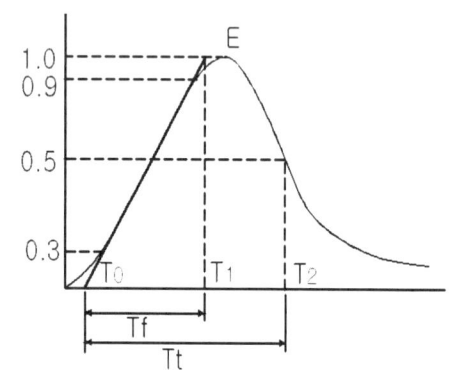
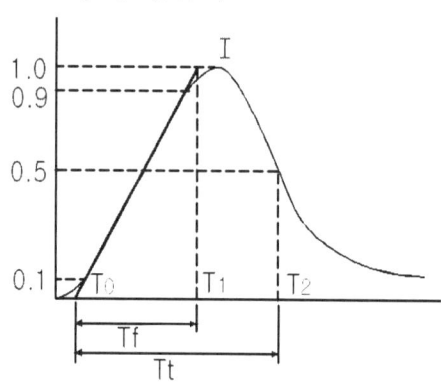

   여기서 E : 전압 파고치　　　　　Tf : 규약 파두장($t_1 - t_0$)
   　　　　: 전류 파고치　　　　　Tt : 규약 파미장($t_2 - t_0$)
   　　　t_0 : 규약 원점　　　　　　E/Tf : 규약 파두준도

3. 용어 설명
   1) 규약 파두장(규약 파두 시간) Tf
      파두의 계속시간을 규약으로 정한 값
      (1) 전압파 규약 파두장
         - 파고값 30%에서 파고값 90%까지 직선을 그을 때 가로축과 만나는 기점~파고값과 만나는 교점까지의 파형을 그리는 시간으로
         - 파고치 30%에서 90%까지 순시치가 상승하는데 필요한 시간을

1.67배 한 값임.

   (2) 전류파 규약 파두장
   - 파고값 10%에서 파고값 90%까지 직선을 그을 때 가로축과 만나는 기점~ 파고값과 만나는 교점까지의 파형을 그리는 시간으로
   - 파고치 10%에서 90%까지 순시치가 상승하는데 필요한 시간을 1.25배한 값임.

2) 규약 원점 t_0
 (1) 전압파 규약원점
  - 파고값 30%에서 파고값 90%까지 직선을 그을 때 가로축과 만나는 점

 (2) 전류파 규약원점
  - 파고값 10%에서 파고값 90%까지 직선을 그을 때 가로축과 만나는 점

3) 규약 파두준도
 파고치를 규약파두시간으로 나눈 값 (E/Tf)
 즉. 그래프의 기울기로 그 값이 클수록 전압이 급 상승함을 의미함.

참고.
뇌임펄스(BIL) = LIWL(Lightning Impulse Withstand Level) 1.2x50 µS
개폐임펄스   = SIWL(Swiching Impulse Withstand Level) 250x2500 µS

2.1.10 변압기 효율 및 손실

1. 효율

   1) 실측효율 $= \dfrac{\text{출력의 측정값}}{\text{입력의 측정값}} \times 100(\%)$

   2) 규약효율 $= \dfrac{\text{출력}}{\text{입력}} \times 100 = \dfrac{\text{출력}}{\text{출력} + \text{손실}} \times 100(\%)$

   3) 전일효율 $= \dfrac{\text{1일 출력 전력량}(kWh)}{\text{1일 출력 전력량}(kWh) + \text{1일 손실 전력량}(kWh)} \times 100(\%)$
   $= \dfrac{P}{P + Pi + Pc} \times 100(\%)$

   P : 1일 출력 전력량 (KWh)
   Pi : 1일 철손량 (KWh)   Pc : 1일 동손량 (KWh)

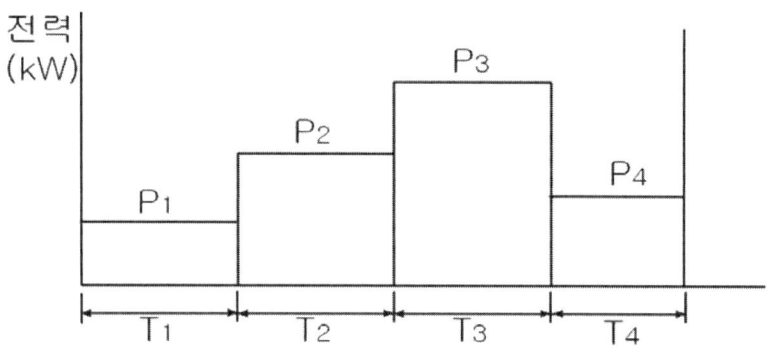

   4) 전일 효율 계산
   (1) 1일 출력 전력량 (KWh)
      P = P₁ t₁ + P₂ t₂ + P₃ t₃ + ⋯(kWh)
   (2) 철손량
      Pi = 시간당 철손량 × 24시 (kWh)
   (3) 동손량
      $Pc = \text{시간당 동손량} \times \left(\left(\dfrac{P_1}{P_T}\right)^2 t_1 + \left(\dfrac{P_2}{P_T}\right)^2 t_2 + \left(\dfrac{P_3}{P_T}\right)^2 t_3 + \cdots\right)$
   (4) 전일 효율
      $\eta = \dfrac{P}{P + Pi + Pc} \times 100(\%)$

2. 손실

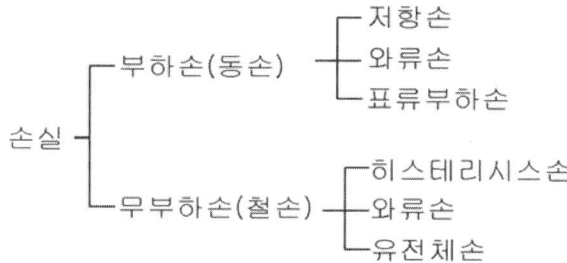

1) 손실 및 감소대책
   (1) 부하손(동손)
      - 저항손 : 부하 전류에 의한 권선의 I^2R 의 손실
      - 와류손 : 도체내 와류에 의한 손실(권선이 누설자계 내에 있으므로 도체내에 유기전압이 발생하여 생기는 손실)
      - 표류 부하손 : 권선 이외 부분의 누설 자속에 의한 손실(철심과 권선의 취부금구, 외함 등과 쇄교하며 발생하는 손실이며 부하전류의 제곱에 비례한다)

      < 부하손 감소 대책 >

      $Pc = K \cdot I^2 \cdot R$ 에서 $R = \rho \dfrac{l}{A}$

         동손을 감소시키려면 l 은 작게, A는 크게 한다.

   (2) 무 부하손(철손)
      - 히스테리 시스손 : 철심내 자속 통과시 자기 분자 상호간의 마찰에 의한 손실
         $Ph = Kh \cdot f \cdot Bm^{1.6}$
      - 와류손 : 철심내 자속 통과시 와류에 의한 Joule열에 의한 손실
         $Pe = Ke(t \cdot f \cdot Bm)^2$
            여기서 Ke : 재질에 따른 계수
                  t : 철심의 두께(mm)
                  f : 주파수
                  Bm : 자속밀도
      - 유전체 손 : 절연물에 전압 인가시 발생하는 손실
         $W = E \cdot Ir = E \cdot Ic \cdot \tan \delta = \omega C E^2 \tan \delta$

   <무부하손 감소대책>
      - Bm의 경감   - 저 손실 철심 사용
      - 철심 구조 변경   - 고 배향성 규소 강판 사용
      - 아몰퍼스 변압기, 자구 미세화 변압기 채택

2.1.11 22.9kv-y 수전용 변압기 보호 장치 설명(61.2.6)
변압기 보호(전기적, 기계적) 방식 설명(83.2.5)

1. 개요
   전력용 변압기는 수전설비 중 가장 중요한 설비이며 이를 보호하기 위한 보호 장치는 기계적 및 전기적 보호 장치로 분류되며, 내부 사고는 사전에 방지 또는 사고시 파급범위를 최소화 하고 외부 단락 사고 또는 지락 사고시 변압기에 미치는 영향을 최소화하기 위해 설치된다.

2. 변압기 보호 장치 관련 규정(전기 설비 기술기준의 판단기준 제 48조)
   특별 고압용 변압기 내부에 고장이 생겼을 경우에 보호하는 장치는 다음 표와 같이 시설하여야한다.
   다만, 변압기 내부에 고장이 생겼을 경우에 그 변압기의 전원인 발전기를 자동적으로 정지하도록 시설한 경우에는 그 발전기의 전로로부터 차단하는 장치를 하지 아니하여도 된다.

뱅크 용량의 구분	동작 조건	장치의 종류
5,000kVA이상 10,000kVA 미만	변압기 내부고장	자동 차단 장치 또는 경보 장치
10,000kVA이상	변압기 내부고장	자동 차단 장치
타냉식 변압기(강제순환방식)	냉각장치에 고장이 생긴 경우 또는 변압기 온도가 현저히 상승한 경우	경보 장치

3. 전기적 보호 장치
   변압기의 전기적 보호의 경우 다음 항목을 보호항목으로 생각할 수 있다.
   - 과부하 및 후비보호
   - 변압기 권선의 상간 및 층간 단락보호
   - 권선의 지락보호
   1) 과전류 계전기
      - 변압기 용량 5000kVA 미만의 비율차동 계전기가 설치되지 아니한 소용량 변압기 내부 보호
      - 과부하에 의한 변압기 소손 방지
      - 비율 차동 계전기 설치시 후비 보호용으로 사용

2) 비율 차동 계전기(Ratio Differential Current Relay. RDR)
  가. 동작 원리
   - 변압기 내부 고장시 1차 전류와 2차 전류의 차이를 이용하여 내부 고장을 전기적으로 검출 (동작력>억제력 일 때 동작)

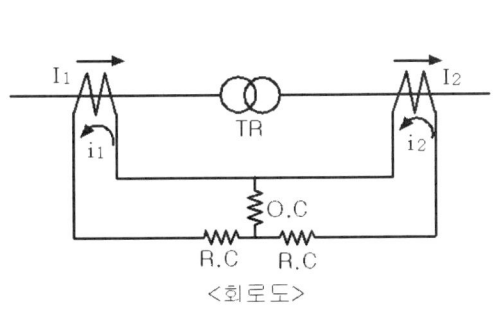
<회로도>

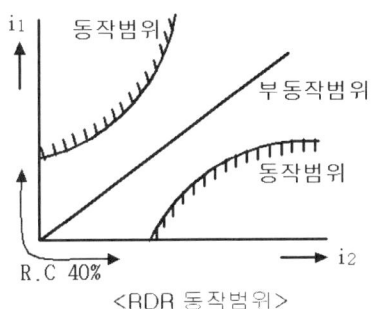
<RDR 동작범위>

$$동작\ 비율 = \frac{동작\ 전류}{억제\ 전류} \times 100 = \frac{i_1 - i_2}{i_1\ 또는\ i_2} \times 100(\%)$$

 나. 비율 차동 계전기 적용시 문제점과 대책
  1) 여자 돌입 전류에 의한 오동작
    변압기 무 부하 투입시 여자 돌입 전류가 정격 전류의 7~8배 흘러 오동작이 발생하므로 다음과 같은 대책이 필요함.

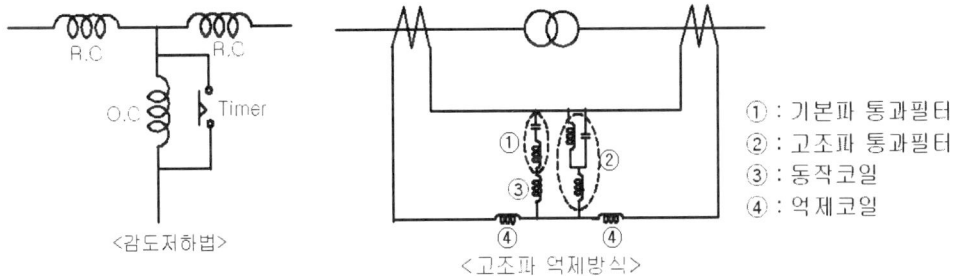

① : 기본파 통과필터
② : 고조파 통과필터
③ : 동작코일
④ : 억제코일

<감도저하법>   <고조파 억제방식>

  (1) 감도 저하법
    변압기 투입시 순간적으로(0.2초)
    비율 차동 계전기 감도를 저하시킴.
   => Timer 사용 방식
  (2) 고조파 억제 방식
    변압기 여자 돌입 전류에 포함된 고조파 전류를 고조파 필터를 통과시켜 오동작 방지

(3) 비대칭 저지법
  - 대칭분 : 동작
  - 비 대칭분(돌입 전류) : 동작 억제
  - 동작 코일과 저지 계전기를 직렬 접속하여 비 대칭파 전류로 저지 계전기를 동작시켜 동작을 억제함.

2) 위상각 차에 의한 오동작
   TR Y-△ 결선시 1,2차간 $30°$ 위상차가 있어 전류가 CT를 통과하면 위상차에 의해 동작 코일에 전류가 흘러 오 동작함.
   대책 : 위상각 보정
   - TR 결선 △-Y -> CT 2차를 Y-△로 결선
         Y-△   -> CT 2차를 △-Y로 결선
3) 변류비 불일치(변류비차)에 의한 오동작
   보상 CT(CCT)를 사용하여 평형 유지
4) CT 특성 불일치(재질등)
   탭 선정으로 오차 정정

4. 기계적 보호 계전기
 1) 부흐홀츠 계전기

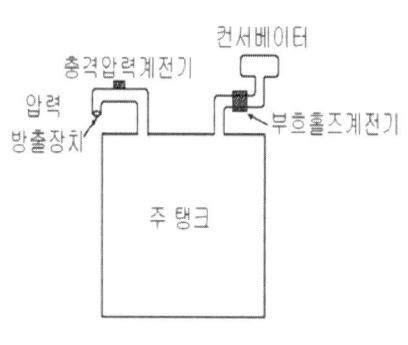

   (1) 그림과 같이 Float S/W B_1과 Float Relay B_2를 조합한 계전기
   (2) 동작 : 과열 등으로 절연유가 분해하여 가스화 되어 유면이 내려가면 B_1의 Float S/W가 경보 발령 -> 유면이 급강하 하여 Float Relay B_2가 동작하면 회로 차단.
   (3) 설치 장소
       주 탱크와 콘서베이터를 연결하는 중간에 설치.

 2) 충격 압력 계전기
  (1) 변압기 내부 사고시에는 분해가스가 발생하여 이상 압력이 생기므로 이 압력을 검출하여 차단하는 장치
  (2) 동작
    - 급격한 압력 상승시에는 Float를 밀어 올려 접점 폐로
    - 완만한 압력 상승시에는 Float에 있는 가는 구멍을 통해 Float 양면의 압력이 균등화되어 동작하지 않음.

(3) 설치 개소
   유면위의 탱크 내부나 맨홀 뚜껑 등에 설치.
3) 방출 안전 장치
- 변압기 커버에 취부되며 변압기 외함 내에 이상 압력 발생을 막아주는 장치로 일정 압력 초과시 방압변이 동작하여 변압기의 폭발을 막아준다.
- 여러번 동작시 손상되지 않고 충분히 견디도록 강하게 만들어져 있고 동작부분은 방압막, 압축스프링, 가스켓 및 보호덮개로 구성되어 있다.

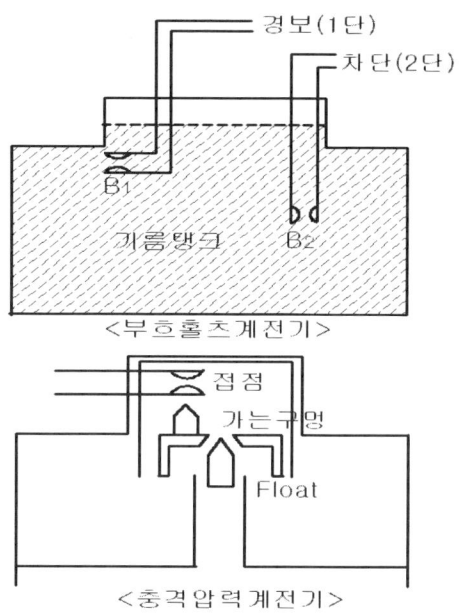

<부흐홀츠계전기>

<충격압력계전기>

< 변압기용과 발전기용 비율 차동 계전기 비교 >

항 목	변압기용	발전기용
적 용	5,000kVA 이상 보통 3,000kVA 이상에서 설치	2,000kVA 이상
동작비율	30% 이상	5 ~ 10 %
보조 CT	필 요	불 필 요
고조파 대책	필 요	불 필 요

2.1.12 여자 돌입 전류(50.1.12)

1. 개요

    변압기에 전원을 인가하면 정상 운전 시 전류에 비하여 과도한 전류가 흐르는데 이것은 투입 시 가해진 전압의 위상과 철심 재질, 잔류자속에 의해 그 크기가 다르며 때로는 정격 전류의 수배에서 수십 배의 크기로 0.5초~ 수십초까지 지속 될 수도 있는데 이것을 변압기의 여자 돌입 전류라 부른다.

2. 여자 돌입 전류
    1) 발생원인
        (1) 변압기 여자시(투입시) 전압 위상 : 전압 위상이 0일 때 최악 조건임.
        (2) 철심재료 : 상시 포화선 가까이의 자속밀도에서 사용하는 경우에 크게 되며 최근의 변압기는 여자돌입전류에 대하여 가혹하다.
        (3) 잔류 자속이 큰 경우
        (4) 전원(계통)의 임피던스가 적은 경우

    2) 돌입 전류 파형의 분석(크기)

고 조 파	제2고조파	제3고조파	제4고조파	제5고조파
기본파에 대한 백분율	63%	27%	5%	4%

    3) 지속 시간

    회로의 저항분, 와전류, 히스테리시스 등에 의한 손실에 따라 서서히 감쇠하나, 대용량의 변압기는 저항분이 인덕턴스분에 비해 적기 때문에 시정수 ($\tau = \frac{L}{R}$)가 커지게 되어 감쇠시간이 길어진다.
    짧은 경우는 10Cycle 정도, 긴 경우는 1~2분정도가 되기도 한다.

    4) 발생 Mechanism
        (1) 인가전압의 위상이 파고치에서 투입할 경우

        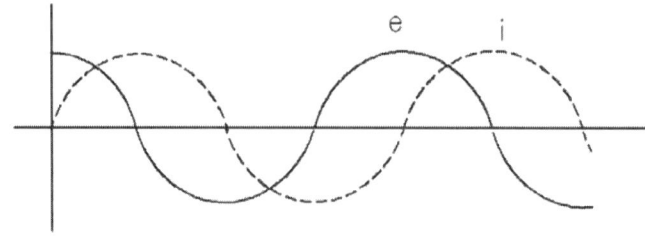

        여자전류는 인가전압 보다 위상이 늦은 0에서 시작하여 전압파형과 같은 정현파가 되므로 큰 돌입전류는 발생하지 않는다.

(2) 인가전압의 위상이 0에서 투입할 경우
　가. 정상 운전시
　　　인가전압 V에 대하여 90° 지상인 자속 φ가 생긴다.
　나. 변압기 가압시
　　- 최초의 자속을 0으로 하면 그림의 φ'와 같이 정상 자속 φ를 위쪽으로 평행 이동한 모양이 된다.
　　- 그러나 φ'은 설계 포화자속 φc 이상 증가할 수 없으므로 철심이 포화된다.

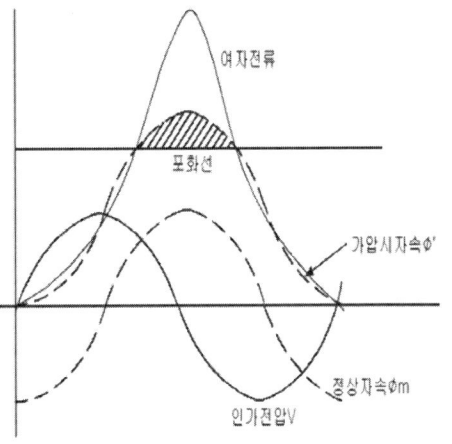

　　- 철심이 포화되면 변압기의 여자 임피던스 Z(ωL)가 대단히 작아져 $I = \frac{e}{Z}$ 에서 그림과 같은 큰 여자돌입전류가 흐르게 된다.
　다. 크기
　　- 철심의 정상시 자속밀도 : 1.7(Wb/㎡) 철심의 단면적을 A라 하면
$$\Phi m = 1.7A$$
　　- 규소강판 : 2.0 (Wb/㎡)
　　- 최초자속 Φ = 2Φm + Φr(잔류자속) = 2 * 1.7A+Φr 이 되어 규소강판 자속(2A)보다 크기 때문에 포화가 됨.
　　- 이때 여자전류 $i_0 = \frac{N(2\Phi m + \Phi r - 2A)}{L}$ 이 되고 Φ는 커지고 L는 작아져 여자전류는 커지게 된다.

3. 여자 돌입 전류에 의한 영향 및 대책
　1) OCR 오동작
　　레버를 동작시간을 0.5초 정도 지연 정정
　2) 비율차동계전기 오동작
　　비율차동 계전기편 참조
　3) ASS 오동작
　　재폐로시 발생하는 돌입전류로부터 오동작을 방지키 위해 0.5초(30Cy), 1초(60Cy) 등 2가지 동작 억제시간을 구비하고 있는데, 돌입전류는 보통 0.5초 이내 소멸되므로 0.5에 정정하면 적합함.
　4) FUSE(COS, PF) 투입시 용단
　　전원이 인가되지 않은 상태에서 투입할 수 있도록 검토

2.1.13 변압기 진단 방법(63.4.3)(86.3.5)

1. 개요

ON-LINE	OFF-LINE
1. 부분 방전 시험 2. 온도 분포 측정 (적외선 측정) 3. 절연유 특성 시험 4. 유중 가스 분석 5. 열화 센서법	1. 절연저항 측정 2. 내전압 시험(상용주파) 3. 유도 내전압 시험 4. 직류 누설 전류 시험 5. 부분 방전 시험 6. tan δ 시험 7. 절연유 특성 시험 8. 유중 가스 분석

2. 열화의 원인 및 형태

    변압기 열화 상태는 크게 나누어 전기적, 열적, 화학적, 기계적, 환경적 요인 등 5개로 나뉘지만 실제는 그 사용 환경에 따라 이들이 중복 되어 복합적으로 진행해 간다.

열화 요인	원 인
1. 전기적 요인	과부하 및 단락전류 이상전압 (직격뢰, 유도뢰, 개폐서지) 열 사이클 : 경부하 및 중부하 반복 발생 전력 품질 : 고조파, 전자파 등 유입
2. 열적 요인	절연유 열화 냉각장치 불량 절연물 내부 공극 발생
3. 화학적 요인	기름의 화학적 분해 수분 침투 등
4. 기계적 요인	운반도중 충격 철심 및 권선의 전자력에 의한 진동 나사 조임의 헐거워짐
5. 환경적 요인	부식성 가스 습한 장소 주위온도 영향 등

3. On-Line 진단 방식
 1) 부분 방전 시험(UHF 시험)

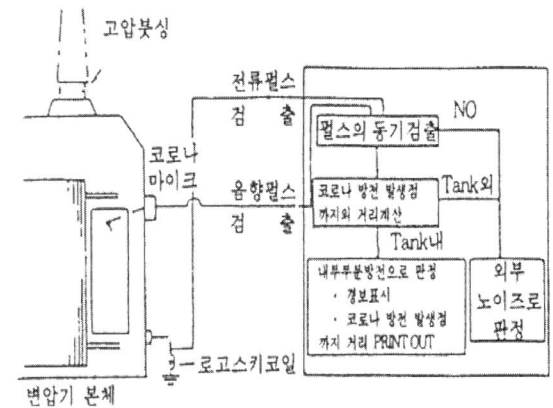

부분 방전은 절연물중 Void, 이물질, 수분 등에 의해 발생하는 코로나 방전에 의한 국부적인 열화 검출을 목적으로 다음과 같은 방법에 의해 이상 유무를 확인함. 전자파를 측정하여 누설 전하량이 10pC 이내시 양호.

 2) 온도 분포 측정 (적외선 측정)
    적외선 카메라를 설치하여 기기에서 발생하는 열을 영상으로 변환하는 장치로서, 비정상적인 열이 발생하면 발열점의 위치 등을 즉각 확인할 수 있다.

 3) 절연유 특성 시험
    유입 변압기의 경우 절연유 일부를 추출하여 다음과 같은 특성을 측정하는 방법임.
    - 절연 파괴 전압 (kV) 측정
    - 체적 저항율 측정 (Ω.m) : 수분에 주로 관계되며 수분량 증가시 급격히 저하됨.
    - 유중 수분량 측정
    - 전산가 측정 : 절연유의 산화 정도를 측정

 4) 유중 가스 분석

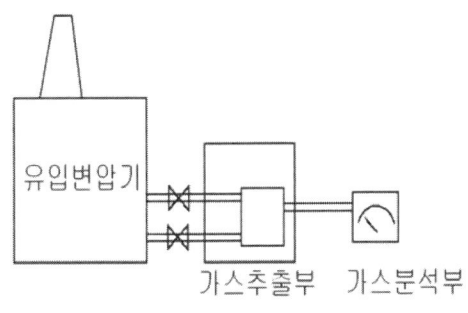

(1) 원리 : 변압기 내부에 이상 발생시 과열이 발생하고, 이 열에 의해 절연유가 분해되어 Gas 발생 -> 유중가스의 조성비, 발생량 등을 분석하여 절연유, 절연지, 프레스 보드 등의 열화를 진단한다.
(2) 검출기구: 절연유 유중가스 분석기

 5) 열화 센서법
    변압기 내부에 센서를 설치하여 변압기의 열화정도에 따라 경보 또는 선로를 차단하는 방식으로 다음과 같은 장점이 있다.
    - Real Time 감시
    - Data 분석, 관리 자동화
    - 수명 예측
    - 유입식의 경우 절연유
      열화상태 및 온도 관리 가능

4. Off-Line 방법
 1) 절연저항 측정
    1,000V 절연저항계로 권선과 권선간, 권선과
    대지간에 절연저항을 측정
    판정기준 : 500MΩ 이상

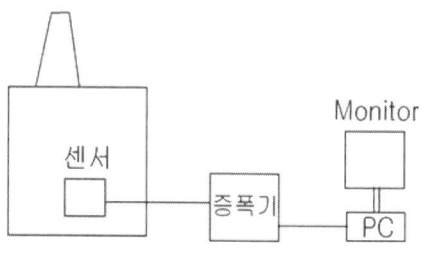

 2) 상용 주파 내전압(내압시험)
    - 권선에 상용주파수의 교류 전압을 1분간 가한다.
    - 전압을 가하지 않는 권선과 철심,Frame은 접지
    - 인가전압 (KSC 4311 건식 변압기, KSC IEC 60076 전력용 변압기)

계통 최고전압 (실효값. KV)	상용주파 내전압 (실효값. KV)	뇌임펄스(첨두값. KV)	
		개방형	밀폐형
≤ 1.1	3	-	-
3.6	10	20	40
7.2	20	40	60
24	50	95	125

 3) 유도 내전압 시험
    정격전압의 2배, 주파수 120~400Hz 전압을 인가하여 1,2차 코일 내부에
    Flash Over가 발생하지 않아야 한다.
    - 시험 시간 : 최소 15초, 최대 60초

 4) 직류 누설전류 시험 (성극지수 시험. Polarization Index Test)
    - 절연물에 직류 전압을 인가하면
      다음과 같은 전류가 흐른다.
      (1) 누설전류 : 절연물의 내부 또는
          표면을 통하여 흐르는 전류로서
          시간에 대하여 변화가 없음
      (2) 흡수전류 : 절연물(유전체)에
          흡수되는 전하에 의해 발생하는
          전류로서 시간에 따라 서서히 감소.
      (3) 변위전류 : 절연체(축전지)의 전하가 저장되는 동안 흐르는 전류.
        - 이때 흡습의 정도를 성극지수로 나타낸다.

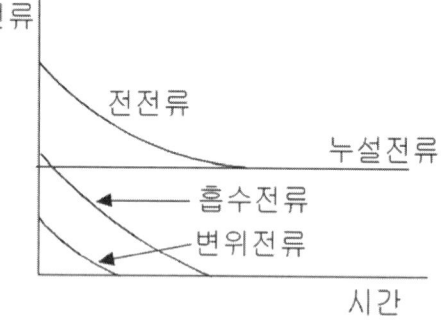

    - 성극 지수(PI) = $\dfrac{\text{전압인가 1분때의 전류}}{\text{전압인가 10분때의 전류}}$ = $\dfrac{\text{전압인가 10분때의 절연저항}}{\text{전압인가 1분때의 절연저항}}$

- 시험전압 : 보통 500V 또는 1,000V를 이용하나 정격전압에 가까운 전압을 인가하는 것이 좋다.
- 판정 : PI가 2.0 이하시 불량

5) 부분 방전 시험
   위와 내용 동일

6) 유전정접(正接)법 (tan δ 법)

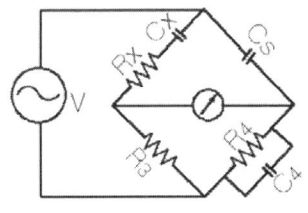 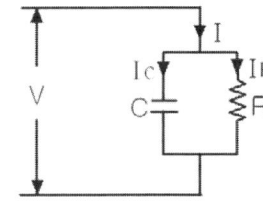 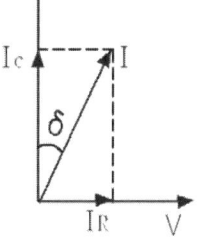

- 절연체에 고압 시험용 변압기를 이용하여 교류전압을 인가하면 절연물에 유전체 손실이 발생하고
- 이때 절연물이 콘덴서 역할을 하므로 전전류는 충전전류보다 δ만큼 뒤진다.
- Shelling Bridge로 손실각 tanδ를 측정하고 tan δ값이 5%이상이면 열화가 진행되는 것으로 보면 된다.
- 가장 정확한 방법이지만 시험 설비가 커서 이동이 어렵기 때문에 제조사에서 주로 사용함.
- 손실각율 $\tan \delta = \dfrac{손실}{전압 \times 전류} \times 100(\%)$ 이다.

5. TR 열화 예방 대책
   1) 습한 장소 사용 금지
   2) 부식성 가스 장소 사용 금지
   3) 보호 계전기 적정 Setting
   4) 온도계 및 온도 계전기의 주기적 점검
   5) Oil 열화 점검
   6) 냉각장치, Pump등 기계적 장치 수시 점검
   7) On-Line 방식에 의한 수시 점검 진단 등

2.1.14 가스 절연 변전소(GIS) (83.1.13)

1. 개요

    최근 전력 수급의 증가에 따라 변전소 설비가 점차 고/전압화 되는 추세이다. 도심지와 대도시 주변은 토지가의 앙등으로 용지 구입이 점차 곤란해지고 있으며 소음과 먼지 등이 문제되고, 해변가에서는 염해에 의한 절연물의 오손 등이 문제가 되고 있다.

    또한 산업의 고도화에 따라 점점 인력 수급상의 문제가 대두되므로 운전의 자동화가 요구되고 있어 설치면적의 축소, 안전성, 신뢰성, 소음측면 등에서 유리한 GIS(Gas Insulated Substation) 변전소가 점차 확대 보급 되고 있으며, 154KV/22.9KV 변전소에서는 철재 용기에 모선, 단로기 등을 넣고 SF_6 Gas를 충전한 가스 절연 배전반 GIS(Gas Insulated Switch-Gear)의 사용이 점차 늘어나고 있다.

2. SF_6 GAS의 성질
    1) 물리/화학적 성질
        - 안정도가 높은 불활성 기체 : 상온에서 무색, 무취, 무연, 무독의 기체로 화학적, 열적으로 안정됨.
        - 공기에 비해 열적강도가 큼.
        - 1기압, -60℃에서 액화
    2) 전기적 성질
        - 소호 능력 우수 : Arc 시정수가 작아 대 전류 차단에 유리
        - 절연 회복이 빠름.
        - 가스의 우수성 때문에 차단기 소형화 가능(약1/10배)
            (절연내력AC. 공기 : 21KV/Cm. SF_6가스 : 200KV/Cm)

3. GIS 구성

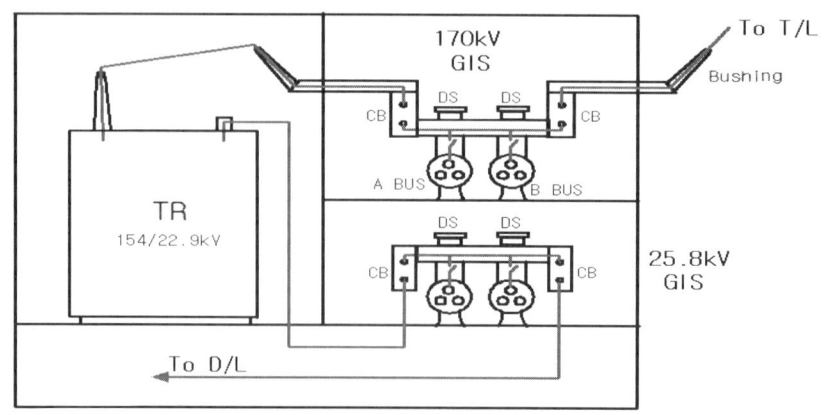

1) 가스 차단기 (C.B)
   SF₆를 이용하여 차단 성능이 우수하다.
2) 단로기 (D.S)
   금속 용기내에 절연 Spacer로 지지하는 고정 도체와 절연 막대에 의하여 움직이는 이동 도체로 구성됨
3) 접지 개폐기 (E.S)
   GIS의 접지 상태를 유지하는 개폐기로서 절연 Spacer로 지지하는 도체인 고정 접촉자와 스프링 조작으로 움직이는 가동 접촉자로 구성 됨.
4) 피뢰기 (L.A)
   SiC소자를 이용한 Gap형과 ZnO를 이용한 Gapless방식이 있음
5) 기타
   - 계기용 변압기 (P.T)
   - 계기용 변류기 (C.T)
   - Bus Bar
   - Cable Bushing등

4. GIS의 특징
   1) 장점
      (1) 설치 면적의 축소
          절연 내력이 우수한 가스를 이용하여 설비를 대폭 축소하여 종래의 변전 설비에 비하여 면적이 1/10~1/20까지 축소되었고 특히 옥내 설치도 가능하다.
      (2) 안전성
          모든 충전부를 접지된 탱크 안에 내장하여 SF₆ Gas로 격리하여 감전의 위험이 없다. 또한 SF₆ Gas는 불연성이므로 화재의 위험성도 적다.
      (3) 신뢰성
          염해, 먼지 등에 의한 오손이 적고, 내부 사고시 격실간 구획이 되어있어 사고 확대가 방지되므로 그만큼 신뢰성이 높아진다.
      (4) 친 환경
          - 개폐기 등 기기가 거의 밀폐되어 있으므로 조작 중에 소음이 적다.
          - 기름을 사용하지 않아 화재의 염려가 적어진다.
      (5) 공기 단축 : 조립 및 시험이 완료된 상태에서 수송, 반입 되므로 현장에서 설치가 간단하고 공기 단축이 가능하다.
      (6) 유지 보수 간단 : 기기가 밀폐 용기 내에 내장 되므로 열화나 마모가 적어 보수가 거의 필요 없다.
      (7) 종합적인 경제성 : GIS 기기는 비싸지만 용지의 고가 및 환경 대책 비용 등을 고려하면 오히려 경제적이다.

2) 단점
   (1) 내부를 들여다 볼 수 없어 육안 점검이 불가능
   (2) SF_6 가스의 압력, 수분 함량 등에 세심한 주의가 필요
   (3) 사고의 대응이 부 적절할 경우 대형사고 유발 염려가 있음.
   (4) 고장 발생시 조기 복구가 어려움
   (5) 한냉지에서는 가스 액화 방지 장치가 필요함.
   (6) SF_6 가스가 오존층을 파괴 할 수 있으므로 절대 누기가 되지 않도록 주의해야 한다.

5. GIS의 적용
   1) 도심지 변전소
      - 환경장해 및 용지 확보난으로 지하식 및 옥내형 설치가 필요하며 변전 설비를 대폭 축소하고자 GIS변전소 설치
   2) 해안, 산악지역
      - GIS는 완전 밀폐식으로 절연하므로 해안 지대의 염해로부터 전력 설비 보호
      - 산악지대 양수식 발전소 에서는 발전시설과 함께 지하에 설치하는 경우 전력 설비 축소에 의한 굴착량 감소, 화재 등 안전성 확보 및 습기에 의한 부식 방지에 유리함.
   3) 고전압 대용량 기간 계통의 전력설비
      - 외부 환경에 의한 영향이 거의 없고 운전시 안전성 및 고 신뢰도 확보 등으로 기간 계통의 전력설비로서 적합함.

6. 결론
   GIS 변전소는 현재의 경제성보다 전력 계통의 신뢰도 유지 및 사회 환경의 적응 면에서 장래성 고려, 고 신뢰도, 안전성측면에서 대단히 유리하다.
   따라서 154 ~ 765KV급 외에도 22.9KV 계통까지 급진적으로 확대되고 있는 추세이고 이의 보급은 전력회사는 물론 민간 시설물에 까지 확대 보급되리라 생각한다.

< GIS 진단기술 >

1. 부분 방전 검출법
   GIS내부의 미립자 또는 돌기부에서 발생하는 미소코로나 측정 방법으로 측정하는 방법으로는 다음과 같은 것이 있다.
   1) UHF 센서 이용 검출
   2) GPT법
   3) 진동 검출법
   4) 연피 전극법
   5) 전자 커플링법

2. 초음파 검출법
   1) 탱크내 도전성 이물질이 있는 경우 내부에서 운동을 일으킴.
   2) 이물질이 탱크와 충돌하면 초음파가 발생하므로 이 초음파를 측정하여 내부 확인

3. SF_6 가스 압력 측정법
   SF_6 가스 압력 측정하여 가스 누기 확인

4. SF_6 가스 성분 분석
   부분방전 발생 및 콘택트 접촉 불량에 의한 국부 과열 때문에 SF_6 가스가 분해되어 여러 종류의 분해가스가 생성된다.
   이 분해가스를 센서로 검출하여 측정 감도를 측정한다.

5. X선 촬영법
   내부 기기 파손, 볼트이완, 접촉부 개극 상태, 접촉자 소모 상태 등 확인

6. 저속 구동법
   - GIS 구동부를 외부에서 저속으로 조작하여 기계부분의 이상 유무 확인
   - 평상시의 약 1/100속도로 조작 구동력과 스트로크 등을 측정

7) 절연 스페이서법
   - GIS 내 전계를 완화하기 위해 절연 스페이서에 금속 링이 매입된 장소가 있다. 그 링(매입 센서)을 이용하여 정전용량 분압의 원리로 부분 방전 펄스를 검출하는 방법이다.

< GIS 수분관리 > 88-3-4

1) 수분 발생원인
    - 가스 중에 포함되어 있는 수증기
    - 조립시 유입되는 수증기
    - 절연물에 포함되어 있는 수증기
    - 패킹을 통하여 유입되는 수증기 등

2) 수분의 영향
    - 가스의 절연 내력 저하
    - 내부 절연물에 부착되어 결로현상 발생 -> FLASH OVER

3) 대책
    - 진공 : 1Torr까지 진공을 하면 용기내 수분 제거됨.
    - 작업환경 개선
      작업시 작업구간의 상대습도를 낮추어 수분 유입 금지
    - 흡착제를 투입하여 대기 중 수분 흡수

2.1.15 전기 절연 재료 중 기체재료 설명

1. 개요
   1) 전기기기에 적용되는 절연재료는 기체, 액체, 고체가 있으며
   2) 기체 절연 재료가 Compact화 및 불연성측면에서 유리함.

2. 절연재료 요구특성
   1) 전기적 특성
      - 절연저항이 클 것
      - 절연 내력이 높을 것
      - 내 아크성과 내 코로나성이 있을 것
      - 온도 계수가 적을 것
   2) 기계적 특성
      - 가공이 용이할 것
      - 인장강도, 압축강도, 굴곡 강도 등이 좋을 것
      - 내 충격성, 내 마모성이 좋을 것
      - 경도가 적당 할 것
        (액상은 점도가 적당할 것)
      - 탄성 계수(한계)가 적당 할 것
   3) 열적 특성
      - 내열성이 좋을 것
      - 용융점 및 연화(부드럽고 무르게 됨)점이 높을 것
      - 열 전도도가 좋을 것
      - 고체에서는 열 팽창 계수가 적을 것
        액체 및 기체 : 적당한 열 팽창 계수를 가질 것
      - 액체 : 비열이 크고 응고점이 낮을 것

3. 기체 절연재료 종류
   절연재료로 사용하는 기체는 다음의 것이 많이 이용된다.
   1) 절연물질
      - 공기, 질소, 아르곤, 네온, 탄산가스
   2) 혼합물질
      - SF6
      - 불화탄소
      - 프론 등

4. 기체 절연 재료
   1) 공기
      - 공기는 공간에 자연히 존재하는 약간의 이온을 포함하나
      - 방전 파괴후의 회복도 빠른 등 절연 재료로 우수함.
   2) 질소
      - SF6 GAS가 지구온난화 물질로서 사용을 규제하고 있기 때문에
      - 질소가 대체 물질로서 큰 관심을 가지고 있으며 다음의 특성을 가지고 있음.
      - 절연내력이 공기보다 약간 낮으나 불활성이어서 진공도가 저하되면 전류차단이나 절연 성능에 영향을 초래하므로 밀봉 기술이 필요함.
      - 절연내력 (상대적)비교

질소	수소	SF6	프론
1	0.8	2.3	2.4

   3) SF6 GAS의 성질
      (1) 물리/화학적 성질
         - 안정도가 높은 불활성 기체 : 상온에서 무색, 무취, 무연, 무독의 기체로 화학적, 열적으로 안정됨.
         - 공기에 비해 열적강도가 큼.
         - 1기압, -60℃에서 액화

      (2) 전기적 성질
         - 소호 능력 우수(공기의 약100배)
           Arc 시정수가 작아 대 전류 차단에 유리
         - 절연 회복이 빠름.
         - 가스의 우수성 때문에 차단기 소형화 가능(약1/10배)
           (절연내력AC. 공기 : 21KV/Cm. SF_6가스 : 200KV/Cm)

5. 적용 예
   1) G I S
      - SF6 이용
      - 도심지 : 환경문제 및 부지 확보 문제에 유리
      - 해안지역 : 염해문제 없음
      - 산악지역 및 양수발전소 : 굴착량 감소, 습기에 의한 부식에 유리

2) 관로 기중 케이블

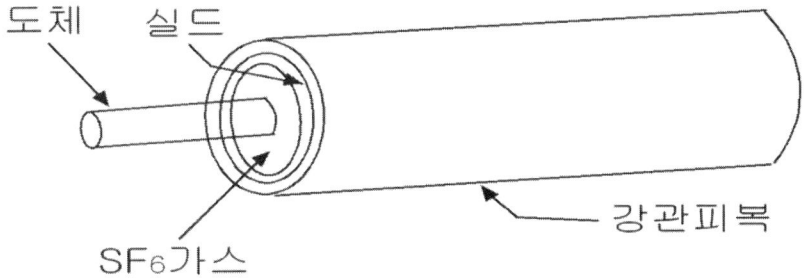

(1) 도체 : 동 또는 알루미늄 사용
(2) 절연 Spacer : 강관, 알루미늄관, 스테인레스 스틸관등의 시스내에 에폭
                 시 수지로 지지할 수 있도록 제작
(3) 절연매체 : 외함내에 SF_6가스로 충진
(4) 특징
   - 가공선과 거의 같은 용량의 송전 용량을 가짐
   - SF_6가스는 비 도전율이 거의 1로서 공기와 같기 때문에 OF케이블에
     비해 정전용량이 약 1/10이하로 작다.
   - 유전체손도 거의 무시할 수 있을 정도로 작다.
   - 단위 길이가 짧기 때문에 접속개소가 많아진다.

2.1.16 변압기 냉각방식 및 과부하 운전(60.2.4)

1. 냉각 방식 분류

No.	냉각 방식	권선, 철심 냉각 매체		주변 냉각 매체		IEC76	ANSI C57.12
		종류	순환방식	종류	순환방식		
1	건식 자냉식	공기	자연			AN	AA
2	건식 풍냉식	공기	강제			AF	AFA
3	유입 자냉식	기름	자연	공기	자연	ONAN	OA
4	유입 풍냉식	기름	자연	공기	강제	ONAF	FA
5	유입 수냉식	기름	자연	물	강제	ONWF	OW
6	송유 자냉식	기름	강제	공기	자연	OFAN	-
7	송유 풍냉식	기름	강제	공기	강제	OFAF	FOA
8	송유 수냉식	기름	강제	물	강제	OFWF	FOW
9	건식밀폐자냉식	공기	자연	공기	자연	ANAN	GA
10	건식밀폐풍냉식	공기	자연	공기	강제	ANAF	-

2. 특성 및 적용
 1) 건식 자냉식
    - 주로 소용량에 사용
 2) 건식 풍냉식
    - 권선 하부에 풍도(Air Duct) 설치하여 방열효과 향상
    - 500 KVA 이상 채택시 경제적
 3) 유입 자냉식
    - 보수 간단하여 많이 사용
    - 권선 및 철심의 발열이 기름의 대류에 의해 방열
 4) 유입 풍냉식
    - 유입 자냉식의 방열판에 FAN 설치
    - 자냉식보다 20~30% 정도 용량 증가 가능
 5) 유입 수냉식
    - 냉각관을 기름 속에 설치, 물을 순환시켜 기름 냉각
    - 냉각수 질이 좋지 못하면 관의 부식, 보수가 어렵다.

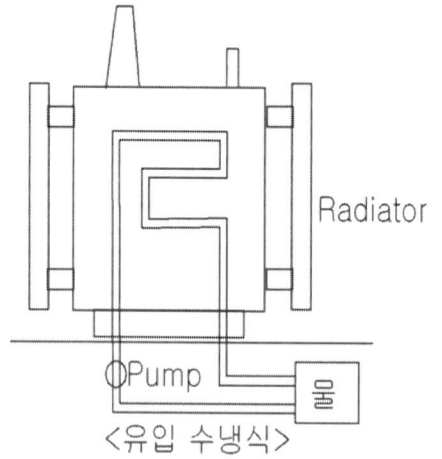

〈유입 수냉식〉

6) 송유 자냉식
   - 변압기 본체와 방열기(Oil Tank) 사이에 펌프 설치하여 기름 순환
7) 송유 풍냉식
   - 송유 자냉식의 방열판에 송풍기 설치
   - 30(MVA)이상 대용량에 채택
   - 펌프 및 송풍기 손실은 전 손실의 50% 정도임.
8) 송유 수냉식
   - Unit Cooler를 변압기 주위에 두어 물을 강제 순환하여 냉각

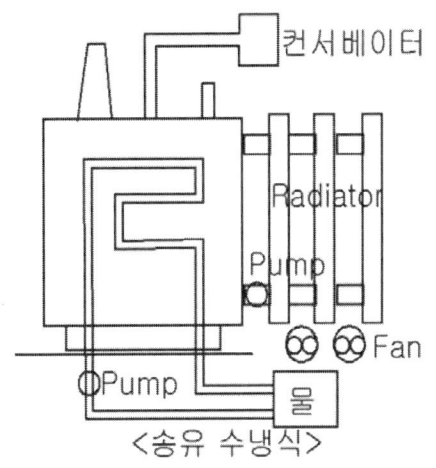
<송유 수냉식>

3. 과부하 운전(90.1.11)
   1) 냉각 방식 변경
      유입 자냉식에 송풍기를 설치하면 20~30% 과부하 운전 가능변압기
   2) 주위온도 저하
      변압기의 냉각 공기온도를 30℃ 기준으로 온도를 1℃ 내릴 때마다 0.8%씩 과부하 운전 가능함.
   3) 온도 상승 한도 운전
      규정상 변압기 권선 온도 평균 상승한도를 55℃로 하는데, 55℃보다 5℃ 낮아지는 경우 매 1℃마다 1%씩 과부하 운전이 가능함.
      예, 온도상승이 40℃인 경우
         (55-5-40) * 1% = 10% 과부하 운전이 가능함.
   4) 단시간 과부하 운전(24시간 내 1회)
      평상시 적은 부하로 운전 중 20% 이상 순간 과부하 운전 가능 (4시간 정도)
   5) 부하율이 떨어 졌을 때 과부하 운전
      부하율이 90% 미만의 경우 90%에서 떨어지는 1%마다 0.5%씩 과부하 운전 가능

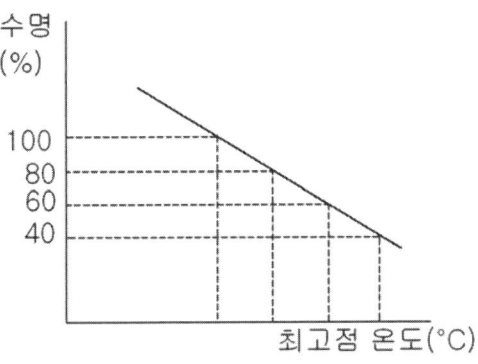

2.1.17 변압기 TAP 조정방법(87.3.6)

1. TAP 조정의 목적
   1) 배전선의 정전압 유지
   2) 전력 기기의 경제적 운전

2. Tap 조정 장치
   1) 무 전압 TAP 변환기 (NLTC)
      - 정지 상태에서 Tap 변환 장치
      - 정전 후 작업 가능
      - 중요 부하에 적용 곤란

   2) 부하시 Tap 변환기 (OLTC)
      - 운전 상태에서 Tap 변환 장치
      (1) 직접식
      - 주 권선에 Tap을 만들고 직접 절환
        (장점)
      - 구조 간단
      - 손실이 적다
        (단점)
      - 전류에 대응한 변환기 필요
      - Tap의 절연계급도 주권선의 절연계급에 맞추어야 함.

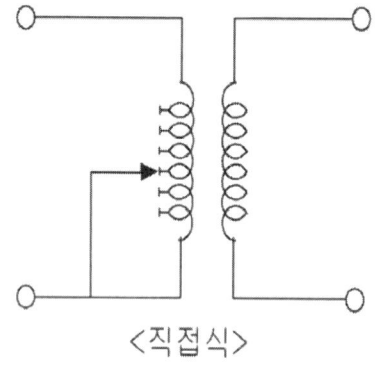
<직접식>

      (2) 독립 회로식
      - 주 권선과 별개의 Tap권선을 둠.
        (장점)
      - 선로의 절연 계급이나 전류에 관계없이 Tap 절환기를 쓸 수 있어 정격을 최소화
        (단점)
      - 구조가 복잡하고 대형화
      - 손실 크다.

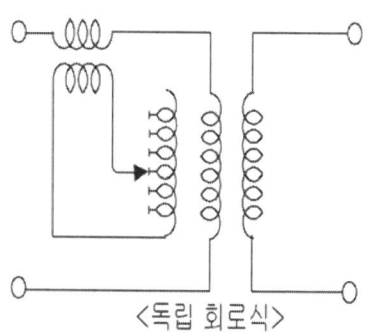
<독립 회로식>

      (3) TAP 권선 공용식
      - 주 권선에서 Tap을 취하여 여기서 얻은 조정 전압을 직렬변압기를 거쳐 선로에 삽입.

(장점)
- 선로 전류보다 저감된 전류의 탭 절환기 사용 가능

(단점)
- 구조가 복잡하고 대형화
- 선로의 절연 계급에 대응한 탭 변환기 필요.

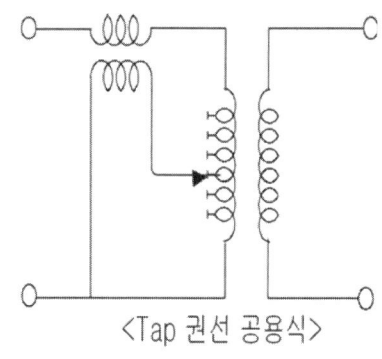

〈Tap 권선 공용식〉

3. 부하시 탭 변환기의 구조
- 탭 변환시 순간이라도 회로가 차단되면 안됨.
- 탭 변환시 2개의 탭 사이가 단락 되어서도 안됨.
- 이를 만족시키기 위하여 두 탭 사이 단락 회로에 리액터, 저항 등을 삽입하여 Tap 사이의 순환 전류를 억제하며 Tap을 변환한다.

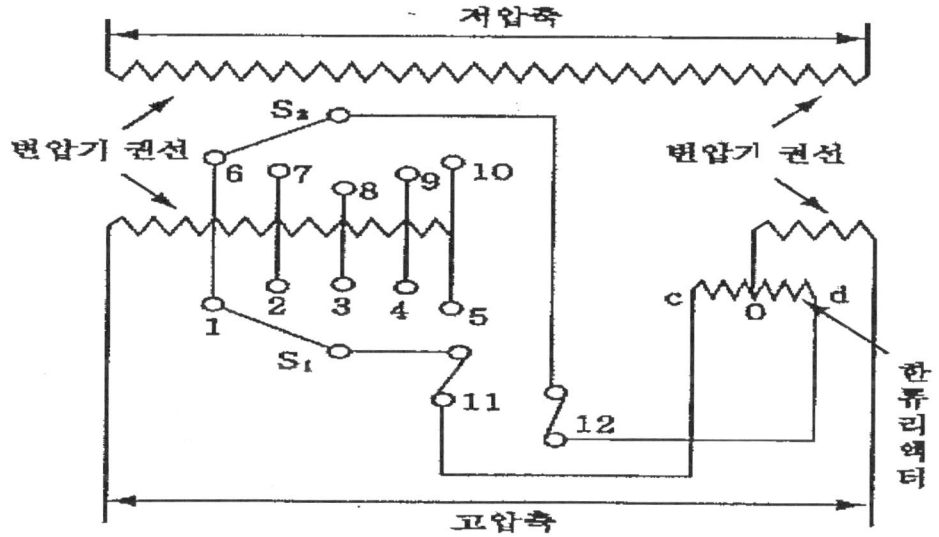

2.1.18 외철형 변압기 원리 및 장점

1. 개요
   외철형 변압기는 B상의 전류 방향을 반대로 하여 철심의 폭을 줄여 변압기 외형을 줄인 변압기임.

2. 구조
   1) 내철형 변압기
      내철형 변압기는 철심이 안쪽에 배치되고 권선이 철심을 둘러싸는 형태
   2) 외철형 변압기
      권선이 안쪽에 있고 철심이 그 주위를 감싸는 형태
      단상 및 3상으로 제작 가능하며, 외철형으로 독립자로가 형성되어 상간 영향을 받지 않는 변압기이다.

3. 내철형 TR과 외철형 TR의 비교
   외철형 B상의 코일을 A상과 반대로 감으면 자속이 $1/2(\Phi a + \Phi b)$로 되고, "A" 부분의 철심이 1/2 배로 절약되어 TR의 외형을 줄일 수 있다.

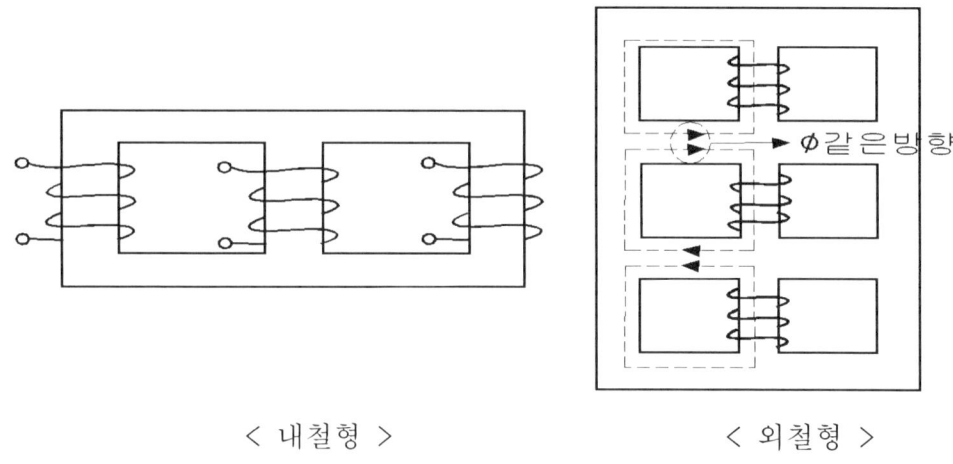

< 내철형 >   < 외철형 >

4. 외철형 변압기 특징
   1) 냉각효과가 우수하고 중량이 가볍다.
      코일의 양측면으로 절연유가 통과하므로
   2) 상간 독립자로가 있어 불평형이 없다.
   3) 대용량 제작이 용이하다.
   4) 투자율이 높고 히스테리시스 손실이 가장 적은 방향성 규소강판을 사용하므로 철손, 여자전류 및 소음이 최소

5) Form-Fit형 설계로서 단락 사고시 전자기계력을 충분히 지탱 할 수 있는 최상의 구조를 지님.
6) 코일 상호간의 높은 직렬정전용량은 코일 전체에 충격 전압을 고루 분포시켜 안정성이 우수함
7) 모든 코일이 절연와샤 및 찬넬로 채워져 연면 방전이 불가능하고, 절연파괴시 300% 이상의 절연강도가 됨

5. 벡터도 비교
   1) 내철형
   $\Phi = \Phi a - \Phi b = \Phi a + (-\Phi b)$
   $\quad = \Phi a \cos 30^0 \times 2$
   $\quad = \sqrt{3}\, \Phi a \angle 30^0$

   2) 외철형
   $\Phi = \Phi a + \Phi b$
   $\quad = \Phi a \cos 60^0 \times 2$
   $\quad = \Phi a$

< 참고 > 변압기 등가회로 및 벡터도

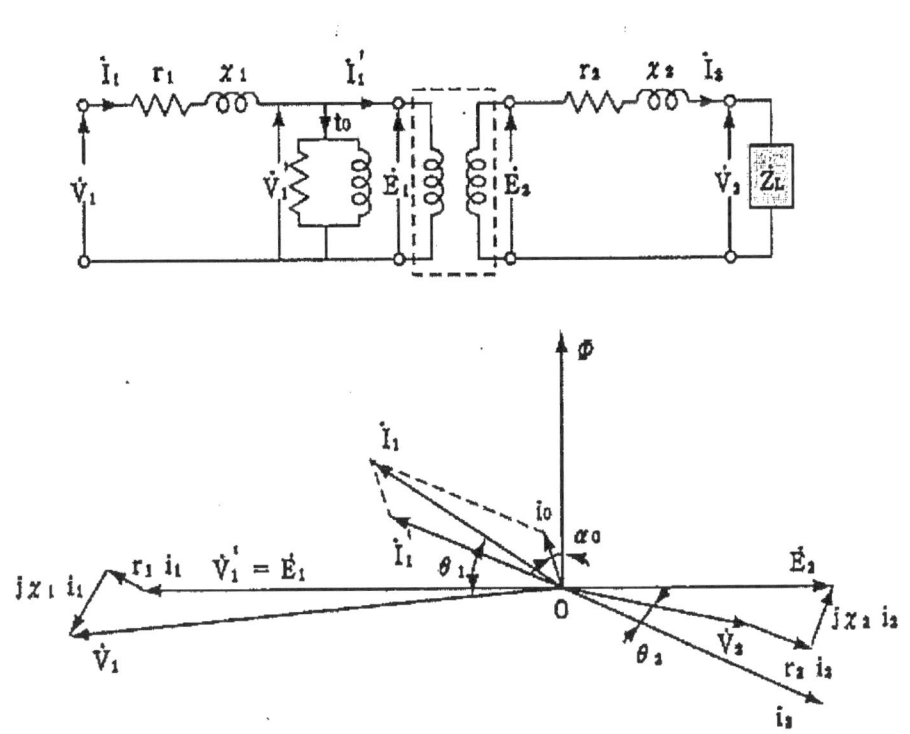

2.1.19 상변환 3Φ =>2Φ

0. 개요
 1) 3상을 2상으로 상 변환하는 목적
    3상 회로에서 불 평형을 피하면서 대용량의 단상 교류 부하를 얻기 위하여
 2) 방법
  - SCOTT 결선
  - Wood Bridge 결선
  - 역V결선
  - 리액터와 콘덴서의 조합결선
  - Meyer 결선 등이 있으나
    제일 많이 사용하고 있는 방법이 SCOTT 결선이다.
  - 직류화

1. 스코트 결선
 1) 정의
    2개의 단상변압기를 결선하여 3상을 2상으로 변환하는 방법으로 T결선이라 함.
 2) 용도
    - 전기 철도용 전원
    - 소형 전기로용 (대형 전기로용 변압기는 3권선 변압기 사용)
 3) 결선도 및 원리

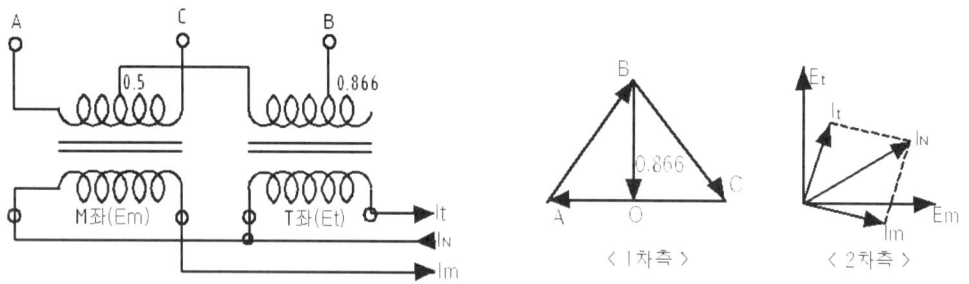

〈 1차측 〉   〈 2차측 〉

 (1) 위 그림과 같이 변압기 2차측 결선을 M좌와 T좌로 구분시킨다.
 (2) M좌 변압기의 1차측은 A상과 C상에 연결하고 1차권선의 50% 지점과 T좌 변압기의 한쪽 권선을 연결
 (3) T좌 변압기의 1차측 나머지 권선은 $0.866(\frac{\sqrt{3}}{2})$ 지점에 연결
 (4) 상기와 같이 연결하면 2차측에 유기되는 전압은 직각위상이 됨.
 (5) 동일 부하라도 T좌 변압기는 M좌 변압기보다 $1.154(\frac{2}{\sqrt{3}})$배의 전류가 흐른다.

(6) 이용율
- 1차 전류가 1.154배가 되므로
- 2차 전류를 과부하가 걸리지 않도록 1/1.154 로 하여야 한다.
- 즉, 이용율 = 1/1.154 = 0.866임 됨.
(7) 단점
- 중성점이 존재하지 않아 계통 중성점 접지가 불가능.
- 지락시 계통에 이상 전압 발생 가능성이 있음.

2. 우드브리지 결선
1) 개요
- 스코트 결선의 결점을 보완하기 위해
- 중성점을 접지하여 계통안정도를 높이고 전압 불평형을 경감시킨 구조
2) 결선도

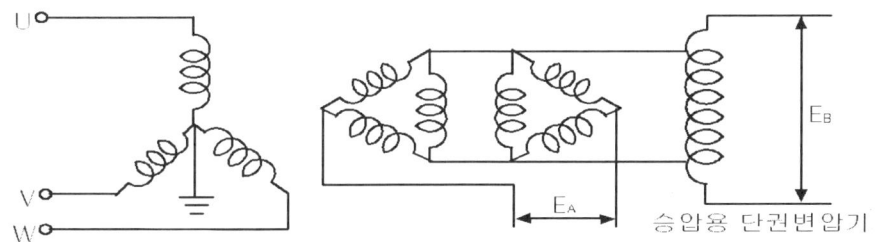

3) 위 결선의 A좌는 스코트 결선의 M좌에, B좌는 T좌에 대응됨.
4) 2차측은 스코트와 마찬가지로 단상 전원 2개를 얻을 수 있음.

3. 역V결선
1) V 결선이란 △결선에서 1상을 제거한 결선방식임
2) 역 V결선이란 3상4선식 Y 결선에서 1상을 제거한 결선임
3) 3상 4선식 Y 결선의 정상 결선도

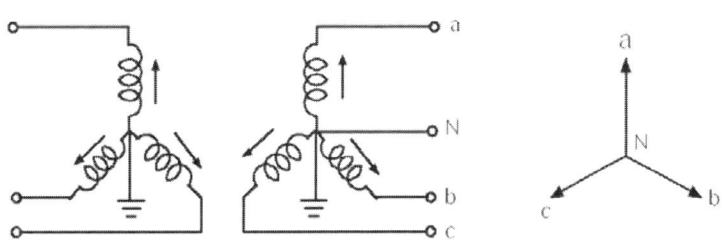

4) 3상4선식 Y 결선에서 C상을 제거한 결선도

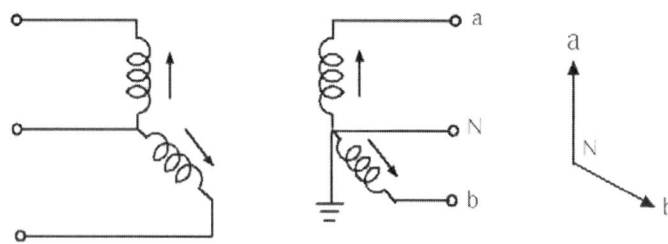

5) 위결선에서 B상의 극성을 반대로한 결선도(역 V결선)

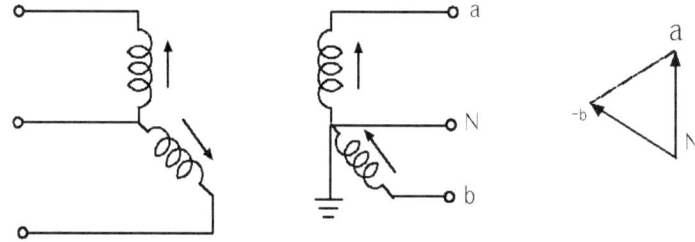

6) 즉, 3상 전원을 역V 결선하면 2차측에 단상 전원을 얻을 수 있음.

4. 리액터와 콘덴서의 조합결선
   1) 원리
      그림과 같이 임피던스 Z인 단상부하에 리액터와 콘덴서를 △결선하여 3상 전원을 이용하는 방법임.
   2) 특징
      - 사용 중 부하전류에 따라 역율 변동이 심함
   3) 용도 : 단상 부하의 전기로

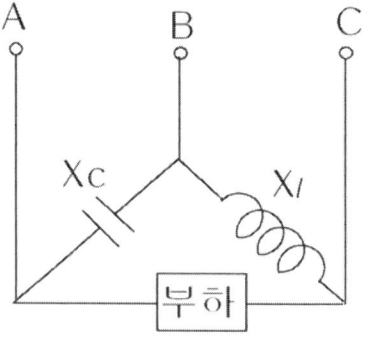

5. 직류화
   최근에는 전력용 반도체인 IGBT의 대용량 개발이 되어 정류기에 의한 단상 직류 방식도 많이 사용 됨.

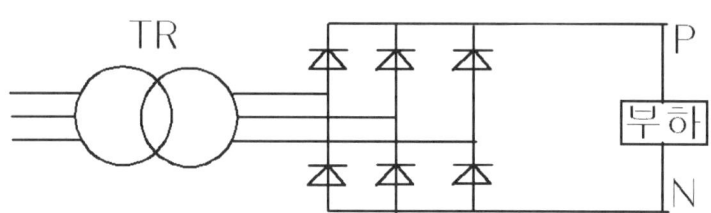

2.1.20 변압기 완성시험 종류(54.1.9)(KSC4311)

1. 시험 분류

No.	시험 종류	개발시험	검수시험
1	구조 검사	O	O
2	변압비 시험	O	O
3	극성 및 각변위 시험	O	O
4	권선 저항 측정	O	O
5	절연저항 측정	O	O
6	상용 주파 내전압(내압시험)	O	O
7	유도 내전압 시험	O	O
8	무부하 전류 및 무부하 손실 시험	O	O
9	임피던스 전압 및 부하 손실 시험	O	O
10	소음 측정	O	x
11	전압 변동율 및 효율 계산	O	O
12	부분 방전 시험	O	O
13	온도 상승 시험	O	x
14	뇌임펄스 내전압 시험	O	x
15	단락 강도시험	O	x
16	환경등급시험	O	x
17	내후성 시험	O	x

2. 시험방법
1) 구조 및 외관 검사
   변압기 규격, 외형 치수, 조립 및 용접상태, 코일, 철심, Frame의 손상 여부, 도장 등을 확인함.

2) 변압비 시험
   탭의 변압비를 측정하여 허용오차 범위내인지 확인

   $$전압비 = \frac{1차\ 상전압}{2차\ 상전압} \qquad 변압비 = \frac{1차\ 권선수}{2차\ 권선수}$$

   $$변압비\ 오차 = \frac{전압비 - 측정\ 변압비}{전압비} \times 100(\%)$$

3) 극성 및 각변위 시험
   - 단상 변압기는 극성 시험, 3상 변압기는 각변위(위상각) 시험을 한다.
   - 우리나라 표준은 감극성이다
   - 시험방법
     1) 1,2차 U단자를 단락 시킨다
     2) 1차에 적당한 전압(보통 100V) 인가
     3) 1차, 2차, 1-2차간 전압 측정
     4) 감극성 $V_3 = V_1 - V_2$
        가극성 $V_3 = V_1 + V_2$

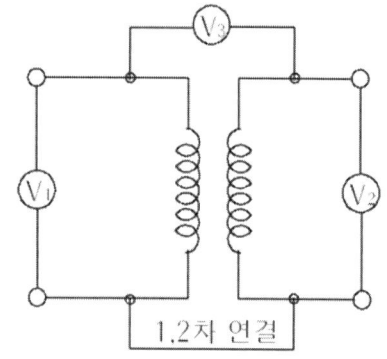

4) 권선 저항 측정
   저항 측정기를 이용하여 R-S, S-T, T-R간 권선저항을 측정하고 평균을 구하여 불평형율을 구한다.

   $$권선저항\ 불평형율 = \frac{권선저항\ 최대값 - 권선저항\ 최소값}{권선저항\ 평균값} \times 100(\%)$$

   - 판정기준 : ± 10%

5) 절연저항 측정
   1,000V 절연저항계로 권선과 권선간, 권선과 대지간에 절연저항을 측정 판정기준 : 500MΩ 이상

6) 상용 주파 내전압(내압시험)
   - 권선에 상용주파수의 교류 전압을 1분간 가한다.
   - 전압을 가하지 않는 권선과 철심, Frame은 접지
   - 인가 전압 (KSC 4311 건식 변압기, KSC IEC 60076 전력용 변압기)

계통 최고전압 (실효값. KV)	상용주파 내전압 (실효값. KV)	뇌임펄스(첨두값. KV)	
		개방형	밀폐형
≤ 1.1	3	-	-
3.6	10	20	40
7.2	20	40	60
24	50	95	125

7) 유도 내전압 시험
   정격전압의 2배, 주파수 120~500Hz 전압을 인가하여 1,2차 코일 내부에 Flash Over가 발생하지 않아야 한다.
   - 시험 시간 : 최소 15초, 최대 60초

8) 무부하 전류 및 무부하 손실 시험
   고압측을 개방하고 저압측에 정격전압을 인가하여 변압기의 무부하 전류(여자전류)와 무부하 손실(철손)을 측정한다.

9) % 임피던스 및 부하 손실(동손) 시험
   저압측을 단락시키고 고압측에 전압을 인가하여 전류값이 정격전류가 되었을 때의 전압을 임피던스 전압이라 하고 이때의 % 임피던스 및 손실값을 측정한다.
   $$\%임피던스 = \frac{임피던스\ 전압}{1차\ 정격전압} \times 100(\%)$$

10) 소음 측정
    정격 주파수 정격 전압을 인가하여 변압기 용량별 기준값에 적합한지 소음을 측정한다.(참고 KSC 4311. 예, 1000KVA : 70dB)
    - 측정 높이 : 변압기 높이의 1/2
    - 측정 거리 : 30Cm
    - 최소 6개소 이상 측정

11) 전압 변동율 및 효율 계산
    $$전압변동율 = \%IR + \frac{\%IX^2}{200}(역율이\ 1인\ 경우)$$
    $$효율 = \frac{정격\ 용량}{정격\ 용량 + 무부하\ 손실 + 부하\ 손실} \times 100(\%)$$

12) 부분 방전 시험
    - 피로 전압 : 정격 전압의 1.8배에서 30초 가압
    - 측정 전압 : 정격 전압의 1.3배에서 3분간 유지
    - 판단 기준 : 10pC 이하

13) 온도 상승 시험
 (1) 등가 부하법 (대부분 이 방법으로 시험함)
     다음의 두가지 시험을 한 후 그 결과로 온도상승 결과를 얻는다.
    - 단락법 : 저압측을 단락시키고 고압측에 전류를 인가시켜 온도가 포화 될 때의 열 저항을 측정하여 온도로 환산한다.

- 무부하법 : 고압측을 개방시키고 저압측에 정격전압을 인가하여 온도가 포화될 때의 열 저항을 측정하여 온도로 환산한다.
(2) 실 부하법 : 실제 부하를 2차측에 접속하여 시험
(3) 반환 부하법 : 시료용 변압기 1대와 같은 정격의 변압기 1대를 병렬로 접속하여 시험한다.

14) 뇌임펄스 내전압 시험
충격 발생 시험기를 사용하여 충격 전압을 인가하였을 때 Flash Over와 구조물에 손상이 없을 것

15) 기타 시험
변압기의 초기 개발시 시행하는 시험으로 상기 시험 외에 단락 강도시험, 환경등급시험, 내후성 시험 등이 있다.

2.1.21 변압기유가 갖추어야 할 조건

1. 변압기유가 갖추어야 할 조건(특성)
1) 절연 내력이 높을 것
   - 변압기유는 공기의 약 5배 절연내력을 가짐.
   - 수분이 소량이라도 있으면 현저히 절연내력 저하 됨.
2) 냉각 성능이 양호 할 것
   - 열/전도도가 높아 냉각 효과가 클 것.
   - 점도가 적어 유동성이 좋을 것.
3) 인화점이 높을 것
4) 응고점이 낮을 것
5) 증발량이 적을 것
6) 화학적으로 안정할 것
   화학적으로 안정하여 변압기 구성 재료인 동, 철, 절연물 등의 변질이 적어야 함.
7) 부식의 발생이 적을 것
8) 장시간 사용시 산화 변질이 적을 것
9) 환경 오염이 적고 인체에 유해성이 적을 것
   (PCBs)
   - 독성이 강하고 분해가 느려 생태계에 오랫동안 남아있는 잔류성 유기 오염 물질의 일종이다.
   - 물에 녹지 않고 유기용매(탄화수소류, 지방 및 유기 화합물 등)에 용해된다.

2. 화재 원인
1) 절연 열화
   절연 유속에 잔류 산소가 공존하고 유 온도가 높으므로 이들의 산화 작용에 의해 절연이 열화 됨.
2) 유입기기 내부 접촉 불량, 단락, 섬락, 과열, 부분방전등이 절연유 및 절연재료를 열분해 하여 여러 가스가 발생
3) 층간단락, 내부 아크등으로 발열량이 급격히 많을 때는 열분해 된 가스가 유면 상부의 공기와 혼합되어 심할 경우 인화 -> 연소 -> 폭발 단계로 진행된다.
4) 광유의 인화점 : 140℃

3. 방지 대책
1) 질소 가스 봉입
   변압기 내부에 공기 대신 불활성 가스인 질소를 봉입

2) 수분 흡착제 사용
   탱크 내부의 공기 유출부레 흡착제를 설치하여 수분 제거
3) 과 부하 방지
   과 부하 보호 계전기 사용
4) On-Line 가스 분석기 설치
   변압기에 On-Line 가스 분석이 센서를 설치하여 분석기를 통해 컴퓨터로 전송, 상시 감시 진단
5) 정기적인 절연유 시험
   절연유 산가 측정, 절연 파괴 시험, 가스 분석 등을 정기적으로 시험하여 절연 상태가 나빠진 경우에는 절연유를 여과 또는 교체
6) 피뢰기 설치
   외부로부터 침입하는 이상 전압을 대지로 방류
7) 컨서베이터 설치
   절연유와 공기의 접촉을 변압기 대신 컨서베이터에서 할 수 있도록 고온의 광유와 공기와의 접촉면을 작게 한다.

2.1.22 이행 전압

1. 변압기 이행 전압이란
   1) 변압기의 1차측에 가해진 서지가 정전적 혹은 전자적으로 2차측으로 이행되는 현상
   2) 변압기 2차 권선 및 2차 측에 접속되는 기기의 절연에 영향을 줌.

2. 정전 이행 전압
   1) 변압기 권선에 가해지는 서지 전압이 양 권선간 및 2차 권선과 대지간의 정전 용량으로 분압 되어 생기는 전압.
   2) 등가 회로

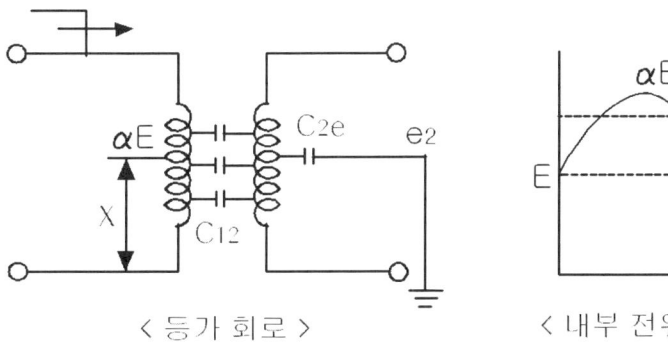

< 등가 회로 >   < 내부 전위 분포 >

   3) 2차 권선으로 이행되는 전압 $e_2 = E \cdot \dfrac{\alpha C_{12}}{C_{12} + C_{2e}}$

   여기서 E : 1차측 서지 전압
   C_{12} : 변압기 1, 2차 권선 정전 용량
   C_{2e} : 변압기 2차권선과 대지간 정전 용량
   α : 변압기 구조에 따른 정수(보통 1.3 ~ 1.5)

   4) 고압측 전압이 높아질수록 권선간의 절연거리가 커져서 양 권선간의 정전 용량은 작아짐.
   5) 정전 이행 전압의 저감 대책
      - 2차측에 피뢰기 설치
      - 2차측에 보호 콘덴서 설치하여 2차권선과 대지간 정전 용량을 크게 한다. (많이 사용하는 방식임)
      - 2차측 BIL을 높인다.

3. 전자 이행 전압

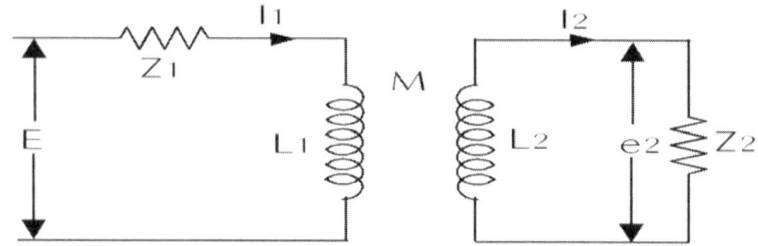

1) 변압기 1차 권선을 흐르는 서지 전류에 의한 자속이 2차 권선과 쇄교하여 유기되는 전압.
2) 전자 이행 전압은 권선비에 비례하여 정해지며 부하 임피던스가 클수록 큰 값이 된다.
3) 전자 이행 전압은 실제로 크게 문제가 되지는 않는다.

2.1.23 변압기 결선별 영상임피던스(75.1.11)

1. 영상 임피던스의 의미
   A, B, C 3상을 일괄하고 이것과 대지간에 단상전원을 인가했을 때 단상 교류 전류가 흘러들어가는 범위가 영상회로이고, 이 때 단상 전류를 제한하는 임피던스가 영상 임피던스임.

2. 변압기 결선 방식에 따른 영상 임피던스

	결선도	영상등가회로	영상임피던스
1	B △ A △	B —Z_{AB}— A	$Z_{AB} = \infty$
2	B △ A Y	B —Z_{AB}— A	$Z_{AB} = \infty$
3	B △ A Y Z_n	B —$3Z_n$—Z_{AB}— A	$Z_{AO} = Z_{AB} + 3Z_n$

1. Δ - Δ 결선
   - 영상 전류의 귀로가 없으므로 회로는 개방상태이고
   - 영상 임피던스는 무한대임.
2. Δ - Y 결선
   - 1과 같이 접지가 없으므로 영상 전류의 귀로가 없고 회로는 개방상태
   - 영상 임피던스는 무한대임.
3. Δ - Y↓
   - 지락전류는 중성점을 통해 순환하고, 1차에는 이에 대응하는 영상전류가 Δ 회로 내를 순환하여 선로 밖으로는 나가지 않으므로 등가회로 B에서 끊어진다.
   - 각 상에 흐르는 영상전류는 I_o 이므로 중성점에 흐르는 전류는 $3I_o$이고 Z_n에서의 전압강하는 $3I_o \times Z_n$ 이며, 등가회로에서는 $3Z_n$으로 표시.
   - Z_{AB}는 권선A와 권선B간의 누설 임피던스로 권선 A의 1상분에 대한 값이며 이 값은 변압기의 정상 임피던스의 값이다.
   - Δ결선측에서 여자하는 경우 정상, 역상, 영상(직접접지의 경우) 임피던스가 모두 Z_{AB}와 같다.

2.1.24 유입변압기의 유동 대전현상(84.2.5)

1. 유동 대전의 정의
   대용량 변압기에 있어서 절연유를 유동시킬 때 절연유와 변압기 내부의 고체 절연물과의 유동 마찰에 의한 대전현상을 말함

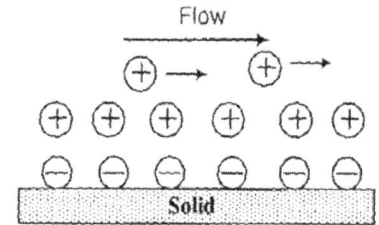

2. 유동 대전시 현상
   1) 고체 절연물과 절연유의 계면에서 두 종류의 물질이 접촉을 통하여 전하의 이동, 분리, 대전이라는 과정을 거치면서 진행한다.
   2) 이렇게 발생되는 전하는 극히 미량이지만 전하의 축적에 의하여 높은 전위를 발생시키거나 전계의 집중을 가져와 변압기 권선의 절연파괴로 까지 발전되기도 한다.
   3) 절연유 속에서 정전하(+)가 축적되고, 고체 절연물에는 부(-)전하가 축적된다. 이러한 전하의 축적이 유동 전류로 나타나고 유동전류는 유속에 비례하여 증가한다.

3. 대책
   1) 초고압 대용량 변압기 제작시 절연유의 유속을 적정 수준으로 제한
   2) 냉각기 입구에서 절연유의 흐름을 개선
   3) 대전 필터를 사용하여 유동 전류 발생을 저감
   4) 절연유의 관 크기 조절
   5) 유속 : 50Cm/Sec이하로 제한
   6) 절연유에 정전기 방지제를 첨가
   7) 유입식 대신 가스 절연 변압기 이용 등

2.2.1 비대칭 단락 전류에 대하여 설명(71.4.2)

1. 개요
   전력 계통 사고시 사고 전류는 교류분과 직류분이 포함된 비대칭 단락전류가 있으며 비대칭 단락 전류는 짧은 시간 내에 소멸됨.

2. 비대칭 전류
 1) 단락 전류 현상
    - 선로 사고시 고장 전류는 선로 정수 (R,L,C,G)에 따라서 과도적으로 변화된다.
    - 교류분은 비선형 변화에 따라 감쇄하여 일정한 지속 전류가 되고, 직류분은 저항과 리액턴스의 비인 X/R에 의해 변화되며 t(과도상태 시정수)에 따라 급속히 감쇄하여 소멸한다.
    - X/R 비가 클수록 과도현상이 커지고 단락 전류도 커진다.
      X/R를 모를 경우 154kv 계통 : 20 22.9kv 계통:4 적용
    - 단락전류는 아래 그림과 같이 단락 발생순간 전압의 위상과 회로의 역율에 의해 정해지는 전류와 어떤 크기의 직류 전류가 중첩된 전류가 된다.
      이 직류분은 곧 감쇄되지만 배선용 차단기나 Fuse처럼 고속 차단하는 경우에는 이 직류분을 포함한 값이 문제가 된다.

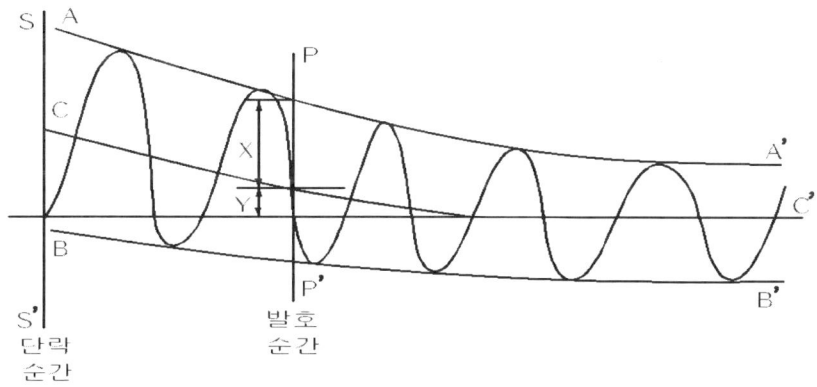

 2) 대칭 단락전류 실효값 (ACB, MCCB 등 선정시 적용)
    대칭 단락전류 실효값(이하 대칭값 또는 Is라 한다.)은 직류분을 포함하지 않은 교류분의 실효값이며
    $Is = \dfrac{X}{\sqrt{2}}$ 로 나타낸다.

3) 비대칭 단락전류 실효값 (CT, 전선 등 선정시 적용)
비대칭 단락전류 실효값(이하 비대칭값 또는 Ias라 한다)은 직류분을 포함한 실효값을 말하며

$$Ias = \sqrt{\left(\frac{X}{\sqrt{2}}\right)^2 + Y^2}$$ 을 말한다.

이 값은 단락 발생 후 $\pm \pi / 2$ 일 때 최대가 된다.

4) 1Φ 회로의 비대칭 계수

$$비대칭 계수 k = \frac{비대칭 단락전류\ Ias}{대칭단락전류\ Is}$$

이때 K1은 X / R 값에 따라 정해지고 1.0 ~ 1.732까지 이다.

5) 3상 회로의 비대칭 계수
3상 회로는 각 상의 위상각이 다르므로 Ias의 값은 각 상이 다르다.
따라서 1/2 Cy 후 각상의 평균을 구하여 3상 평균 비대칭 전류를 구한다.
3상 비대칭 전류 Ias = Is x K3 이고 (K3 : 1.0~1.394)
K3를 3상 비대칭 계수라 부르며 배선용 차단기의 차단 용량은 이 비대칭 값으로 표시한다. (참조 : H.Book I-76)

3. 차단기 선정시 고려 사항
 1) 고압 또는 특별고압 회로의 차단기는 보통 3~8 Cycle 차단기를 사용하므로 차단기의 정격 차단 전류만 적용한다.
 2) 그러나 Fuse등 차단시간이 짧은 차단 장치에서는 단락 후 1/2 Cycle 부근의 전류를 차단하는 것이 많으므로 직류분을 함유한 비대칭 단락 전류를 구해야 함.
 3) 비대칭 단락 전류 Ias = K · Is (K:비대칭 계수)
 4) K에는 K_1과 K_3가 있으며 K_3는 ACB, MCCB 등 3상을 동시에 개폐하는 기기의 단락전류 선정시 적용하며, K_1는 전력 Fuse와 같이 각 상별로 차단하는 기기의 단락 용량을 구하는데 사용함.

2.2.2 차단기의 차단 메카니즘

1. 개요

   전력 계통에서 차단기를 차단하는 경우 과도현상으로 이상전압이 발생하고, 특히 유도성 또는 용량성의 경우는 그 메카니즘이 복잡하다.

2. 소호원리

   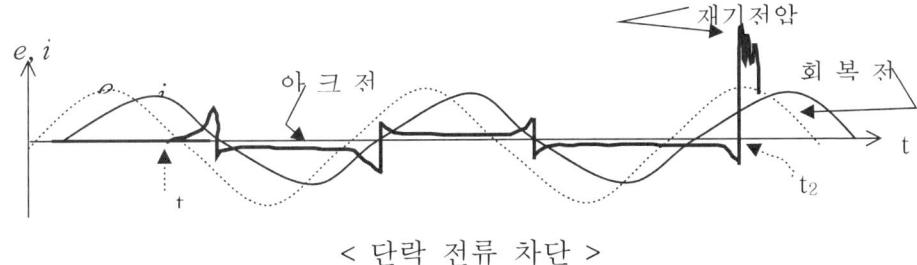

   < 단락 전류 차단 >

   1) 보호계전기가 동작하여 차단기가 전극을 열면 기계적으로는 전극이 열리지만 전기적으로는 도통 상태가 지속되어 아크전압이 발생한다.
   2) 위 그림에서 t_0점에서 접촉자가 개리 되더라도 순시전류 i_0에 의하여 아크가 발생한다.
   3) t_1이 되면 전원전압 e_1에 의하여 아크가 발생하여 전류가 흐른다.
   4) 이 아크는 반주기마다 반복하여 점멸하지만 t_4가 되면 접촉자가 충분히 이격되어 전극간 절연내력이 아크전압보다 크다면 소호가 된다.

3. 개폐시 나타나는 현상
   1) 회복전압 Recovery Voltage
      - 차단기의 차단직후 차단기의 극간에 나타나는 상용주파수의 전압으로서 실효치로 나타낸다.
      - 상용 주파 회복전압(PFRV:Power Frequency Recovery Voltage) 이라고도 함.
   2) 재기전압(과도 회복 전압) TRV:Transient Recovery Voltage
      회복전압으로 안정되기 전에 고유진동에 의해 이상전압이 발생되고 점차 감소되어 회복전압으로 되는 과정의 과도 전압을 말한다.
      즉, 차단 직후 접촉자간에 나타나는 과도 전압을 말한다.

   3) 재점호 (Reignition)
      재기전압에 의해 아크가 소멸되었다 다시 발생하는 현상으로 전극간 절연내력이 아크전압보다 작을 때 나타난다.

2.2.3 수전설비 차단기 종류 및 특성(62.4.4)

1. 개요

   차단기를 사용하는 목적은 통상적인 부하 전류를 개폐하고, 이상발생시 신속히 회로를 차단하여 사고점으로 부터 계통을 분리하여 전기기기를 보호하고 안정성을 유지하기 위함이고 그 종류는 아래와 같다.

2. 수전 설비용 차단기 종류 및 특징
   1) 유입 차단기 (OCB)
      (1) 소호원리
         - 아크에 의한 절연유 분해로 절연유의 온도가 내려가면 저항값이 커져서 (Arc저항은 부특성) 전류 0점($I=V/R$)에서 소호한다.
      (2) 특징
         - 적용 전압 범위가 넓고 초고압 계통에 안정적임.
         - 극간 플래쉬 오버와 외뢰에 강함.
         - 과전압을 크게 발생 시키지 않음.
         - 가연성 절연유의 폭발, 누유 우려
         - 유지 보수가 복잡함.
         - 차단성능 낮고 중량이 크다.
         - 전 차단 시간 : 5,8 Cycle임.

   2) 진공 차단기 (VCB)
      (1) 소호 원리

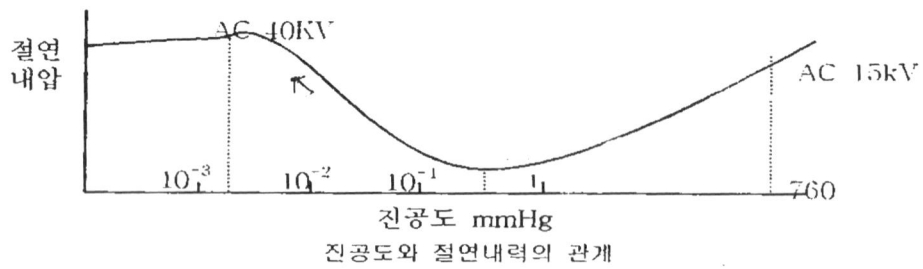

진공도와 절연내력의 관계

   - 기체의 압력을 내리면 분자의 자유 행정 거리가 늘어나 파센의 법칙에서와 같이 절연 내력이 저하된다.
   - 그러나 10^{-2} Torr 정도 까지 내리면 도리어 절연 내력이 상승된다.
   - 진공 차단기는 10^{-4} Torr의 고 진공 밸브안에서 고 밀도의 아크 증기 입자가 주위로 급속히 확산 후 전류 0점에서 소호한다.

즉, 진공으로 Arc를 흡입하여 차단 함.
- 동시에 확산된 이온이나 증기입자는 전극 차폐에 증착되어 버리고 재차 고진공이 유지된다.

(2) 특징
- 구조가 간단하고 유지보수가 쉽다.
- 절연 내력이 크므로 소형 콤팩트화 할 수 있다.
- 접촉자가 외기로부터 격리되어 있어 화재 염려가 없다.
- 차단시 주위 환경의 영향을 받지 않으며 신뢰성, 안전성이 높다.
- 전류 0점(전압 최대점)에서 차단하여 과전압(Surge) 발생하므로 몰드 변압기와 조합 사용시는 S.A를 TR 1차에 설치해야 한다.
- 전차단 시간 : 3, 5 Cycle

3) 가스 차단기 (GCB)
  (1) 소호 원리
   - 아아크시 생성된 금속입자를 SF_6 가스가 흡착 환원함으로 극간 절연 내력 회복.
  (2) 특징
   - SF_6 가스는 절연 내력과 소호 능력이 탁월함.
   - 불연성, 무색, 무취, 무독성이며 안정도가 높다.
   - 차단 성능 좋고 소음이 적음.
   - 가스의 순도 저하시를 대비한 장치 필요
   - 전 차단 시간 : 3, 5 Cycle임
   - Gas 액화(-60℃) 주의   - Gas 누기 주의
   - SF_6 : 지구 온난화 물질임.

4) 공기 차단기 (ABB)
  (1) 소호 원리
   - 10 ~ 30kg/㎠의 압축 공기를 뿜어 소호.
  (2) 특징
   - 난연성이고 유지 보수가 쉽다.
   - 차단 능력이 좋고 대 전류 차단이 가능하다.
   - 시간, 전류의 크기에 관계없이 소호 능력이 일정하다.
   - 압축 공기용 콤프레셔가 필요하고 설치 면적이 커진다.
   - 전기로등 대용량의 빈번한 개폐 장소에 쓰인다.
   - 전차단시간 : 3, 5 Cycle

5) ACB (기중 차단기)
   (1) 소호 원리
       Arc Chute(소호실)를 두어 아아크를 흡수 소호하는 특성으로 전차단 시간이 35mS(약2Cy) 이내로 차단 성능을 높임.
   (2) 특징
       - 소형 경량화하여 배전반등에 내장 가능
       - OCR등 보호 계전기 내장
       - 최근에는 보호 계전기로 디지털 계전기를 채택하여 신뢰도 향상 및 사고 기록 등이 가능함.
       - 정격 : 3P, 4P, 1000V, 630~5,000A, 차단용량 : 50~100KA
       - 전차단 시간 : 3Cycle

3. 맺는말

   상기 차단기중 수전설비에는 특고 계통에서는 거의 VCB를 사용하고 있으며, 저압 계통에서는 ACB를 사용하고 있고 초고압 계통에서는 거의 GCB를 사용하고 있다.
   현재 OCB는 생산이 중단 되었으며, ABB, MBB도 거의 사용을 하지 않고 있다.

참고. 차단기별 특성 비교

구 분	OCB	VCB	GCB	ABB
사용전압(KV)	3.6kV~300kV	3.6kV~36kV	3.6kV~초고압	12kV이상
서지 발생	중간	최고	최저	저
전차단시간(Cycle)	5, 8	3, 5	3, 5	3, 5
방재성	가연성	불연성	불연성	불연성
가격	저가	중간	고가	중간
주 용도	옥외용	22.9 kV 수전용	초고압계통	최근거의 사용안함
소호방식	절연유분해 냉각 소호	진공으로 아크흡입	Arc를 가스로 흡착	압축공기
보수, 점검	복잡	간단	간단	중간
수명(회)	10,000	50,000	50,000	10,000
장 점	사용 범위 넓다. 저가	소형, 경량	사용 범위 넓다. 저소음	난연성 유지보수용이
단 점	화재, 폭발 유지보수난이	서지발생	누기 액화(-60℃) 지구온난화	부대시설 면적 넓게 필요

2.2.4 전력용 차단기 관련 용어 설명하시오. (72.1.3)(75.3.1)

1. 정격 전압 (Rated Voltage)
   - 규정된 조건 아래에서 그 차단기에 가할 수 있는 사용회로 전압의 상한 값.
   - 선간 전압 실효치로 나타냄.
   - 정격 전압 = 공칭전압 x $\frac{1.2}{1.1}$ (kv)

공칭전압(kv)	3.3	6.6	22.9	154	345	765
정격전압(kv)	3.6	7.2	25.8	170	362	800

2. 정격 전류 (Rated Current)
   정격 전압, 정격 주파수에서 규정치의 온도 상승 한도를 초과하지 않고 연속적으로 흐릴 수 있는 전류의 한도.

   정격전류 $(In) = \frac{P}{\sqrt{3} \times V \times \cos\theta} (A)$

3. 정격 차단 전류 (Rated Breaking Current)
   - 정격 전압, 정격 주파수에서 규정된 동작책무에 따라 차단할 수 있는 차단 전류 한도
   - 교류 실효치로 나타냄.
   - 한전 표준 : 12.5, 25, 31.5, 40KA

4. 정격 차단 용량 (Rated Breaking Capacity)
   정격 차단 용량 = $\sqrt{3}$ x 정격전압 (kV) x 정격차단전류(kA) (MVA)

5. 정격 단시간 전류 (Short Time Withstand Current)
   - 규정시간동안 통하여도 열적, 기계적으로 이상이 발생하지 않는 전류의 최대 한도
   - 교류 실효치로 나타냄.

6. 정격 투입전류 (Rated Making Current)
   - 정격 전압, 정격 주파수에서 표준 동작책무에 따라 투입할 수 있는 투입전류의 한도

- 투입전류 최초 주파의 순시 최대치로 표시
- 크기 : 정격 차단 전류의 2.5배 정도임.
- 여기서 I : 투입전류
   MM' : 투입순간
   Im : 투입전류의 최대치

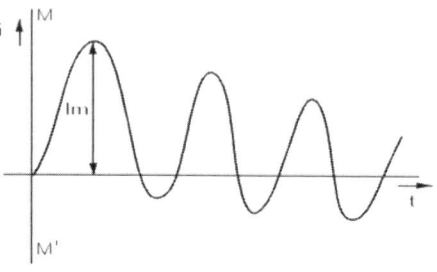

7. 개극 시간 (Opening Time)
   차단기의 코일이 여자되는 순간부터 접촉자가 개리 될 때 까지의 시간

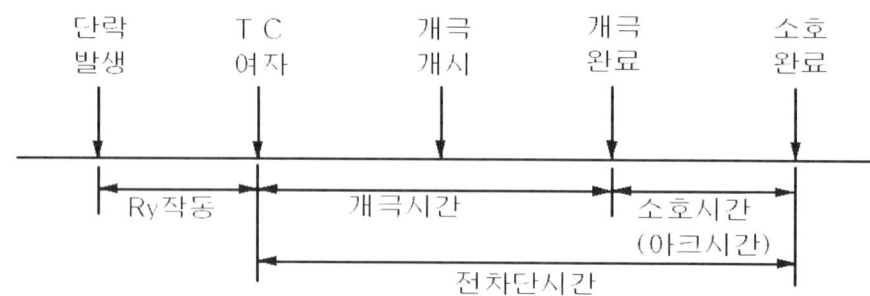

8. 차단 시간 (Breaking Time)(Interrupting Time)
   - 개극시간과 아크시간을 합한 것
   - 한전 표준

정격전압(kv)	7.2	25.8	170	362	800
정격차단시간 (Cycle)	5	5	3	3	2

9. 투입시간 (Closing Time)
   차단기가 여자된 순간부터 접촉자가 접촉할 때까지의 시간.

10. 동작 책무 (Duty Cycle)
    - 규정된 회로조건에서 정격 차단 전류 및 정격 투입 전류를 차단 또는 투입 할 수 있는 조건과 횟수

기 준	구 분	동작 책무
KSC 4611 고압 교류 차단기	B형	CO - 15초 - CO
	A형	O - 1분 - CO - 3분 - CO
	C형	O - 0.3초 - CO - 3분 - CO
ES150(한전 표준) I E C	일반	CO - 15초 - CO
	고속재폐로용	O - 0.3초 - CO - 3분 - CO

11. 차단 전류 (Breaking Current)(Interrupting Current)

차단기의 차단 순간에 각 극에 흐르는 전류를 말하며 차단 전류를 구체적으로 표현하면

(1) 대칭 차단전류(차단 전류중의 교류분) = $\dfrac{X}{\sqrt{2}}$

(2) 비대칭 차단전류 = $\sqrt{(\dfrac{X}{\sqrt{2}})^2 + Y^2}$

여기서   X : 교류분의 진폭
         Y : 직류분의 진폭

(3) 백분율 직류분 ($\dfrac{Y}{X}$) : 교류분의 진폭에 대한 직류분의 진폭 비

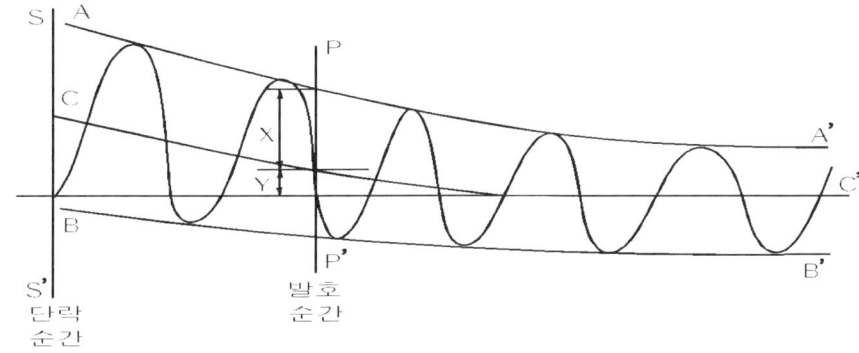

SS' : 단락순간   PP' : 개극순간(아크발생시각)
I : 차단전류
A-A', B-B' : 전류파의 포락선
CC' : AA' 및 BB'의 2등분선
X : 차단전류 중 교류분의 진폭   Y : 차단전류 중 직류분의 진폭

12. 정격 절연 강도 (Rated Insulation Level)
  - 절연물의 절연 특성을 나타내는 수치
  - 표준 내전압으로 나타낸다.

정격 전압(kv)	7.2	25.8	170	362	800
상용주파내전압 (kv. 실효치)	20	60(50)	325	450	830
뇌임펄스 내전압 (kv. 파고치 1.2/50μS)	60	150(125)	750	1,175	2,250

주. ( )내 수치는 옥내용에 적용

13. 제어 및 조작 전압
   - 차단기의 전기 조작 방식에는 Solenoid 방식 또는 전동 Motor 방식이 있음.
   - 교류 방식과 직류 방식 중 직류 방식이 많이 사용
   - 민수용은 DC110V가 주로 사용되고 한전에서는 DC 125V를 많이 사용함.

2.2.5 개폐 서지 현상 설명(재점호, 전류절단, 투입서지:74.4.4)
차단기 개폐서지 억제 방법(65.1.2)

1. 개 요
   1) 회로차단은 역율이 나쁠수록(전압과 전류의 위상이 클수록) 어려워지며, 이것은 전류 "0" 일 때 접점간 전압이 높기 때문이다.
   2) 충전전류(무부하 선로의 개폐), 진상 전류(전력용 콘덴서 개폐) 여자전류(무부하 변압기 개폐)의 개폐가 주로 문제됨.
   3) 개폐서지는 뇌서지에 비해 비록 파고값은 낮으나 지속시간이 수 ms로 비교적 길기 때문에 기기의 절연에 주는 영향을 무시할 수 없다.
   4) 과도 전류 : 모든 전기 설비의 전원 투입시에는 큰 전류가 흐르며 잠시 후 소정의 부하전류로 흐른다.
   과도 전류가 흐르는 순간 회로에는 과도 전압강하가 발생하게 되어 접촉자 개방, 전동기 감속 등의 중대한 문제가 발생할 수 있어 이러한 곳은 선로의 굵기 선정에 유의해야 한다.

2. 개폐시 현상

종류	현 상	대 책

충전 전류 개폐 서지	- 충전전류는 앞선 전류로서 차단하기는 쉽지만 재 점호를 일으키는 경우가 있고, 그때마다 서지에 의한 이상 전압이 발생한다.
	- 투입시
	  1) 과도전압 : 교류 전압 최대값의 2배 까지 나타난다.
	  2) 돌입전류 : $I_{max} = I_c \left(1 + \sqrt{\dfrac{X_c}{X_l}} \right)$. 약 5~6배
	  3) 돌입 주파수 $= f\sqrt{\dfrac{X_c}{X_L}}$
	- 차단시 : 재점호
	  차단과정 중 회복전압에 이르는 과정에서 과도전압 (재기전압)이 나타나게 되며, 재기 전압이 크면 차단기 접촉자 사이에 절연이 파괴되어 아크가 발생 하는 재 점호가 일어나며, 그 크기는 교류 전압 최대값의 약3배에 이르는 서지가 발생하며, 반복 재점호의 경우에는 최대 상전압의 약6~7배의 높은 전압이 발생 한다.
		1. 진공차단기, 공기차단기, 소유량 차단기 사용억제
		2. 진공차단기 등 서지 발생 차단기 설치시는 S.A를 차단기 차측에 설치
		3. 중성점 접지
		4. 차단속도를 빠르게 하여 재점호 방지

여자 전류 차단 서지	- 유도성(지연전류) 소전류 차단시 발생하는 서지로서 다음과 같은 2종류의 서지가 있다. 1) 전류 재단(절단) 서지 　변압기나 전동기가 소용량인 경우 서지가 더 심하며 진공 차단기 등 소호력이 강한 차단기로 차단시 전류가 자연 "0"점 전에 강제적으로 소호되는 현상 이상전압 $e = L \cdot \dfrac{di}{dt}$ (V) 2) 반복 재점호 서지 　전류 절단으로 서지 발생시 차단기의 극간 절연이 충분히 회복되지 않으면 재발호 현상이 나타나고 조건에 따라 발호, 소호가 짧은 시간에 여러번 반복되는 현상을 반복 재점호라 한다.	- 유도성 부하에 병렬로 적당한 콘덴서 설치 - 여자 전류값이 작아 DS로도 절단이 가능하면 DS설치하여 절단. - VCB : S.A 설치 - 소호력이 큰 진공차단기, 공기차단기, 극유량차단기 사용배제
고장 전류 차단 서지	- 중성점을 리액터접지 시킨 계통에서 고장전류는 90°에 가까운 지상 전류이다. 이것을 전류 영점에서 차단하면 차단기의 차단 전압이 상규 전압의 약 2배 이하로 걸릴 수 있다.	- 일반적으로 방지대책이 필요치 않으나 높은 값의 전압이 걸리는 경우에는 중성점에 저항접지를 실시
3상 비 동기 투입	- 차단기의 각상 전극은 정확히 동일한 시간에 투입되지 않고 근소하나마 시간적 차이가 있는 것이 보통이다. - 이 차이가 심한 경우는 상규 대지 전압의 3배 전후의 써지가 발생할 수 있다.	변압기 2차측에 콘덴서나 피뢰기 설치
고속 재 폐로 서지	- 재 폐로시에 선로의 잔류 전하에 의해 재 점호가 일어나면 큰 써지가 발생한다.	- 재투입시간을 늦게 한다. - 차단 후 선로의 잔류 전하를 대지로 방전시킨 후 재투입한다.
무 부하 선로 투입	- 무부하선로에 최대치 Em의 전원을 투입하면 전압의 진행파가 선로의 종단에 도달했을때 종단이 개방되어 있으므로 정반사하여 2Em의 이상전압이 발생한다.	2배 정도의 이상전압이므로 특별한 대책은 강구하지 않는다.

< 참고 >
1) 充電電流의 遮斷 메카니즘

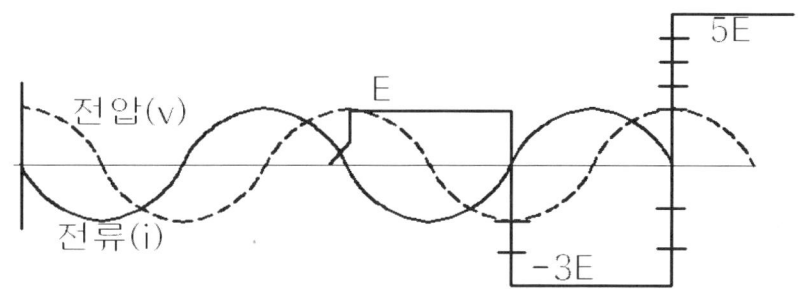

(1) 충전전류는 전압보다 90°앞선 진상전류로 아크전압과 회복전압의 위상이 동상이므로 재기전압은 낮아서 아크는 쉽게 꺼진다.
(2) 그러나 전류가 "0"점이 되는 순간 차단기를 개방하면 선로(부하)측 전극은 Em으로 충전된 상태의 잔류전하가 존재하고 있다.
(3) 한편 전원 측 전압도 차단된 순간은 Em이나 $\frac{1}{2}Cy$ 후에는 전원전압이 - Em이 되어 개폐기 전극간 전압은 2 Em이 된다.
(4) 이때 개폐기 전극간 절연내력이 2 Em에 견디지 못하면 절연이 파괴되어 Arc가 발생하는데 이것을 재점호(Reignition)라 한다.
(5) 이때 - Em을 중심으로 2Em을 진폭으로 하는 고주파진동($f=\frac{1}{2\pi\sqrt{LC}}$)이 일어나 -3Em의 이상 전압이 된다.
(6) 다음 $\frac{1}{2}Cy$ 후에 전극간 절연이 불충분하면 4Em을 중심으로 고주파 진동이 일어나 5Em의 이상 전압이 발생하고
(7) 이 현상이 이론적으로 -7Em, 9Em으로 계속되나 실제 회로에서는 선로정수(R,L,C) 및 중성점 접지에 의하여 제한되기 때문에 대지 전압의 3.5배 이하의 이상전압이 발생하고 그 시간도 0.5Cy 이내에서 종료된다.
(8) 영향
   - 과전압으로 콘덴서나 모선의 접속기기의 절연파괴
   - 특히 직렬 리액터의 층간 절연이 우려 됨.
(9) 방지대책
   - 절연 회복 성능이 빠른 개폐기 선정
   - 대용량 : 방전 코일 설치 (개방 후 5초 이내 50V 이하로 방전)
     소용량 : 방전 저항 설치 (개방 후 3분 이내 75V 이하로 방전)
                         (개방 후 5분 이내 50V 이하로 방전)
   - 중성점을 임피던스 접지

2) 단락 전류의 차단

단락전류는 전압보다 90°가까이 뒤지는 지상전류이며, 아크전압과 회복전압의 위상이 반대이고, 아크가 꺼지는 순간 회복전압의 파형이 최대치가 되어 높은 재기전압으로 나타나 끊기가 어렵다.

그러나 일단 끊어진 뒤에는 재 점호가 없고, 끊어지는 순간 과도진동에 의해 서지가 발생된다.

3) 직류차단
   (1) 직류는 맥류이므로 전류 0점이 없어 차단시 전류 절단현상이 발생하여 강한 Arc와 큰 폭발음이 발생된다.
   (2) 직류 차단기로는 보통 High Speed CB가 사용된다.
   (3) 방지 대책 ; 차단점 접촉자간에 바리스터나 ZNR 삽입한다.

4) 각 차단기 현상
   (1) 유입차단기
       아크 저항은 부 특성으로 온도가 저하하면 저항은 높아지므로, 아크를 냉각시켜 R이 커지면 I가 작아져서 전류 0점에서 소호된다.
   (2) 진공 차단기
   (3) Arc를 진공으로 흡입하여 소호시켜 차단한다.
   (4) 전류 0 점이 아닌 부분에서도 소호되어 큰 Surge가 발생한다.
   (5) 가스 차단기
   (6) SF_6 Gas는 전자 친화력이 커서 아크 소호가 잘된다.
   (7) SF_6 Gas는 아크 시정수가 작아 대전류 차단에 우수하다.
   (8) 자기 차단기
       아크 길이를 길게 해서 단락회로의 저항을 크게 하여 전류를 차단한다.
       ($R = \rho \dfrac{l}{s} \Rightarrow R \propto l$, $I = \dfrac{V}{R}$)

2.2.6 개폐서지 억제 대책(65.1.2)

1. 개요

   최근에는 특고 계통의 차단기로 VCB를 많이 사용하는데 VCB는 개폐 써지가 많이 발생하므로 써지에 대한 대책이 필요하다.

2. 개폐서지 억제 대책

   1) 저 써지용 차단기 사용
      - 절연 회복 특성이 우수한 접촉자 사용
      - 재단 전류가 작은 접촉자 사용
      - 접촉자의 개방 속도를 빠르게 하는 방법 등이 있음.

   2) 써지 억제 기기 및 부품

      (1) C-R Suppresser
      - 콘덴서C 와 저항R 로 되어있다.
      - C는 전류 차단후 접촉자 사이에 나타나는 전압의 승치를 낮게하여 재발호 발생을 억제하며
      - R은 재 발호시에 고주파 전류를 소비시켜 다중 재호와 3상 동시 재단의 발생을 억제한다.
      - 용도 : 전동기 보호에 적합.

      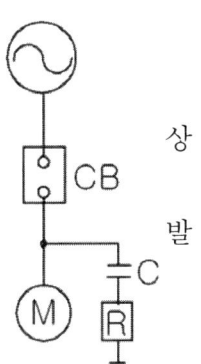

      (2) 써지 흡수기(SA)
      - 제한전압 이상의 전압은 방전캡을 통하여 방전시킨다.
      - 써지 전압은 뇌써지에 비하여 파고치는 낮지만 지속시간이 길기 때문에 이 특성에 맞게 제작됨.
      - 진공 차단기의 부하측에 설치
      - SA는 이상 전압 억제 기능은 없기 때문에 유도전동기에 사용시 C-R 서프레셔에 비하여 불리함.

      (3) 콘덴서
      - 써지 임피던스(서지 임피던스 $Z = \sqrt{\dfrac{L}{C}}$)를 작게하여 써지전압 ($V_m = \sqrt{\dfrac{L}{C}} \cdot I_c$)이 낮게 발생되도록 하고 써지 전압을 완만하게 하여 재점호를 방지하는데 효과가 있으나 고주파전류 억제기능은 없음.

(4) 리액터 설치
 - 용량성 서지에 대하여는 리액터를 설치하여 서지 억제

(5) 중성점 접지
 - 중성점을 접지하면 대지 전위가 내려가 서지가 억제된다.

(6) 잔류 전하 신속 방전
 - 고속 재폐로시 발생하는 서지는 회로의 잔류 전하가 주원인이므로 잔류 전하를 신속하게 방전시키면 서지전압이 낮아진다.

(7) 3상 비동기 투입방지 등

2.2.7 S A (Surge Absorbor) (74.1.13)

1. 개요

   S A는 피뢰기와 비슷한 구조로 개폐 써지와 같은 과도 이상전압에 변압기나 전동기 등 내전압이 낮은 기기보호를 위해 설치한다.
   L A : 뇌서지 등 파고치가 높고 이상전압의 지속시간이 짧은 곳에 사용
   S A : 개폐써지 등 파고치가 낮고 이상전압의 지속시간이 긴 곳에 사용

구 분	파고치	파두장*파미장
뇌 서지	높다.	1.2 * 50 µs 정도 (짧다.)
개폐 서지	낮다.	250 * 2500 µs 정도 (길다.)

2. S A 정격

공칭 전압(KV)	3.3	6.6	22.9
정격 전압(KV)	4.5	7.5	18
공칭 방전전류(KA)	5	5	5

3. S A 종류 및 용도
   1) C-R TYPE : 전동기나 발전기 보호용
   2) GAP TYPE 및 GAPLESS TYPE : 변압기 보호
   3) Zn O TYPE : 전동기 보호

4. S A 선정시 고려사항
   1) S A 방전 개시 전압
      발생 써지 크기는 기기BIL의 85% 이하가 되도록 하며 15% 여유를 합하여 방전개시전압 = 기기의 BIL * 0.85 * 0.85(KV) 정도로 선정한다.
   2) 상시 전압에서 누설 전류가 적을 것
   3) 방전 전류에 견디고 계통 고장에 의한 과전압에 견딜 것.

5. 설치위치 및 설치 대상
   1) 설치위치
      피보호기기 전단 또는 개폐서지 발생 차단기 2차 각상 전로와 대지간

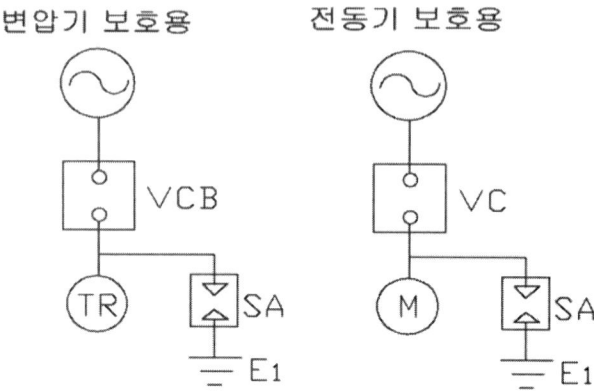

2) 설치 대상

차단기 종류		VCB		
전압 등급		3KV	6KV	20KV
전동기		적용	적용	-
변압기	유입식	불필요	불필요	불필요
	몰드식, 건식	적용	적용	적용
변압기+전동기 혼합		적용	적용	-

2.2.8 트립프리

1. 트립프리 (Trip Free)란?
   1) 접촉자의 접촉에 의하여 주회로가 계속 통전상태 일 때,
   2) 투입 신호가 지속 되더라도 트립 신호에 의하여 그 차단기를 트립 할 수 있어야 하며 (트립 프리 또는 트립 우선장치)
   3) 트립프리에 의해 트립이 완료되면, 지속적으로 투입 지령을 주더라도 재차 투입이 되지 않고
   4) 투입 신호를 해제한 후 다시 투입 신호를 주었을 때만 투입 동작을 하는 것 (펌핑 방지 장치)

2. Trip Free 방식
   1) 기계적 트립프리
      투입기구가 전기적으로 투입측에 있어도 트립 기구가 동작하면 차단기를 트립 시킬 수 있는 것.
      즉, 차단기 조작 로드, 피스톤, 전동기 등의 연결 기구를 풀어서 투입 동작을 하지 못하도록 한 것.

   2) 전기적 트립프리
      (1) 투입 회로가 여자 되어 있어도 트립 기구가 여자되면 차단기를 트립 시킬 수 있고
      (2) 투입 회로를 닫아둔 채로 있어도 재투입하지 않는 것.
      (3) 투입 회로를 트립프리 계전기(Y)에 의해 개로 되도록 함.

   3) 공기적 트립프리
      압축 공기 투입 방식으로 압축 공기에 의한 트립 프리 기구를 가진 것.

3. 펌핑 방지 장치 (Anti-pumping)
   - 트립이 완료 된 후 계속적으로 투입 지령을 주더라도 재차 투입동작을 하지 않고
   - 일단 투입 신호를 해제한 후 다시 투입 신호를 주었을 때 비로소 투입 동작을 하는 것.

4. 기본 회로 및 동작 원리

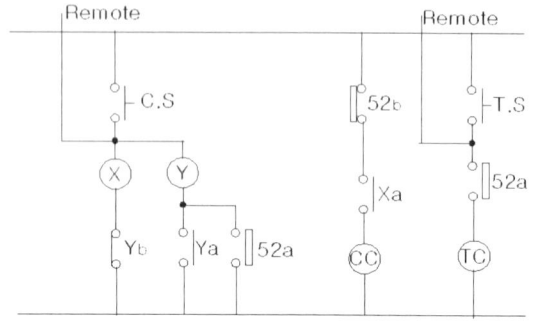

C.S : Closing SW
T.S : Tripping SW
CC : Closing Coil
TC : Trip Coil
 X : 투입 계전기
 Y : 펌핑 방지
     (트립프리) 계전기

1) 투입용 CS를 닫으면 X동작->차단기가 투입 완료->보조접점 52a가 붙는다.
2) 52a 접점에 의하여 펌핑 방지 계전기 Y가 동작하여 투입 계전기 X를 소자시켜 CC를 끊는다.
3) 이때 차단기에 트립 동작을 하면 52a 접점이 다시 열리지만 52a 접점과 병렬로 연결된 Y 접점이 붙어 있기 때문에
4) Closing회로가 계속 닫혀있어도 Y가 계속 여자 되어 X가 떨어져 있다.
5) 따라서 CC 가 동작하지 않는다.
6) 만약 Y 접점이 없는 상태에서 52a 접점이 열리면 Y 계전기가 끊어지므로 X 계전기가 동작하여 다시 CC가 동작하고 차단기가 투입한다.
7) 즉, 투입, 차단 신호가 동시에 들어갈 때 Y 계전기가 없으면 투입, 차단의 동작이 반복된다.
8) 이 동작을 펌핑이라 하는데 펌핑 방지 회로는 이 펌핑 작용을 방지하기 위하여 반드시 필요하다.

2.2.9 VCB와 PF의 차단 용량 결정시 비대칭 전류에 의한 영향 (52.2.3)

1. 개요

   VCB는 진공의 높은 절연 내력을 이용하여 부하전류를 개폐함과 동시에 이상 상태 발생시에 신속히 회로를 차단하여 전선로와 전기기기를 보호하여 안전을 유지하기 위한 차단기이다.

   또한 PF는 부하전류를 안전하게 통전하고, TR돌입전류나 모터 기동전류와 같은 과도 전류에 용단되지 말아야 하며 과부하 보다는 단락 전류 차단이 주목적이다.

   여기에서는 VCB와 PF의 기능, 특징, 차단용량 결정시 비대칭 전류의 영향, 도입시 유의사항 등에 대해 살펴보기로 한다.

2. VCB와 PF 기능비교

기능 종류	회로 분리(부하개폐)		사고 차단		비 고
	무부하	부하	과부하	단락	
VCB	O	O	O	O	O : 가능
P F	O	X	X	O	X : 불가

3. 특징 비교

   1) VCB 특징

장 점	단 점
1. 차단 성능 우수하고 고속 차단 가능 2. 구조가 간단하고 소형, 경량 3. 난연성, 장수명, 유지보수성 우수 4. 무공해	1. 개폐 서지 발생 2. 가격이 고가인 편임.

   2) P F 특징

장 점	단 점
1. 가격이 싸고 소형 경량 2. 변성기, 계전기 등이 불필요 3. 큰 차단 용량 4. 고속 차단 5. 한류 특성 우수. 후비 보호 특성 우수	1. 용단시 재사용 불가 2. 동작 시간 조정 불가 3. 비보호 영역이 있으며 결상우려 4. 한류 차단시 과전압 발생 우려 5. 비접지 계통에서 지락 보호 불가

4. 차단 용량 결정시 비대칭 전류 영향
   1) 전력 계통에서 사고 전류는 교류분과 직류분이 합쳐진 비대칭 전류가 흐르며, 이 비대칭 전류는 선로정수 R, L, C, G에 따라 과도적으로 변화 한다.

   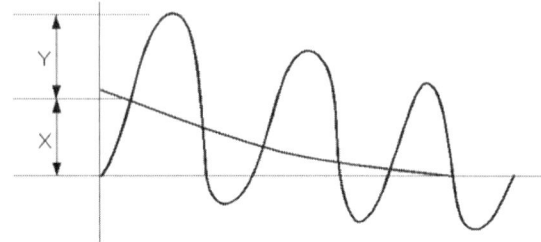

   2) 그림에서와 같이 직류분은 X/R 값에 따라 급속히 감쇄하여 소멸한다.

   3) 차단기와 PF는 차단시간이 다르므로 1/2Cy만에 차단하는 PF는 비대칭 값을 적용해야 하지만

   4) 차단기는 차단시간이 3~8Cy이므로 직류분을 포함하지 않은 대칭 전류분을 적용하면 된다.

   대칭 전류 실효값 $I_s = \dfrac{X}{\sqrt{2}}$

   VCB, ACB, MCCB 등 적용

   5) 비대칭 전류 실효값 $I_{as} = I_s * K$
   $= \sqrt{(\dfrac{X}{\sqrt{2}})^2 + Y^2}$

   여기서 K : 비대칭 계수이며 X/R 값에 따라 결정된다.
   PF, CT, CABLE 등 선정시 적용
   - 비 대칭치와 대칭치의 비는 회로 역율이 나쁠수록 크지만 PF는 일반적으로 1.6으로 한다.

2.2.10. 저압 회로의 과전류 보호 종류(58.2.1)

1. ACB(기중차단기)
    (1) 600V 이하의 저압전로 MAIN 차단기로 주로 사용하며
    (2) 단락 및 과부하, 지락보호가 가능하고
    (3) CT, OCR, OCGR 등과 조합하여 보호한다.
    (4) 특성
        - 절연 소호 방식 : Air
        - 정격 : AC 600V. 630A ~ 5,000 A
        - 용도 : 저압, 대 전류용
        - 기구 : 별도의 투입 및 트립 장치 부가

종 류	단 락	과 부 하	지 락
F U S E	O	X	X
A C B	O	O	O
M C C B	O	O	X
E L B	X	O	O

2. MCCB
    (1) 보호장치와 개폐기구가 동일 Case에 몰딩 되어 있으며
    (2) 과전류와 단락 보호가 가능하고
    (3) 보호회로 구성은
        - 선택 차단 방식과
        - 캐스케이드 보호방식이 있다.
    (4) 특성
        - 차단 정격 : 최대 600V에서 120KA
        - 종류 : 차단 용량에 따라 경제형, 표준형, 고차단형
        - 동작 특성 : 열동식, 전자식
        - 최근 가변 조정형 시판(ACB 동작 특성과 유사)

3. ELB(누전차단기)
    (1) 선로의 누전 전류를 검출하여 회로 차단
    (2) 용도별, 감도별, 동작시간별로 분류된다.
    (3) ELB 이용 목적

- 감전 보호
- 전기 화재 보호 등

4. 저압 FUSE
    (1) 저압 전원측이나 기기에 설치하여 선로나 기기를 보호하며
    (2) 종류에는 통형, 선형, 판형 등이 있다.
    (3) 특성
        - 결상 발생 우려
        - 동작 시간 (판단기준 38조)
        * 110% 견디고
        * 160% ~ 200% 의 전류에서 규정한 시간 내에 TRIP 되어야 한다.

5. MG SW + TH
    - 전동기 개폐에 주로 사용
    - 최근에는 조명 제어시 조명용으로도 많이 사용
    - 49Ry와 조합하여 과부하 결상 보호
    - 동작 전압 : 정격 전압의 85~110%에서 안정
    - 단점 : 차단 능력이 없다.

2.2.11 배선용 차단기 설치 기준 (62.2.1)

1. 과전류 차단기 설치 기준(내선규정 1470 호)
    - 인입구 근처
    - 저압 옥내 간선 전원측
    - 분기시 3m 이내

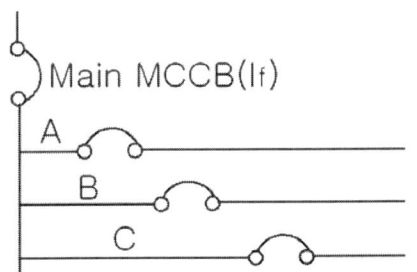

A : 3m 이내 원칙
B : 부하간선이 모선 MCCB 정격 전류의 35~55% 일 때는 8m 이내
C : 부하간선이 모선 MCCB 정격 전류의 55% 이상일 때는 조건 없음.

2. 동작 시간 (전기설비 판단기준 38조)

구 분		배선용 차단기	FUSE
과부하보호	부동작 범위	정격전류의 1배에서 자동적으로 동작하지 않을 것	정격전류의 1.1배에서 견딜것
	동작 범위	- 정격전류의 1.25배 : 전류의 크기에 따라 60~120분 내에 자동적으로 동작할 것 - 정격전류의 2배 전류의 크기에 따라 2 ~ 24분 내에 자동적으로 동작할 것	- 정격전류의 1.6배 : 전류의 크기에 따라 60~240분내 용단될 것 - 정격전류의 2배 : 전류의 크기에 따라 2 ~ 20분내 용단될 것
단락보호	부동작 범위	정격전류의 1배에서 자동적으로 동작하지 않을 것	정격전류의 1.3배에서 견딜것
	동작 범위	- 정정값 : 정격전류의 13배 이하 - 정정전류값의 1.2배에서 0.2초 이내 동작할 것	- 정격전류의 10배 : 20초내에 용단될 것

2.2.12 배선용 차단기 단락 보호 협조 방식 설명(72.2.2)

1. 개요

   저압 계통의 배선용 차단기의 단락보호 협조방식으로는 선택 차단방식과 Cascading 차단 방식(관련 법규 : 기술 기준 판단 기준 제 38조)의 두 가지가 있으며, 정전 신뢰성과 경제성 측면에서 대조적인 측면이 있다.
   따라서 부하의 내용과 성질 등에 따라 차단방식을 고려해야 한다.

2. 단락 보호 방식

구 분	선택 차단 방식	Cascading 차단방식
1.착안점	정전 신뢰성	경제성
2.정전구간	사고 회로	전 구간
3.분기차단기 차단 용량	커짐	작게 할 수 있음
4.적용 회로	사고 회로 이외의 확대 차단이 위험한 장소(소방용 전원 등)	확대 차단이 가능 한 곳 차단 용량 10KA 이상 회로
5.차단 방법	- 선로 사고시 주차단기는 동작하지 않고 분기차단기만 동작시킴. - 이때 주차단기 MCCB1과 사고 이외의 분기차단기 MCCB3는 동작하지 않음	- 분기 차단기의 설치점의 추정 단락전류가 분기차단기 차단용량보다 큰 경우에 후비 보호(Back Up)를 주차 단기로 하는 방식 - 주 차단기의 차단 시간이 분기 차단기의 차단 시간과 같거나 빨라야 함. - 최대 단락 전류가 10KA를 초과하는 경우 분기 차단기의 차단용량을 10KA로 하고 상위 차단기와 보호 협조를 할 수 있음.

6.동작특성		- S점 사고시 　tb초 후 : MCCB 2 동작 　tc초 후 : 완전차단 - MCCB 2 (분기차단기) 자체로 선로 차단 용량을 가져야 하므로 차단 용량이 커야함	- S 점에 큰 단락 전류 발생시 　ta초 후 : MCCB1이 개극 　tb초 후 : MCCB2의 개극 　tc초 후 : 완전차단(전차단시간) - 주 차단기로 단락 전류 제한하여 파고치 Ip를 억제함과 동시에 아크 에너지를 분담함으로 분기차단기의 차단 용량을 줄임
		(그래프: MCCB1, MCCB2 동작시간-전류 특성 및 통과전류 파형, tb, tc 표시)	(그래프: MCCB1, MCCB2 동작시간-전류 특성 및 추정단락전류, 통과전류 파형, ta, tb, tc 표시)
7.협조조건		- 분기 차단기 전 차단 시간 : 주 차단기 동작 시간 미만 - 분기 차단기의 전자 TRIP 전류 값 : 주 차단기의 단한시 PICK UP 전류 보다 작을 것. - 분기차단기 설치점의 단락 전류 : 분기차단기의 차단용량을 초과하지 않을 것 - 주 차단기 설치점의 단락전류 : 주 차단기의 차단 용량을 초과하지 않을 것.	- CB2의 차단용량 이상의 단락사고시 : CB1의 개극시간이 CB2의 개극시간 보다 빠를 것. - CB1의 차단용량이 사고지점의 단락용량보다 클 것. - 통과 에너지 $I^2 t$ 가 CB2의 열적 강도를 넘지 않을 것. - 통과 전류 파고값이 CB2의 기계적강도 값을 넘지 않을 것 - CB2의 아크 에너지가 CB2의 허용 값을 넘지 않을 것.

2.2.13 누전차단기

누전 차단기의 설치 목적, 종류, 설치장소, 설치방법 설명(63.3.2)
ELB선정 방법(74.2.3)
누전차단기 구성도, 설치장소, 트립시 조사방법(83.1.2)(84.3.6)

1. 누전차단기의 설치목적
   1) 인체에 대한 감전 보호
   2) 누전에 의한 화재 보호
   3) 전기 기계 기구의 손상을 방지
   4) 다른 계통으로의 사고 파급 방지

2. 누전차단기
1) 구성도

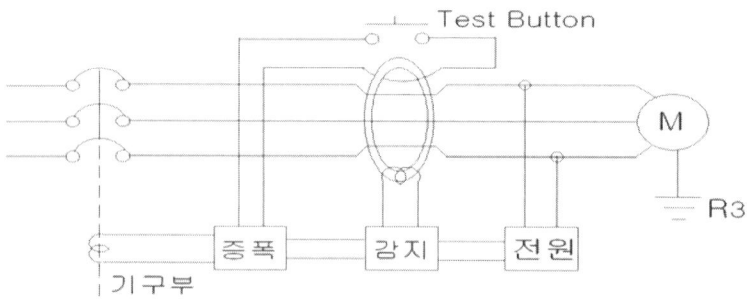

장 치	내 용
소호장치	전류차단시 발생되는 아크를 소호하는 장치
과전류 트립장치	과전류발생시 이를 검출 차단하는 장치
개폐기구	투입과 차단을 행하는 장치
테스트버튼	누전차단기의 차단특성을 확인 점검하는 장치
누전 트립장치	ZCT로 누전을 검출 차단하는 장치

2) 동작 원리

동작의 종류	동작원리
지락 시	지락 →ZCT검출→ 증폭 →구동 →트립(전자식)
과부하시	내장된 Mechanism을 이용하여 검출.
테스트 버튼	지락회로를 구성하여 고의로 영상전류 발생
Surge 시	서지흡수회로가 내장되어 서지전압이 인가되지 않는다.

3) 누전차단기의 종류
  (1) 보호 목적에 따라
    - 지락 보호 전용
    - 지락 및 과부하 겸용
    - 지락, 과부하, 단락 겸용
  (2) 동작 시간에 따라
    ㅇ 고속형 - 감전방지가 주목적이다
    ㅇ 시연형 - 동작시한을 임의 조정
          가능. 보안상 즉시 차단
          하여서는 아니 되는 시설물, 계통의 모선
    ㅇ 반한시형-지락전류에 반비례하여 동작. 접촉전압의 상승 억제하는 것이 주목적
  (3) 감도에 따라
    - 고감도형 (30mA이하): 인체의 감전 보호 목적
    - 중감도형 (50~1000mA) : 누전 화재 목적
    - 저감도형 (3000mA 이상) : 사용 거의 안함

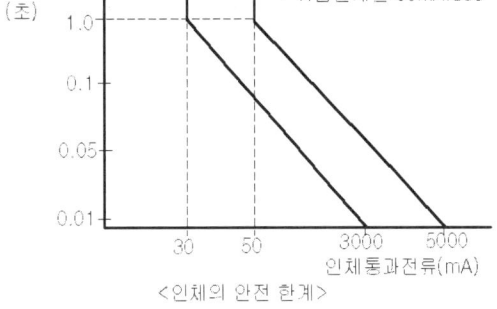
<인체의 안전 한계>

구 분		정격감도 전류 (mA)	동 작 시 간
고 감도형	고속형	5 10 15 30	정격감도전류에서 0.1초 이내, 인체 감전 보호형은 0.03초 이내
	시연형		정격감도전류에서 0.1초를 초과하고 2초 이내
	반한시형		정격감도전류에서 0.2초를 초과하고 2초 이내 정격감도전류 1.4배의 전류에서 0.1초를 초과하고 0.5초 이내 정격감도전류 4.4배의 전류에서 0.05초 이내
중 감도형	고속형	50,100, 200	정격감도전류에서 0.1초 이내
	시연형	500,1000	정격감도전류에서 0.1초를 초과하고 2초 이내
저 감도형	고속형	3000, 5000 10,000 20,000	정격감도전류에서 0.1초 이내
	시연형		정격감도전류에서 0.1초를 초과하고 2초 이내

4) 누전차단기 설치 장소 (기술기준)
  가. 필히 설치해야 하는 장소
    1) 풀용, 수중조명등 : 절연변압기 2차측 사용전압이 30V를 초과하는 것
    2) 사람이 쉽게 접촉할 우려가 있는 사용전압 60V를 초과하는 금속제외 함

3) 주택의 옥내 대지전압이 150V를 넘고 300V 이하인 저압전로 인입구
4) 대지전압 150V를 넘는 이동형 전동기기를 물 등 도전성 액체로 인하여 습기가 많은 장소에 시설하는 경우 : 고감도형 누전차단기 설치
5) 특고압, 고압 전로의 변압기에 결합되는 대지전압 400V를 초과하는 저압 전로
6) 화약고 내의 전기공작물에 전기를 공급하는 전로 : 화약고 이외의 장소에 설치
7) Floor Heating 및 Load Heating 등으로 난방 또는 결빙방지를 위한 발열선 인입구
8) 전기온상 등에 전기를 공급하는 경우.

나. 권장되는 장소
  ○ 습기가 많은 장소에 시설하는 전로
  ○ 옥외시설 전선로로 사람이 닿기 쉬운 장소에 시설하는 전로
  ○ 건축공사 등으로 가설한 전로
  ○ 아케이드 조명설비
  ○ 가공전식에 전기를 공급하는 전로

다. 누전차단기를 생략할 수 있는 장소
  ○ 발, 변전소나 이에 준하는 장소(항상 누설전류)
  ○ 계통이 매우 긴 저압전로, 회로 차단이 심각한 상태가 되는 전로
  ○ 저압, 고압전로에서 이들의 정지가 공공안전 확보에 지장을 초래하는 경우
    (비상용 조명장치, 유도등, 비상용승강기, 철도용 신호장치 등)
  ○ 접지저항 3Ω이하.
  ○ 건조한 장소
  ○ 2중 절연구조의 전기기구.
  ○ 기술상 절연이 불가능 한 경우(전기 욕기, 전기로, 전해조 등)

라. 설치하면 안 되는 장소
  - 온도가 높은 장소
  - 습기가 많거나 물기가 많은 장소
  - 진동이 많은 장소
  - 점검이 쉽지 않은 장소
5) 누전 차단기 설치시 고려사항
  - 원칙적으로 해당기기에 내장 또는 배, 분전반 내에 설치할 것.

- 정격 전류 용량은 당해 전로 부하 전류 이상일 것
- 감도 전류가 너무 예민하여 정상상태에서 불필요하게 동작하지 않을 것
- 영상 변류기를 옥외에 설치 할 경우 방수형이나 방수함을 사용할 것
- ZCT를 케이블의 부하측에 시설할 경우 접지선은 관통시키지 말고, 전원측에 설치시에는 반드시 접지선을 ZCT에 관통 시킬 것.(ZCT 참고)
- 누전차단기를 병렬로 사용하면 내부저항 차이로 불평형이 생겨 오동작 발생함.
- 누전 차단기를 사용한 전동기와 사용하지 않은 전동기의 접지선은 공용하지 말 것.
- 누전 차단기에 거리가 긴 케이블을 사용시 대지정전용량에 의한 충전전류로 오동작 발생

6) 트립시 조사방법(83.1.2)
(1) 누전 차단기 이상 동작시 조사방법

이상 상태	원 인	조치 사항
투입과 동시에 누전 표시버튼이 돌출 (누전기구 동작)	- 배선이 길어 대지 정전 용량이 커짐에 따라 누설전류 발생	* 누전차단기를 부하 가까이 설치 * 정격 감도 조절
	- 누전차단기 병렬접속 - 중성선 오결선	* 결선 상태 확인
사용중에 동작	- 과대한 서지 유입	* S.A를 전로에 설치
	- 유도 노이즈 침입	* 노이즈 발생원 제거

(2) 사전 점검 사항

점검 사항	점검 요령	조치 사항
단자의 나사 풀림	- 단자의 나사, 전선 조임 나사 등이 풀리지 않았나 확인 - 표준 공구 사용	- 나사의 재질 및 크기에 대한 규정 토오크로 조일 것
먼지	- 배선용 차단기의 표면, 특히 전원측 표면에 먼지, 기름 등이 쌓여있는지 확인	- 클리너로 먼지를 제거하거나 헝겊으로 닦아낸다. - 중성세제를 사용 (부식성세제 사용금지)
개폐	- 상시 폐로된 차단기는 수회 개폐하여 그리스의 경화 등에 따른 마찰증가를 방지 - 접점의 약동작용에 따른 접촉 저항을 안정시킨다.	- 개폐가 유연하지 않은 것은 교체 또는 보수
절연	- 절연 저항계로 상간 및 대지 간의 절연저항을 측정	- 5MΩ이하의 것은 원칙적으로 신품으로 교환하고 저항이 저하된 원인을 조사한다.

2.3.1. POWER FUSE
파워 퓨즈 선정시 고려사항(78.2.6)
전력 퓨즈의 용도를 적고 타 개폐기와 비교 설명(81.1.13)

1. 개요

   P.F 는 차단기 보다 가격이 저렴하고 소형 경량이며, 릴레이나 변성기가 필요 없고 현저한 한류 특성을 가지고 있어 적은 설치비를 요구하는 장소에 많이 사용하며 크게 옥외용(비한류형)과 옥내용(한류형)으로 구분한다.

2. 종류

No.	구 분	한 류 형	비 한 류 형
1	소 호 재 료	규소	붕산, 화이버
2	차 단 점	전압 "0"점	전류 "0"점
3	차 단 원 리	높은 아크 저항을 발생하여 차단	소호가스로 극간 절연내력을 재기 전압 이상으로 높여 차단
4	용 도	옥내용	옥외, 옥내용
5	장 점	1. 차단용량 크다(40kA) 2. 한류 효과 크다 3. 무 방출	1. 과전압 발생 없음 2. 저가
6	단 점	1. 과전압 발생 2. 고가	1. 차단용량 작다(20kA) 2. 용단시 가스 발생 3. 소음 발생

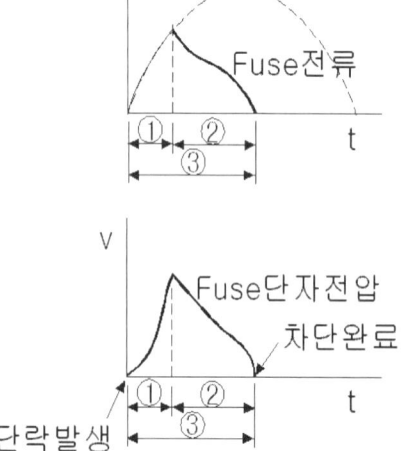

구 분	한류	비한류
① : 용단 시간	0.1Cy	0.1Cy
② : 아크 시간	0.4Cy	0.55Cy
③ : 전차단 시간	0.5Cy	0.65Cy

3. PF의 특성
  1) 허용시간 전류특성
     퓨즈의 소자를 정해진 조건으로 사용했을 경우 노화시키는 일이 없이 그 퓨즈에 흐를 수 있는 전류와 시간 관계를 나타내는 특성
  2) 용단시간 전류특성
     전류가 흐르기 시작해서 퓨즈가 용단되기까지 전류와 시간과의 관계를 나타내는 특성
  3) 동작시간 전류특성
     정격 전압이 인가된 상태에서 퓨즈에 과전류가 흘러 소자가 용단, 발호하고 아크가 소호하기까지 시간과 전류를 나타내는 것

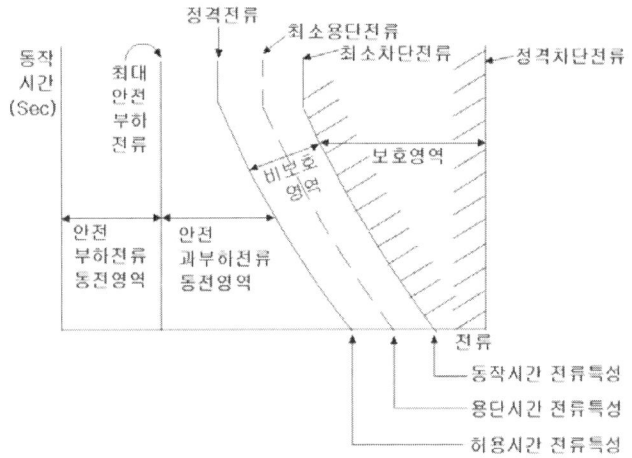

  4) 한류 특성
     퓨즈가 사고전류를 차단할 때 파고치에 이르기 전 한류 차단하는 특성
  5) $I^2 t$ 특성
     (1) 퓨즈에 전류가 흐르고 있는 어느 일정기간 중 전류 순시치의 2승 적분치를 지시하는 것이며, 용단시간중의 것을 **용단 $I^2 t$**, 차단 작동중의 것을 **작동 $I^2 t$** 라 한다.
     (2) 작동 $I^2 t$는 콘덴서 보호 또는 개폐기나 차단기 후비보호로 퓨즈를 사용할 경우 열적 응력을 검토할 때 적용한다.
  6) 안전 통전 영역(a)
     - 안전 부하 전류 통전 영역 (a_1) : Fuse 에 연속해서 통전되는 최대 안전 부하 전류 이하의 영역
     - 안전 과부하 전류 통전 영역(a_2) : 최대 안전 부하 전류와 단시간 허용 곡선 사이의 영역
  7) 보호 영역 (b) : 최소 차단 전류와 정격 차단 전류의 범위와 차단 곡선 우측 하단 곡선 사이의 영역

8) 비 보호 영역 (c) : 안전 통전 영역과 보호 영역 사이의 영역으로 P.F 로는 보호가 불가하여 다른 차단장치(CB, MCCB, 저압 FUSE등)로 보호해야 함.

4. 특징 (71.1.7)

퓨즈는 고압 퓨즈와 저압 퓨즈로 분류할 수 있고 차단용량이 커서 회로 보호에 널리 적용되고 있다.

고압 퓨즈는 소형이고 한류 특성이 좋아 차단기 역할을 대용하는 경제적인 차단기이다. 이러한 특징으로 다른 계폐기와 보호 협조를 이루어 안정적인 전력 공급을 수행하고 있으며 한류형과 비 한류형이 있다.

장 점	단 점
1. 차단용량 크고 한류 특성우수하다. 2. 차단기보다 가격이 저렴하다. 3. 소형, 경량이어서 설치 공간 축소된다. 4. 릴레이나 변성기가 불필요하다. 5. 고속 차단이 가능하다 6. 후비보호 능력이 우수하다. 7. 보수가 간단하다.	1. 1회성으로 재투입이 불가하다. 2. 과전류에서도 용단하는 경우가 발생 할 수 있다. 3. 동작시간 조정이 불가하다. 4. 열화가 진행 될 수 있다. 5. 비보호 영역이 있다 6. 결상 가능성이 있다. 7. 한류형은 과전압이 발생 할 수 있다. 8. 비접지계, 고저항 접지계에서는 지락보호가 불가하다.

5. 파워 퓨즈의 선정시 검토 사항

1) 정격 전압

공 칭 전 압 (KV)	퓨즈 정격 전압 =계통 최대 선간 전압	PF 최대 설계 전압
6.6	6.9 또는 7.5	8.25
22 또는 22.9	23	25.8
154	161	169

(1) PF의 정격전압은 접지 비접지 무관하고 계통 최대 선간 전압에 의해 선정한다.

(2) 계통 최대 선간 전압이 PF의 최대 설계전압보다 작아야 한다.
왜냐하면 PF용단시 용단된 PF 양단에 타 상의 전압이 인가될 경우와 용단시 이상 고전압 발생 등을 고려하기 때문이다.

2) 정격 차단 전류
PF가 차단할 수 있는 단락 전류의 최대값(KA)으로 PF는 일반적으로 비대칭값 / 대칭값 = 1.6 정도를 적용한다.
일반적으로 규격에는 여러 정격이 있으나 국내 시판용 PF는 한류형 40KA, 비 한류형 20KA가 주로 사용되고 있다.

3) 정격 전류
정격 전류 선정시 PF는 특히 주의해야 한다.
PF가 과부하 보호용 보다는 단락 보호용 이므로 보통 부하전류의 2배 정도 선정해야 한다.

6. 단점 보완 대책 (=선정시 유의사항)
  1) 과부하 적용 보다는 단락 보호 목적으로 사용할 것
   즉, 상시 부하 전류 또는 어느 정도의 과부하로는 용단되지 말 것.
  2) 변압기의 여자 돌입 전류(정격전류의 약8~12배)에 견딜 것
  3) 변압기 2차측 단락에는 동작 할 것
  4) 전동기 기동전류에 용단 되지 말 것
  5) 빈번한 개폐나 역전시 용단 되지 말 것
  6) 진상용 콘덴서 투입시 용단 되지 말 것
  7) 용단시 PF 교체 시간이 필요하므로 즉시 재투입이 필요한 부하는 사용해서는 않된다.
  8) 용도에 맞도록 선정할 것
    T형 : 변압기용   M형 : 전동기용
    G형 : 일반 부하용   C형 : 콘덴서용
  9) 타 보호기기와 보호 협조를 가질 것

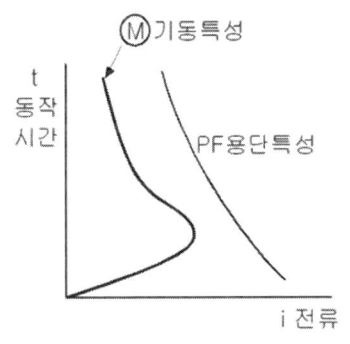

7. 전력 퓨즈의 용도를 적고 타 개폐기와 비교 설명(81.1.13)
 (1) PF의 용도
  1) 변압기 보호, 및 그 변압기 회로의 고장전류 차단
  2) 전동기 및 제어장치 회로의 고장전류 차단
  3) 전력용 콘덴서 단락시 콘덴서 보호 및 그 회로 보호
  4) 차단 용량이 부족한 차단기 및 개폐기의 Back-up보호
  5) 단락시 케이블 보호
  6) 기타 기기 및 회로의 단락 보호

(2) 타 개폐기와의 비교

기능	회로분리		사고차단	
	무부하	부하	과부하	단락
전력용 퓨즈	O			O
차단기	O	O	O	O
개폐기	O	O	O	
단로기	O			
전자접촉기	O	O	O	

(3) 용도별 선정 기준

  가. 변압기 보호용(T형)
    - 변압기의 허용 과부하에 Fuse가 용단 되지 않을 것
    - 단락 보호용은 전부하 전류의 2배로 선정
    - 변압기의 돌입 전류에 Fuse가 용단 되지 않을 것
    - 2차측 단락에 변압기를 보호 할 것
    - 타 보호 기기와 절연 협조를 가질 것

  나. 전동기 보호용(M형)
    - 전동기의 허용 과부하에 Fuse가 용단 되지 않을 것
    - 전동기의 기동 전류에 Fuse가 용단 되지 않을 것
    - 빈번한 기동과 역전을 할 때 그 반복전류로 용단되지 말 것

  다. 콘덴서 보호용(C형)
    - 콘덴서의 연속 최대 과부하 전류에 Fuse가 용단 되지 않을 것
    - 콘덴서의 돌입 전류에 Fuse가 용단 되지 않을 것

  라. 일반 부하용(G형)
    - 상시의 부하 전류를 안전하게 통전할 수 있어야 한다.
    - 과부하 및 과도 돌입전류는 단시간 허용 특성 이하 일 것
    - 반복 부하일 경우 충분한 여유를 가질 것

2.3.2 ASS 정격 및 특징 (71.1.3)(77.3.6)

1. 개요
　ASS(고장 구간 개폐기)는 수용가의 수전단에 설치하여 과부하, 단락, 지락 등의 고장사고 발생시 타기기(Recloser, 한전 차단기)와 협조하여 고장 구간만을 신속, 정확하게 차단 또는 개방하여 고장 구간의 확대를 방지하고 피해를 극소화시키기 위하여 설치한다.

2. 정격, 기능, 특징
　1) 정격
　　- 정격 전압 : 25.8 KV　　　- 정격 전류 : 200A
　　- 정격차단전류 : 800A　　　- 최대 Lock 전류 : 800A
　　- 정격차단용량 : 40MVA

　2) 기능
　(1) 부하 개폐기 기능
　　- 정격 전류에서 200회 개폐가 가능하며, 정격전류 이하의 부하전류에 대하여는 부하 전류가 적을수록 개폐회수 성능은 늘어나게 된다.
　　- 무부하 개폐 성능 : 1100회 정도
　(2) 고장 구간의 자동 분리 기능
　　공급 변전소의 CB 및 선로 Recloser와 협조하여 순간 정전 후 고장 구간을 자동 분리한다.
　(3) 과부하 및 지락 보호 기능
　　변압기 고장에 대해 내장된 OCR, OCGR에 의한 과부하 및 지락보호 기능을 가지고 있다.
　　최소동작전류는 1.5배에서 2.5초 이상의 강반한시 특성을 가지고 있으므로 변압기 여자전류, 순간적 과부하에 내성을 갖고 있다.
　(4) 돌입전류에 의한 오동작 방지 기능
　　최근의 ASS는 기존의 문제되었던 돌입 전류에 대한 오동작을 보완하여 다른 수용가 또는 전원측 선로의 고장으로 인해 후비 보호 장치가 동작할 때 발생하는 돌입전류로 인해 오동작 하지 않도록 되어 있다.
　(5) 경부하 운전시의 부동작 해결
　　기존의 전류방식의 경우 부하전류가 작은 상태에서 고장이 발생하면 돌입전류 억제기능이 해제되지 않아 ASS가 동작치 않을 수가 있으나 최근에는 전압 및 전류방식을 채택하여 이러한 문제를예방함.
　(6) 과전류 LOCK 기능
　　정격차단전류(800A) 이상의 고장 발생시 개폐기를 보호하면서 고장을 제거할 수 있도록 과전류 LOCK(800±10%) 기능을 가지고 있다.

(7) 기능 정정의 간편

최소동작 전류의 정정은 제어함에 부착된 Selector Switch의 선택에 의해서 내장된 OCR, OCGR과 자동으로 정합되므로 설비용량의 증가에 따른 재정정이 용이하다.

3) 특징
(1) 안전성이 높다.

수용가 차단기 1차 측의 기기나 모선 사고로 인한 사고 파급이 한전 선로에 영향을 주지 않으므로 한전은 수용가 측의 사고로 인한 정전 사고를 단축할 수 있다.
(2) 호환성

부하 용량 증가시 LBS로 교환이 가능하다.
(3) 경제성

비슷한 기능의 LBS에 비하여 가격이 저렴하다.
(4) 동작의 신속성

개폐조작은 스프링축력에 의한 구조이므로 확실하고 신속성이 있다.
(5) 문제점
 - 차단능력이 약함

차단 능력이 최대 900A밖에 되지 않아 단락 보호에 한계가 있다.
 - 과도 고장시 오동작 가능성

수용가에 낙뢰, 수목지락, 소동물 등으로 인한 과도 고장 전류가 흐를때 선로의 리크로져가 순시 동작할 때 완전 개방될 수 있다.

3. 설치 기준

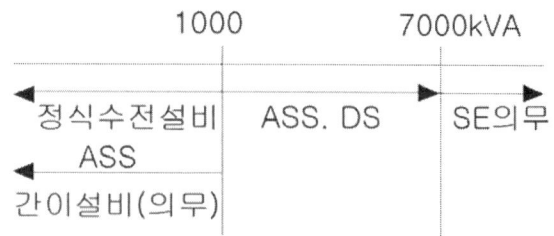

 - 내선 규정 3220에 의하여
 - 22.9 kV 7,000kVA 이하
  7,000kVA 초과시는 Sectionalizer를 사용해야 함
 - 간이 수전설비의 용량 1000KVA이하에는 의무적으로 설치하도록 규정됨.
 - 설치 장소
  전기 사업자 공급 선로 분기점
  수전실 구내 입구 및 자가용 선로 등

4. ASS 동작 협조
  1) 배전 계통의 Recloser와의 협조

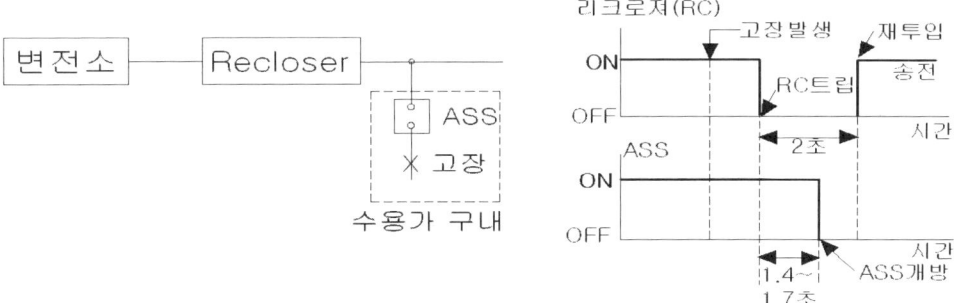

  (1) 수용가에서 800A 이상의 고장전류가 발생하면 한전의 배전 선로상에 설치된 Recloser가 이를 감지하여 Trip된다.
  (2) Recloser가 Open되면 ASS는 1.4초~1.7초(84~102Hz)의 개로 준비 시간을 거쳐 자동으로 Trip된다.
  (3) Trip된 Recloser는 약 120Hz후에 재투입되어 배전선로에서 고장 개소인 수용가는 분리시키고 송전 가능하다.

  2) 변전소 CB와의 보호 협조

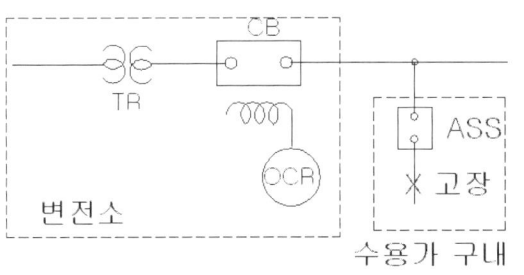 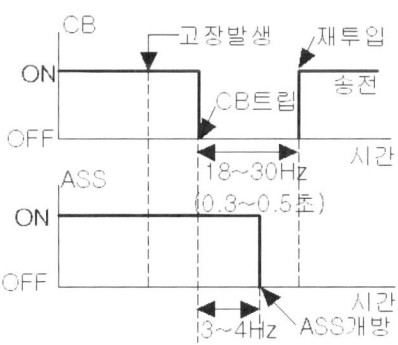

  (1) 수용가에서 800A 이상의 고장전류가 발생하면 변전소 차단기 Trip.
  (2) 차단기가 Trip되면 ASS는 3~4Hz의 개로준비시간을 거쳐 자동Trip
  (3) Trip 된 차단기는 약 18~30Hz후 재투입 되어 배전선로에서 고장 개소인 수용가는 분리시키고 송전가능

2.3.3 피뢰기 (내선규정 3250)

피뢰기의 설치 목적, 구조 및 구성, 정격선정, 설치위치, Gapless (63.4.5)
피뢰기의 성능, 위치, 선정시 고려사항, 제한전압, 정격전압, 방전내량(74.3.1)
피뢰기 공칭 방전 전류 정의 설명(68.1.1)
피뢰기의 충격비와 제한전압 설명(81.1.9)

1. 피뢰기 설치 목적

   피뢰기의 중요 책무는 선로에 발생하는 이상 전압을 대지로 방전시킴 으로써 기기의 절연이 파괴되지 않도록 하는데 있으며 자세히 설명하면 다음과 같다.
   - 외부 이상전압(유도뢰 등) 억제
   - 전기 기계기구의 절연보호
   - 이상전압을 대지로 방전시키고 속류 차단

2. 종류

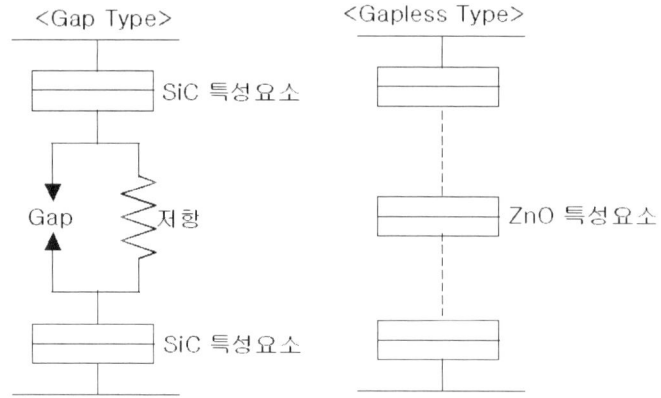

   1) GAP 형
   (1) 직렬 갭
      * 직렬갭은 정상시에는 대지에 대하여 절연을 유지토록 하여 방전을 억제 하지만
      * 이상전압 발생시는 이상전압을 대지로 방전시키는 특성을 가진다.
   (2) 특성 요소
      * 탄화규소(SiC)를 각종 결합체와 혼합하여 고온에서 소성하면 비저항 특성을 나타내는 원리 이용
      * 큰 방전전류에서는 저항값이 적어져 방전하여 제한 전압을 낮게 억제하고,

적은 방전전류에 대해서는 저항값이 높아져서 직렬 갭의 속류의 차단을 돕는다.
* 속류(Follow current) : 뇌전류 통과에 이어 대지 전압에 의해 전류가 흐르는 현상

2) GAPLESS 형
산화아연(ZnO)을 주성분으로 하는 피뢰기를 갭레스 피뢰기라하며 오른쪽 그림과 같이 Vo 이하에서는 거의 전류가 흐르지 않기 때문에, 선로의 교류전압의 최대 순시값을 이 전압보다도 작게 해 두면 직렬 갭을 따로 두어 속류를 차단할 필요가 없다.

< 갭레스형 피뢰기의 특징 >
특성요소의 뛰어난 비직선 저항곡선을 이용 하여 특성 요소만으로 제작되어 다음과 같은 특징이 있다.
* 직렬 갭이 없으므로 소형, 경량이고 구조 간단
* 동작이 확실하다.
* 불꽃 방전이 없어 방전에 따른 특성 요소가 변하지 않는다.
* 단점: 직렬 갭이 없어 사고시 피뢰기 내부 고장으로 지락사고로 이어질 가능성이 있다. (Disconnector 필요)

3. 동작 원리
1) 상용 주파전압에 이상전압이 더 하여져 방전 개시전압이 되면 방전개시
2) 방전 전류가 흐르고 있을 때 제한 전압 발생
3) 써지 전압 소멸 후에도 속류로 인해 도통 상태 지속되다가 일정값 이하에서 속류차단
4) 이러한 동작이 반 싸이클 내에 이루어 진다.
5) 종류에는 밸브형, 저항형, 밸브저항형, 갭레스형이 있으나 최근에는 주로 갭레스형이 많이 사용된다.

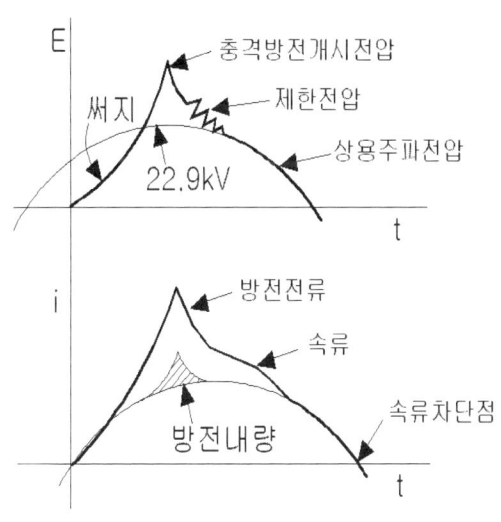

4. 피뢰기의 정격 선정
 1) 정격 전압 = 상용 주파 허용 단자전압
  - 양 단자간에 전압을 인가한 상태에서 규정 동작 회수를 수행 할 수 있는 상용 주파 전압.
  - 또한 속류를 차단할 수 있는 최대의 교류 전압(실효값).
  (1) 계산에 의한 방법
  가. 접지 계통

$$정격전압\ Er = \alpha\ \beta * \frac{Vm}{\sqrt{3}} = 1 * 1.15 * \frac{25.8}{\sqrt{3}} = 18\ (KV)$$

여기서 α : 접지 계수 = $\frac{고장중건전상의\ 최대\ 대지전압}{최대\ 선간\ 전압}$

(보통 1 적용)
β : 여유도 (1.15 적용)
Vm : 최고 허용 전압 (KV)

  나. 비 접지 계통

$$정격전압\ Er = 공칭전압 \times \frac{1.4}{1.1} = 22 \times \frac{1.4}{1.1} ≒ 28(kV)$$

  (2) 내선 규정에 의한 방법

선로 공칭전압 (KV)	중성점 접지	피뢰기 정격 전압 / 공칭 방전 전류	
		변 전 소	배전선로, 수용가
6.6	비 접지	7.5KV / 2.5KA	7.5KV / 2.5KA
22.9	다중 접지	21 KV / 5KA	18KV / 2.5KA
22	비 접지	24KV / 5KA	-

 2) 공칭 방전 전류 (68.1.1)
  - 피뢰기의 보호 성능을 표현하기 위하여
  - 방전 전류 파고치 뇌 충격전류로 표시
  - 그 지방의 뇌우발생일수와 관계되나
  - 제 요소를 고려하여 일반적인 장소의 공칭 방전 전류는 내선규정에 위 표와 같이 규정하고 있다.
 3) 방전 내량 (74.3.1)
  - 방전전류가 흐를 수 있는 최대한도(파고치)

4) 방전 개시 전압
- 피뢰기가 방전을 개시하는 전압
- 보통 이 값은 피뢰기 정격전압의 1.5배 이상이 되도록 잡고 있다.
- 실효치로 나타냄.
- 오손, 적설, 안개등 환경의 영향을 많이 받는다.

5) 제한 전압 (81.1.9)
- 피뢰기 동작(방전)후 피뢰기의 단자 간에 남게 되는 전압으로
- 침입해 오는 서지를 방전 중 그 값으로 제한하는 전압을 말함.

6) 충격방전 개시전압
피뢰기 단자간에 충격파 전압을 가했을 때 방전을 개시하는 전압

7) 충격비 (81.1.9)

$$충격비 = \frac{충격\ 방전\ 개시\ 전압}{상용\ 주파\ 방전\ 개시\ 전압}$$

8) 보호 레벨
피뢰기에 의해 과전압을 어느 정도까지 억제 할 수 있는지, 어느 정도의 절연 기기 까지 보호 할 수 있는지의 정도를 표시 하는 값

5. 피뢰기의 설치 위치(LA 설치시 고려사항)
- 피 보호기의 제1 보호대상은 전력용 변압기이며, 가능한 이에 근접설치
- 피뢰기의 접지선은 가능한 짧게 한다.

1) 변압기와 피뢰기의 거리

선로 전압(KV)	유효 이격 거리(m)
22 또는 22.9	20
154	65

위 값은 한전 설계기준 2531 이었으나 폐지되어 참고 값 임.

2) 피뢰기 설치장소 (판단기준 제42조)
(1) 발. 변전소의 인입구 및 인출구
(2) 배전용 변압기의 고압 및 특별 고압측
(3) 특별 고압 수용가의 인입구
(4) 지중선로와 가공선로의 접속점

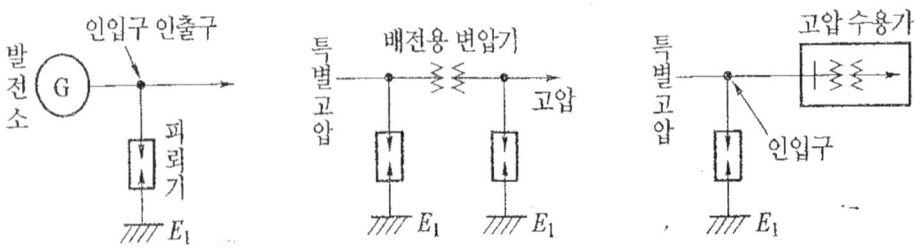

참고1. 접지선 굵기

$$S = \frac{\sqrt{t}}{282} \cdot Is \; (mm^2)$$

여기서 Is : 고장전류, 낙뢰전류

t : 지속시간 (Sec)

참고2. 단로기 (Disconnector)

피뢰기 내부의 소자가 열화 되는 경우 피뢰기를 선로로부터 신속하게 분리시켜 사고 파급을 방지하는 장치로서, 크게 코일 Type과 저항Type으로 구분된다.
1) 코일 Type은 제한 전압 발생시 제한 전압 및 파형을 변화 시킬 수 있는 요인을 갖고 있고
2) 저항 Type은 안정된 제한 전압 및 파형을 유지하여 신뢰도가 높다.

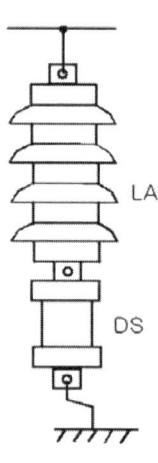

< 참고 >
1. Gap Type과 Gapless Type의 비교

구 분	GAP TYPE	GAPLESS TYPE
주성분	탄화 규소(Si C)	산화 아연 (Zn O)
단자 전압	직렬 갭이 방전을 개시할 때까지 단자 전압이 상승한다.	소자에 흐르는 전류의 크기에 따른 단자 전압의 변화가 거의 없다.
특성	단속 특성	연속 특성
속류 차단	계통의 전류 파형이 "0"이 되는 순간 직렬 갭이 속류를 차단함으로 속류 차단 속도가 늦다	이상 전압의 소멸과 동시에 속류를 차단한다.
서지 흡수	직렬 갭이 방전할 때까지 서지의 원 파형이 그대로 존재하므로 서지의 흡수 속도가 늦다.	이상전압의 발생과 동시에 방전하여 서지의 흡수 속도가 빠르다.

2. 폴리머 피뢰기

기존 애자형 피뢰기의 단점인 흡습 열화로 인한 폭발을 예방하기 위하여 ZnO 소자와 내부 부품을 FRP 절연물로 Winding을 실시하고, FRP 절연물과 고분자 고무 재질의 하우징 사이를 계면 처리하여 만약 폭발의 경우에도 피뢰기가 비산하지 않도록 되어있다.

< 특징 >
(1) 기밀성이 뛰어나 흡습에 대한 예방 효과 우수
(2) 애자형 피뢰기에 비해 경량
(3) 아크에 의한 폭발시 파편 비산 등 2차 사고 예방

폴리머형 피뢰기 18kV, 5kA

구 분	정 격
정격전압 (kV)	18
적용회로전압(kV)	22.9
제한전압 (8×20㎲)(kV)	65 이하
공칭방전전류 (kA)	5
방전내량 (kA)	65

2.3.4 산화아연 피뢰기 및 열폭주 현상 (66.1.8)

1. 개요
   1) 산화아연 소자에 일정전압을 인가하면 소자의 저항분에 의한 누설전류 발생
   2) 이 누설전류에 의한 발열량과 방열량이 평형일 때 온도 안정
   3) 발열량 ≥ 방열량이면 ZnO 소자 온도 상승 및 누설전류 증가
      -> 피뢰기 과열 -> 열축적 -> 파괴

2. 산화아연 피뢰기의 열폭주 현상

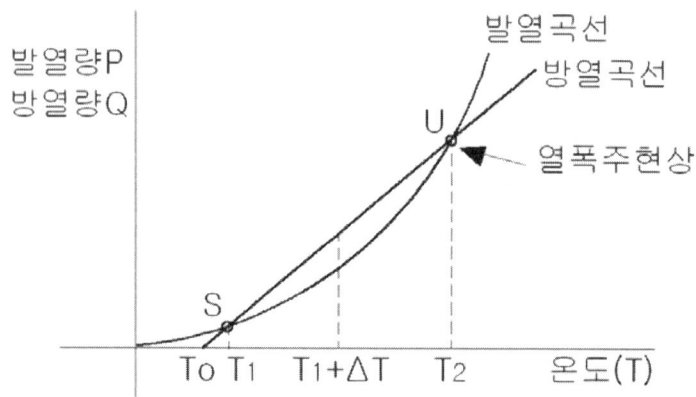

   1) 발열곡선 : 발열량(P)은 온도에 대하여 지수 함수적으로 증가
   2) 방열곡선 : 방열량(Q)은 주위온도와 소자온도의 차에 비례
   3) P = Q 일 때 안정
   4) P < Q (U점 이하) : 온도변화 ΔT가 U보다 작을 때 점차 온도가 낮아져 S점에서 안정됨.
   5) P > Q(U점 초과) :
      - 산화아연 소자가 열화하여 전압 과전류 특성이 악화
      - 개폐서지 등 열적요인으로 소자온도 및 누설전류가 증가하면서 열폭주 현상 발생

3. 결론
   1) 산화 아연 소자 피뢰기는 동작 책무 시험에 파괴되지 않아야 하며
   2) 사용시의 인가전압에 의해 파괴되지 않아야 하며 서지 방전전류에 의해서도 파괴되지 않아야 한다.
   3) 정격검토 : 정격전압, 방전개시전압, 공칭방전전류, 방전 내량 등
   4) 사고시 대비 : Disconnector 취부형 사용

2.3.5 IEC 60529에 의한 외함 보호 등급 (75.1.5)

1. 표기 방법

   IP-○○의 첫 글자는 고형 물체의 침투 및 접촉에 대한 보호 등급이고 두 번째 글자는 물의 침투에 대한 보호등급이다.
   보호 등급 중 한가지 만 규제하려고 할 때는 빈자리는 X로 표시한다.
   예, 외부 물질의 규제만 할 때는 IP-2X, 물에 대한 규제만 할 때는 IP-X5 등으로 표시한다.

2. 보호 등급
   1) 제1숫자 : 고형 물체의 침투 및 접촉에 대한 보호등급

첫숫자	보호등급	
	개 요	설 명
0	무보호	무보호
1	직경 50mm이상 물체보호	손과 같이 큰 물체, 직경 50mm이상 물체에 대한 보호
2	직경 12.5mm이상 물체보호	손가락, 또는 이와 유사한 물체, 직경 12.5mm 이상 물체에 대한 보호
3	직경 2.5mm이상 물체보호	전선, 공구 또는 이와 유사한 물체, 직경 2.5mm 이상 물체에 대한 보호
4	직경 1.0mm이상 물체보호	가는 전선 또는 이와 유사한 물체, 직경 1.0mm 이상 물체에 대한 보호
5	방진 구조	먼지의 침입을 완전히 방지하지는 못하나 기기의 운전에 영향을 줄 양의 먼지가 침입하지 않을 것
6	내진 구조	먼지의 침입이 없을 것

2) 제2숫자 : 물의 침투에 대한 보호등급

첫숫자	보호등급	
	개 요	설 명
0	무보호	무보호
1	물방울에 대한 보호	수직으로 떨어지는 물방울의 영향을 받지 말 것
2	15°각도에서 떨어지는 물방울에 대한 보호	외함을 어떤 방향이라도 15° 각도로 기울여 수직으로 떨어지는 물방울의 영향을 받지 말 것
3	물 분사에 대한 보호	수직으로부터 60° 각도에서 분사하는 물의 영향을 받지 말 것
4		외함의 어느 방향에서 분사하는 물에 대하여 영향을 받지 말 것
5		외함의 어느 방향에서 노즐로 뿜어지는 물에 대하여 영향을 받지 말 것
6	넘치는 바닷물에 대한 보호	넘치는 바닷물 또는 강력한 Water Jet로 뿜어대는 물에 대하여 영향을 받지 말 것
7	침수 보호	외함이 침수 되었을 때 규정된 수압과 시간 조건 하에서 물의 침입이 없을 것
8	수중 보호	수중에서 연속사용에 적합 할 것

2.3.6 전자화 배전반의 특징

디지털 보호 계전기(65.3.3)(81.4.2)
전자화 배전반의 필요성(61.1.2)
전자화 배전반과 기존 배전반 차이점(62.3.4)
아날로그 계전기와 Digital계전기의 특성 비교(65.3.3)
지능형 수배전반의 개요, 특징, 시스템의 구성도,
집중표시장치기능(83.3.5)

1. 개요

  전자화 배전반이란 기존의 유도형 계전기, 전력량계, 아날로그 계기, 각종 개폐 스위치 등을 하나의 패키지에 내장하고 디지털화한 배전반으로 고 신뢰성, 고 안정성, 편리성 등을 혁신적으로 개선시킨 배전반으로 아래와 같은 특징을 가지고 있다.

2. 구성

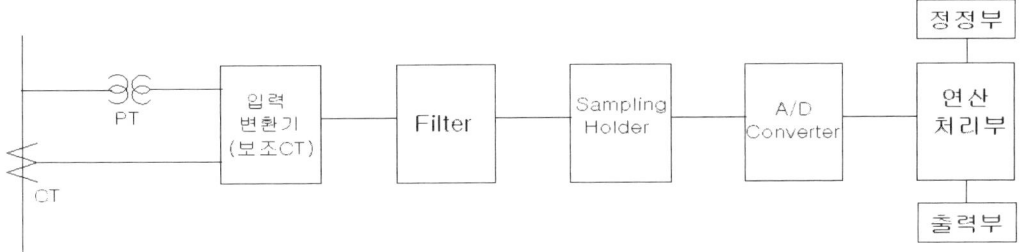

1) 입력 변환기
   전압, 전류 등의 입력 정보를 보조 CT에서 처리하기 쉬운 값으로 변환
2) FILTER
   고조파 제거 및 샘플링에 따른 중첩 성분 제거
   (LPF : Low Pass Filter, BPF : Band Pass Filter)
3) S/H(Sampling Holder) : 입력치를 일정시간 Hold 하는 기능(표본화)
4) A/D Converter : 12 BIT소자로서 1 BIT는 파형의 정부를 나타내며, 나머지 11 BIT는 입력 정보를 표현한다.
5) 연산 처리부 : 보호 계전기의 동작 실행을 하며 CPU에서 연산 처리한 다음 Memory 부에 전송, 기억한다.
6) 정정(입력)부 : 각종 원하는 데이터 값을 입력
7) 출력부 : 계전기 등이 작동하게 되면 차단기를 작동 또는 각종 데이터를 출력하는 부분임

3. 기능
  1) 계전기 기능
     기존의 과전류 계전기, 지락 계전기, 부족 전압 계전기, 과전압 계전기, 역상 계전기, 주파수 계전기 등 모든 계전기의 기능을 집합화 함.
  2) 계기 기능
     - 계기를 간소화하면서도 정밀화 함.
     - 기존 아날로그 계기에 비하여 전류, 전압, 역율 등 기록이 가능
  3) 사고 분석 기능
     디지털 계전기의 메모리 기능으로 사고 기록 및 분석이 명확해짐
  4) 자기 진단 기능
     마이크로 프로세서에 의한 자기 진단 기능을 실현함.
  5) 데이터 통신 기능
     각 Digital Relay로부터 Data 를 수집하여 중앙으로 고속 전송함으로 중앙 감시반에서 Graphic 화면처리, 기록 작성을 가능케 하고, 제어 명령을 받아 동작함으로서 원방 감시와 원격 제어가 가능토록 한다.

4. 특징
  1) 장점
    (1) 고성능, 다 기능화
       디지털 연산 처리 및 메모리 기능에 의해 아날로그에서 실현치 못했던 특성과 기능을 실현할 수 있다.
    (2) 소형화
       Micro-Computer를 구성하는 소자의 고 집적화에 따라 장치를 소형화
    (3) 고 신뢰화
       자기 진단 및 상시 감시 기능이 있어 장치의 이상 유무를 조기 발견
    (4) 융통성
       보호 방식을 개선, 변경할 경우 H/W 변경 없이 Memory의 변경만으로 가능하다.
    (5) 저 부담화 : 변성기의 부담을 줄일 수 있다.
    (6) 배선용이
       계기 계전기를 한곳에 집합하므로 배전반등 배선이 간단해 진다.
    (7) 경제성
       종전에 비하여 반도체 소자의 가격 저하에 의하여 보호 계전기의 가격 저하가 가능하다.

2) 단점
(1) Surge, Noise에 약하고, 고조파, 외형파에 따른 오동작이나 오차가 발생할 가능성이 있다.
   (대책)
   - 통신선로 내부를 Pulse Transformer로 절연
   - 전자 부품을 금속제로 내장하고 외함을 접지
   - 외함 접지를 전력용 접지와 분리
   - 입력측에 써지 흡수기(SA, SPD) 설치 등
   - 배선을 가능한 짧게 한다.
   - 입력신호선, 제어 신호선, 출력선, 보조 전원 선들을 각각 분리
   - 원격 제어 통신시 실드 케이블을 사용하고 실드 접지
   - 대규모 용량일 때의 제어선은 광섬유 케이블 사용
(2) 기술의 발전 속도가 빨라 단종 되기가 쉬우며, 부품 확보에 어려움이 있을 수 있다.
(3) 고도의 기술 제품으로 내부 문제가 발생시 원인규명이 쉽지 않다.
(4) 유도형에 비해 제품이 아직은 고가 이어서 초기 설치비가 고가이다.

참고. 기존 배전반과 전자화 배전반의 차이점

항목	기존 배전반(유도형)	전자화 배전반(디지털형)
기본 구성	차단기 : VCB, ACB, MCCB등 보호 계전기 및 계측기 : 아날로그형	차단기 : 동일 보호 계전기 및 계측기 : 디지털형
외관	전면 Door가 복잡하다.	각종 계전기 및 계기들을 하나의 장치로 Unit화하여 미려하다.
신뢰성/안전성	기계식 계전기 사용으로 진동에 의한 오동작이 많다. 계전기의 동작시 사고 기록이 없어 신뢰성이 떨어진다.	전자식 계전기를 사용하여 진동이나 충격에 강하다. 계전기 동작시 Memory기능이 있어 사고 분석이 가능하다.
주변 기기	통신 시스템 구축시 각 계측에 대한 별도의 T/D를 설치해야한다.	계전기 내부에 Multi-Transducer를 내장하고 있어 별도의 T/D 필요 없음
변성비 변경	CT, PT비 변경시 변경값에 맞는 각종 계기로 교체해야 한다.	계기의 변경 없이 프로그램을 조작하여 변성비를 정정하면 된다.
사후 관리	각종 계측기 및 조작, 제어 스위치가 기계식으로 되어있어, 사용년 한에 따라 고장빈도가 높고, 고장 발생시 원인 파악이 어렵고 보수 시간이 길어지게 된다.	전자식 계전기를 사용하므로 반영구적이고 고장 빈도가 낮다. 배선이 간소화되어 유지보수가 쉽고 사고시 고장원인 파악을 신속히 할 수 있다.

2.3.7 일체형 배전반(68.2.2)

1. 개요

    현대가 정보화 사회로 급격한 변화가 이루어지고 있음에 따라 전력 설비의 방향도 최신의 정보 기술을 이용한 설비가 급격하게 늘어나고 있다.

    특히 공사 현장 등 이동성이 많은 수변전 설비는 기존의 전주를 이용한 수전 방식이나 옥외형 큐비클을 5~6면씩 조립하여 설치한 후 그 공사가 끝나면 타 현장에서 기존 제품을 재사용하기 어려운 문제점들이 상존하고 있는 실정이다.

    이에 일부 수배전반 업체들이 일체형 배전반 이라는 이름으로 제품을 개발하여 특허를 취득하는 등 발 빠른 기술 개발이 이루어지고 있다.

2. 구조

    1) 외함

        기존 배전반이 5~6면을 기능별로 제작하여 현장에서 차례로 열반 설치하는 구조인 반면 일체형 배전반은 1면에 모든 기기가 내장되어 외함 구조가 일체형으로 간단하다.

    2) 내부 구조

        여러 기능의 기기들을 1면에 모두 내장함으로 인하여 내부 구조가 복잡하고 유지 보수시 좀 더 세밀한 주의가 요구된다.

    3) 내부 기기

        (1) P F : 단락등 사고로 인하여 PF가 용단 될 경우 파손 등의 문제가 발생할 것에 대비하여 용량 선정에 주의가 필요하며, 1상의 PF가 용단 되면 기타 상도 같이 부하를 차단할 수 있는 구조가 요망된다.

        (2) L A : 뢰 서지 보호용으로 피뢰기로 Gap Type 보다는 Gapless Type을 채택하여 낙뢰로부터 기기의 보호에 신뢰성을 기한다.

        (3) 변압기 : 효율 향상 등 Energy Saving측면에서 몰드 변압기가 좋으나 옥외에 설치 사용할 경우 습기 등을 고려하여야 한다.
        유입식이 이런 측면에서는 유리하지만 여름에 화재 폭발의 위험성이 있어 주의해야 한다.

        (4) MOF : 변압기와 같은 주의가 요망된다.

        (5) 차단기 : 간이형 수전설비에서는 변압기 1차용 차단기가 생략되므로 2차 차단기의 차단 성능이 더욱 중요하므로 ACB 선정시 차단용량을 정확히 검토하여 단락이나 지락 사고시 선로를 확실히 차단할 수 있도록 설계해야 한다.

(6) 단선도 및 내부 구조 예

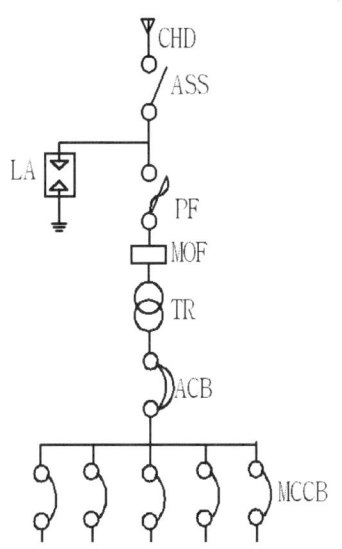 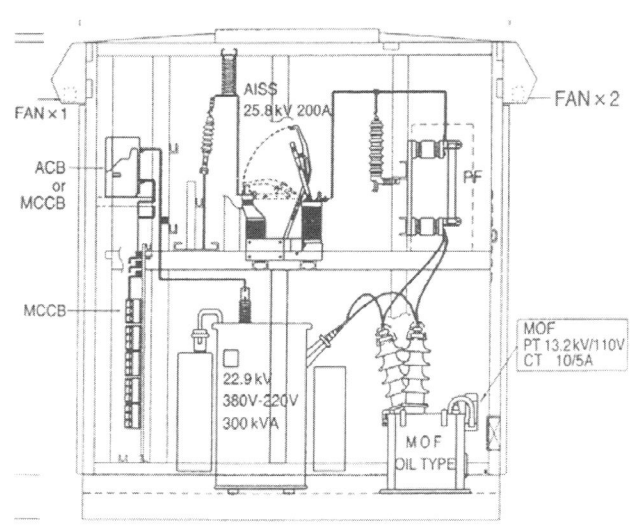

3. 일체형 배전반의 특징
 1) 장점
  (1) 표준화
    변압기 용량 약 200, 300, 500, 750, 1000kVA의 약 5가지 정도 용량을 미리 제작하여 표준화 할 수 있음
  (2) 신속성
    수배전반이 대개는 발주자의 요구에 의하여 제작되지만 일체형 배전반은 미리 필요한 용량을 계산하여 제작을 해 놓고 판매하는.
    즉, Order Made가 아닌 계획 생산품이 가능하여 기존의 1~2개월의 제작기간이 필요 없음
  (3) 설치 면적 축소
    기존의 배전반에 비하여 설치 면적을 1/4~1/5로 축소할 수 있으며 운송비 설치비등도 절감됨
  (4) 안전성
    앞 뒤 모두 금속 차폐 보호벽을 설치하여 평상시 도전부가 노출되지 않아 감전 등으로 부터 안전성을 높임
  (5) 정보 통신화
    사용하는 기기를 디지털 제품화하여 중앙감시반이나 무선을 이용한 실시간 감시를 할 수 있음

(6) 경제성
　　기존의 배전반을 축소함에 따라 같은 기능일 때 외함이나 설치 면적의 축소로 인한 비용까지 절감되어 경제적임.

2) 단점
　(1) 내부 구조가 복잡
　　여러 기기들을 1면에 축소 배치함으로 내부 기기들의 절연거리가 짧아지고 특히 케이블 햇드 등 현장 작업시 많은 주의가 요구 됨.
　(2) 장래성
　　기존 배전반은 용량 증가시 변압기반을 1면 추가하는 등 비교적 증설이 쉬웠으나 일체형 배전반은 내부 Space가 협소하여 전체를 교환해야 하는 문제가 발생할 수도 있음.

4. 설계 및 시공시 고려사항
　1) 장래성 검토
　　일체형 배전반은 내부 Space가 협소하여 용량 증가시 외함까지 전체를 바꾸어야 하는 문제가 발생할 수도 있으므로 사전에 충분히 장래 증설 관계를 검토해야 한다.
　2) 안전성 확보
　　여러 기기들을 1면에 축소 배치함으로 절연거리등 설계시 세심한 주의가 요구되며 설치 후 하절기에 Flash Over 등을 고려하고, 시공시에는 기기들이 복잡하므로 케이블 햇드 등 설치시 주의가 요구된다.
　3) 기초
　　1면 설치로 설치가 완료되므로 기초 및 앙카 등에 세심한 주의가 요구되며 장마 등 우기에 침수가 되지 않도록 지면으로부터 일정 높이 이상에 설치해야 한다.
　4) 접지 공사
　　일체형 배전반은 대개가 임시용으로 사용하므로 접지 공사에 소홀할 수가 있다. 사용 전 검사를 위하여 전기설비 기술기준에 의한 저항치가 요구 되지만 이를 만족했다 하더라도, 현장 사정을 고려하여 저압측의 접지는 특별 제3종을 하면 안전성에 더욱 좋다.
　5) 습기 주의
　　장마철에 옥외용은 배전반 내부에 특히 습기가 많이 차고 밤에 결로 현상이 나타나는 등 습기에 의한 절연 파괴 우려가 높은 제품이다.
　　따라서 제습 장치를 설치하여 습기가 높을 때 습기를 제거해야 할 필요성이 있다.

6) 외부 복사열

여름철에 옥외에 설치하는 옥외형은 천정 및 벽면에 단열 조치를 필히 해야 하고 Fan등을 설치하여 내부 온도를 밖으로 배출할 수가 있어야 한다.

유입변압기는 특별히 온도 센서를 내장하여 일정온도에서 경보를 울리고 최고 허용온도이하에서 차단할 수 있어야 한다.

7) 재 설치시

일체형 배전반은 공사 현장에서 재 설치하여 사용하는 경우가 많으므로 기기들이 운송 중 나사가 풀리지 않도록 주의가 필요하고, 재설치 후에는 나사들을 다시 한번 조여 주어야 한다.

5. 결론

일체형 배전반의 수요는 좀 더 확대 되리라 생각하며 일부에서는 특고용 SF6 가스 절연에 의한 일체형 배전반도 개발이 완료되었음.

제작과정이 복잡하고 SF6 가스의 누기등 유지 보수 측면에서 난제들이 있으나 안전성 면에서 탁월하고 제작공정이 거의 필요 없는 등의 장점이 많기 때문에 더욱 많은 수요가 예측된다.

2.3.8 고압 개폐기류

0. 개요
   1) 사고 전류 차단 : VCB, PF, R/C
   2) 부하 전류 개폐 : ALTS, LBS, ASS, Int SW
   3) 무부하 개폐 : LS, S/E, COS, DS

1. ALTS (자동 부하 전환 개폐기)

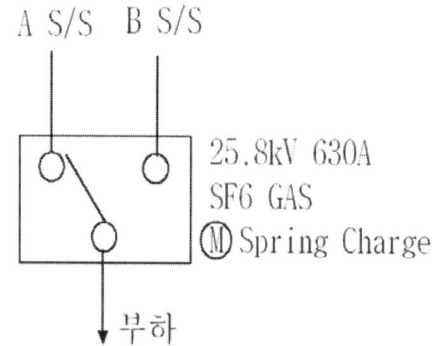

   1) 기능 : 주요 시설이나 기관 등 수용가의 인입구에 설치하여 주 전원의 정전
            시 즉시 예비 전원으로 교체하여 부하측의 정전을 최소화하기 위한
            장치
   2) 동작 순서 : 주 전원 정전이나 전압강하
        -> 예비 전원으로 절체 -> 주 전원 복전 -> 주 전원으로 복귀 운전
   3) 절체 시간 : 0.1 초~60초 SETTING
   4) 소규모 부하나 무부하에서는 절체에 문제가 없으나 중부하 상태에서 절체시
      문제가 발생 할 수 있으며 현재의 기술 수준으로는 해결책이 부족한 실정임

2. L.B.S (부하 개폐기)
   1) 기능 : 인입 개폐기로 사용되며 부하전류를 개폐할 수 있으나 고장 전류까지
            차단을 원할때는 한류 휴즈 부착형을 사용.
       즉 PF 있는 것 : 부하전류 개폐 가능+사고 전류 차단
           PF 없는 것 : 부하전류 개폐 가능하나 사고전류 차단 능력 없음.
   2) 정격 : 12, 24KV. 630A,   정격차단전류 : 40KA/rms

   3) 특징
      - 3상이 동시에 개로 되므로 결상의 우려가 없다.
      - PF 부착형은 단락 전류를 한류퓨즈가 차단하므로 사고의 피해 범위를 줄일
        수 있다.

4) 설계시 고려사항
- LBS정격은 사용 회로의 정격(전압, 전류, 단락전류 등)보다 높아야 함.
- LBS는 MOF 전단에 설치하는 것이 바람직하다.
- PF는 반드시 예비품을 준비하여야 한다.
- 수동식과 전동식이 있으며 전동식은 DC110V를 권장함.
- PF 있는 제품은 PF 용단시 결상이 되므로 3상을 동시 개방 할 수 있는 구조를 갖추어야 한다.

3. ASS(자동 고장 구간 개폐기)
   1) 기능 : 배전설로 또는 수용가의 입입구에 설치하여 과부하, 단락, 지락 등의 사고 발생시 타기기(Recloser, 한전 차단기)와 협조하여 고장 구간만을 신속, 정확하게 차단 또는 개방하여 고장 구간의 확대를 방지하고 피해를 극소화시키기 위하여 설치한다.
   2) 전기설비 기술기준
      22.9 KV 1,000KVA 이하 인입구 개폐기로 설치하도록 규정됨.
   3) 정격 : 25.8 KV 200, 400A
   4) 성능
      부하개폐 ; 정격부하 200회. 무부하 1,100회
      고장 구간 자동 분리 기능
      800A 이하 과전류 차단 가능
   5) 전력 회사 RC 또는 CB와 협조하여 고장 구간 자동 개방
      * 기타는 2.3.2 참조

4. S/E (Sectionalizer) 자동 구간 개폐기
   1) 기능 : 배전선로용 개폐기의 일종으로 자동으로 제어되며, 부하측에서 사고가 발생하면 사고 횟수를 감지하여 선로의 무전압 상태에서 접점을 개방하여 고장 구간을 분리하는 기능을 가진 개폐기이다.

   2) 설치
      - 배전선로 : 간선, 및 분기선에 설치
      - 수용가 : 7,000~14,000 KVA 수전용 개폐기 의무
      - 반드시 리크로져와 조합하여 사용
        왜냐하면 S/E는 고장 전류 차단 능력은 없고 부하전류만 차단할 수 있기 때문이다.

3) 동작
- 리크로져가 동작시 동작 회수를 기억하여 정정된 횟수에 도달시 접점을 자동으로 개방하여 리크로져의 완전 개방에 따른 정전 지역을 최소화 할 수 있는 장점을 가지고 있음.
- 횟수 1~3회 조정가능

5. R/C(Recloser)
   1) 기능 : 한전의 배전 선로에 주로 사용 되며 조류, 수목에 의한 접촉 또는 낙뢰에 의한 플래시 오버 등이 발생 했을 경우 신속히 사고 구간을 차단하여 사고점의 아크가 소멸한 후 즉시 재투입이 가능하도록 하기 위한 것임.

   2) 동작 책무
   - 일반적으로 CO-15초-CO 이며
   - 재폐로 동작을 2~3회 반복하여 투입/차단하는 동작을 한다.
   - 2~3회 개폐 후에도 고장이 해소되지 않으면 자동으로 Lock-Out (완전개방) 시켜 정전 상태로 만든다.

< 기 타 개 폐 장 치 >

1. Int S/W
   1) 무부하 전류는 물론 부하 전류도 아아크 소호 장치가 있어 차단이 가능함.
   2) 아아크 소호실이 한쪽에 있는 것(단절형)과 양쪽에 있는 것(쌍절형)이 있음.
   2) 인입선로에 300KVA이하 수전용 개폐기로 규정되어 있음.
      300KVA 이상은 ASS를 설치해야함.
   3) 22.9 KV 선로에 주로 사용(25.8KV 600A 25KA)

2. L.S (선로 개폐기)
   1) 3상 개폐용 D.S로 현재는 별로 사용하지 않고 있으며 안전공사 에서도 안전상의 문제로 권장하지 않는 제품임.
   2) 소호 장치가 없기 때문에 부하 차단능력 없음.
   3) 무부하 또는 변압기 여자 전류 정도의 개폐 가능.
   4) 66KV LINE에 사용토록 되어 있으나 66KV 자체가 육지에는 없어짐.

3. C.O.S
   1) 차단용량 : 10 KA
   2) 주로 변압기 1차 과전류 보호용으로 사용

3) 정격 전류의 150% 내외에서 동작
4) 회로 분리, 변경 등의 목적으로 많이 사용
5) 부하 전류 개폐 불가 (충전전류나 여자 전류만 개폐가능)

4. D.S
   1) 회로 분리 변경 목적
   2) 무전압 무전류 조작 원칙
   3) 조작 순서

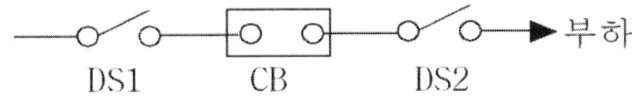

   (1) 정전시 : CB OFF -> DS2 OFF -> DS1 OFF
   (2) 복전시 : DS1 ON -> DS2 ON -> CB ON

2.4.1 무효전력의 의미와 영향(72.1.6)(86.1.6)

1. 무효 전력의 의미
   무효전력, 유효전력 및 피상전력의 관계는 다음 그림과 같다.

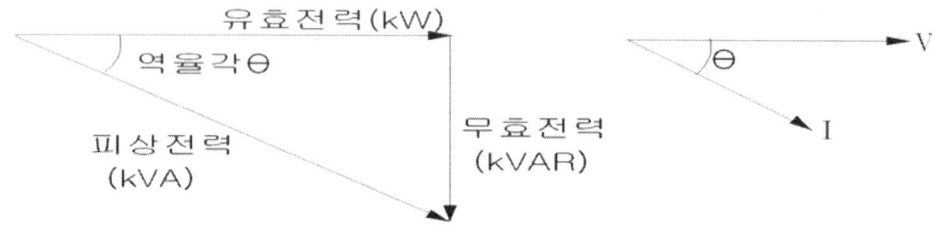

   1) 무효 전력 발생원인
      전압 V와 전류 I사이에 각 θ의 위상차에 의해 무효 전력이 발생한다.
   2) 위상차가 발생하는 이유
      - 전기 회로의 기본 구성 요소 중 저항은 전력을 공급하는 즉시 공급된 전력을 모두 소비하나 L과 C는 전력을 소비하는 대신 전력을 저장 하거나 방출한다.
      - 전력 에너지를 저장하고 방출하는 과정에서 L은 전류의 위상을 90° 늦게, C는 90° 빠르게 하는데 이로 인해 전압과 전류 사이에 위상차가 발생한다.
   3) 무효 전력이 발생하는 근본 원인

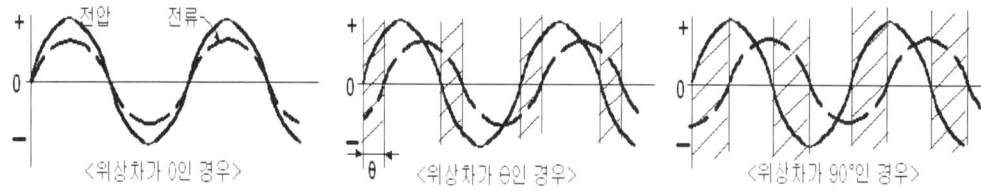

   (1) 그림1은 전압, 전류의 위상차가 0°인 상태이다. 이때는 전압이 +일 때 전류도 +이고, 반대로 전압이 -일 때 전류도 -이므로 전압 x 전류로 표시되는 전력은 항상 +가 되어 전기기기는 계속해서 전력을 소비한다.
   (2) 그림2와 같이 전류의 위상이 전압보다 θ만큼 늦으면 위상차가 있는 부분에서는 전압이 +이면 전류는 -, 전압이 - 이면 전류는 +가 되어 전압 x 전류는 - 부호를 가지게 되는데, 이 - 부호는 전력을 전원측 으로 반송한다는 의미이다.
      따라서 이 경우에는 전류는 계속해서 흐르나 실제로 부하에서 사용하는 전력은 감소하게 된다.
   (3) 그림3의 경우는 θ는 90° 즉, cosθ=0 인 경우를 보인 것이다.
      이 경우는 1/4 사이클 동안은 전력을 반송하고 다음 1/4사이클 동안은 전력을 받는 것을 반복할 뿐 부하에서 소비되는 전력은 0이다.

4) 무효 전력의 의미

교류 전기가 방향을 갖는 이상 무효 전력은 피할 수가 없다. 그러므로 무효 전력은 불필요한 전력이라기 보다는 유효 전력을 얻기 위한 일종의 필요악과 같은 것이다. 즉, 유효 전력을 얻기 위해 일정량의 무효분이 필요하며 그 때문에 이를 고려한 피상전력을 공급하는 것이다.

또한 전동기나 콘덴서 등은 무효전력용 부하이므로 여기에 무효전력을 공급해야 하므로 무효전력은 반드시 필요하다.

2. 무효 전력의 영향

무효 전력이 증가하면 역율이 저하되고, 선로는 다음과 같은 영향을 받게 된다.
 1) 역율의 저하
 2) 변압기 손실 증가
 3) 송, 배전선로 손실 증가
 4) 송전 용량 감소
 5) 설비의 이용율 저하
 6) 전압 강하의 증가

3. 무효 전력 보상 대책
 1) 전력용 콘덴서 설치
 2) 조상기 설치
 3) 분로 리액터 설치(송전선로의 진상을 보상)
 4) 정지형 무효 전력 보상장치

2.4.2 임피던스의 개념과 진상, 지상이 발생하는 이유(75.2.1)

1. 교류회로에서 임피던스의 개념
   - 교류회로에서 임피던스는 전류의 흐름을 방해하는 R, L, C의 벡터적인 합을 말한다.
     단위는 Ω 기호는 Z가 쓰이며, 전압 E에 의해서 흐르는 전류를 I라고 하면 임피던스 Z = E / I가 된다.
   - 전압, 전류는 실효값을 사용하며, 그 크기 외에 위상을 나타낼 필요가 있으므로 벡터량으로 다루며, 이때의 임피던스는 복소수 Z = R + j X로 표시하고 실수 부분 R을 저항, 허수부 X를 리액턴스라 한다.

2. 진상 또는 지상이 발생하는 이유
   직류에서는 전압과 전류가 위상이 없기 때문에 전압과 전류의 위상차는 항상 "0"이 된다. 즉, 역률이 항상 1이 된다.
   교류에서는 인덕턴스와 캐패시던스에 의한 영향에 의해 전압과 전류의 위상차가 발생하게 된다.

   1) 저항 R로만 구성된 회로

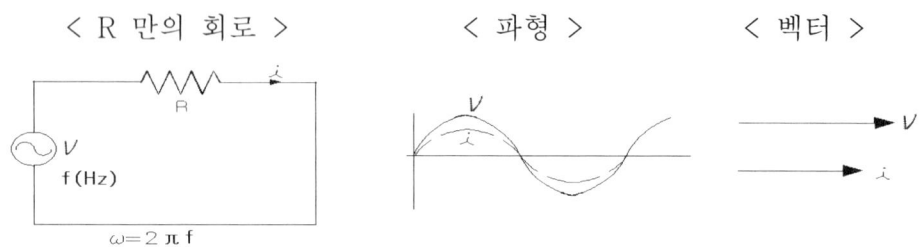

   전압 $v = \sqrt{2}\ V \sin \omega t\ (V)$
   전류 $i = \sqrt{2}\ I \sin \omega t\ (A)$
   저항 R로만 구성된 회로에서는 전압과 전류의 위상차는 없다.

   2) 인덕턴스 L로만 구성된 회로

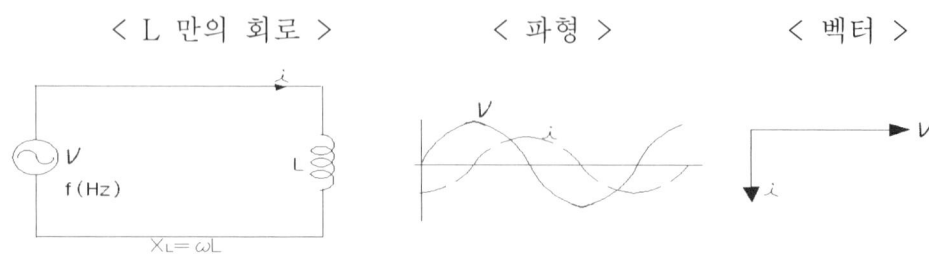

전압 $u = \sqrt{2}\ V \sin \omega t$ (V)

전류 $i = \sqrt{2}\ I \sin(\omega t - \dfrac{\pi}{2})$ (A)

인덕턴스 L로만 구성된 회로에서 전류는 전압보다 $\dfrac{\pi}{2}$ (rad) 만큼 늦다.

3) 캐패시턴스 C로만 구성된 회로

< C 만의 회로 >　　　　< 파형 >　　　　< 벡터 >

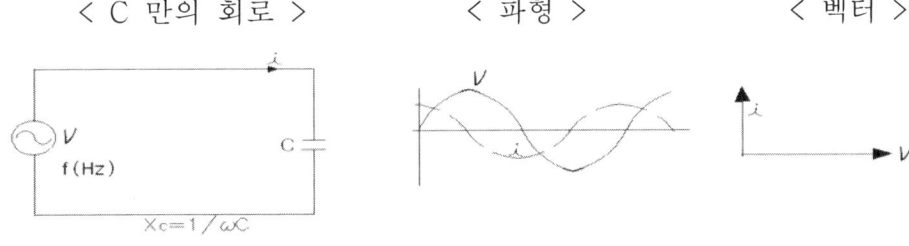

전압 $u = \sqrt{2}\ V \sin \omega t$ (V)

전류 $i = \sqrt{2}\ I \sin(\omega t + \dfrac{\pi}{2})$ (A)

정전용량 C로만 구성된 회로에서 전류는 전압보다 $\dfrac{\pi}{2}$ (rad) 만큼 빠르다.

2.4.3 콘덴서 역율 개선 원리 및 효과(77.1.8)

1. 개요

   전력 계통에서 지상 역율에 의한 무효전력은 전력 회사 측면에서는 에너지 낭비이고 수용가 입장에서는 양질의 전력을 공급받지 못하는 요인이 된다. 따라서 전력용 콘덴서를 회로에 삽입하여 역율을 개선, 전력의 낭비를 막을 필요성이 있다. 전력용 콘덴서 삽입에 따른 효과를 보면
   - 전압 강하의 감소
   - 변압기 및 배전선의 손실 저감
   - 계통 용량의 증가
   - 수용가 전기요금 절감이 된다.

2. 콘덴서 역율 개선 원리

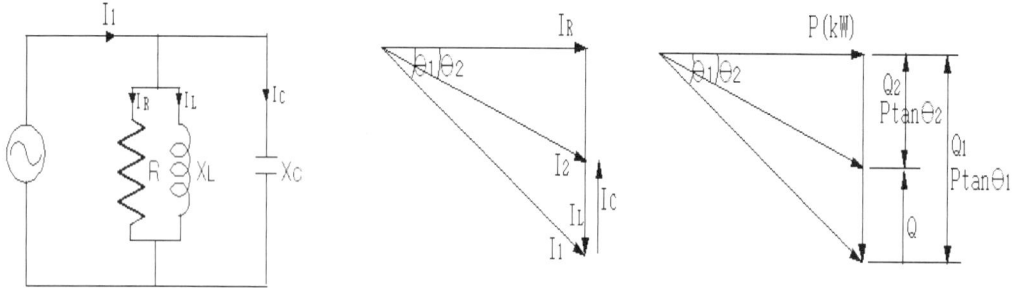

   여기서 $Cos\theta_1$: 개선 전 역율
   　　　　$Cos\theta_2$: 개선 후 역율
   　　　　P : 부하 전력(유효전력) (KW)

   전압 E를 인가하면 부하전류 I_0는 유효전류 Ir과 무효전류 Iℓ (전압에 90° 지연)의 벡터합으로 표시된다.
   역율이란 이 유효 전류와 겉보기 전류 I와의 위상각 θ의 여현 $Cos\theta$로 정의되며 $Cos\theta$를 1에 근접 시키는 것을 역율 개선이라 하고 콘덴서 용량은 다음 식으로 구해진다.

$$Qc = Q_1 - Q_2 = P(\tan\theta_1 - \tan\theta_2)$$
$$= P\left(\frac{\sqrt{1-\cos^2\theta_1}}{\cos\theta_1} - \frac{\sqrt{1-\cos^2\theta_2}}{\cos\theta_2}\right)$$

3. 역률 저하 요인
   1) 변압기의 여자전류
   2) 유도 전동기 부하의 영향
   3) 소형 전동기를 사용하는 가정용 전기기기
   4) 방전등 등

4. 전력용 콘덴서 삽입에 따른 효과
   1) 전압 강하의 감소

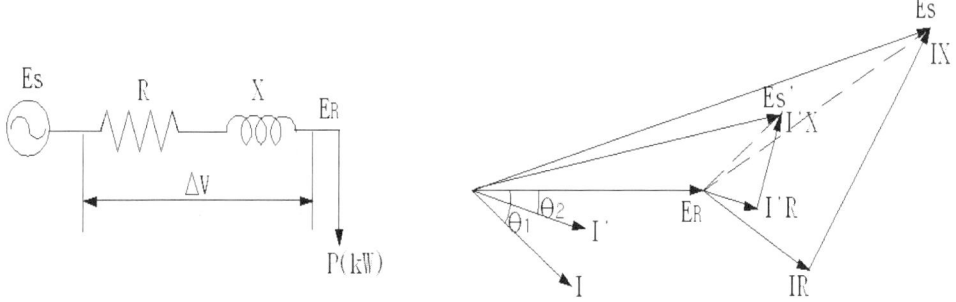

   Es:송전단 상전압   Er:수전단 상전압   R, X:선로 저항 및 리액턴스
   Io:부하전류   Pr:부하전력(1상분)   cosΘ:부하역률
   (1) 전압강하 원인 : 선로와 변압기의 저항, 리액턴스
       전압강하 ΔV = Es - Er = I (R cosΘ + X sinΘ)
      - 여기서 전압강하는 X가 클수록, 부하 전류가 클수록, 역율이 낮을수록 커진다.
   (2) 전압강하 영향 : 전기기기의 과열, 전동기 기동 불량, 출력 감소, 수명 단축 등
   (3) 역율 개선 효과
      - 부하전류가 감소하여 전압강하가 저감
      - 부하 : 정격 출력을 얻어 능률적인 운전

   2) 변압기 손실(동손) 저감 및 배전선의 손실 저감
      변압기 손실에는 변압기 철심에서 발생하는 철손과 코일에서 발생하는 동손이 있다. 철손은 부하 전류에 의하여 변하지 않지만 동손은 부하전류의 제곱에 비례하여 증가한다.
      따라서 역율을 개선하면 부하 전류가 감소하여 동손을 줄일 수 있다.
      전력 손실 비율을 계산으로 구하면
      $$\frac{W_2}{W_1} = k \frac{I_2^{\,2}}{I_1^{\,2}} = k \left(\frac{\cos \theta_1}{\cos \theta_2}\right)^2$$ 이 된다.
      예. $\cos \theta_1 = 0.85$ $\cos \theta_2 = 0.95$라면 (k는 1이라 보고)

$$\frac{W_2}{W_1} = k\frac{I_2{}^2}{I_1{}^2} = k(\frac{\cos\theta_1}{\cos\theta_2})^2 = (\frac{0.85}{0.95})^2 = 0.8 \quad \text{로 감소}$$

감소율 $K = [\ 1 - (\frac{\cos\theta_1}{\cos\theta_2})^2\ ] \times 100\ (\%)$

3) 설비의 여유도 증가

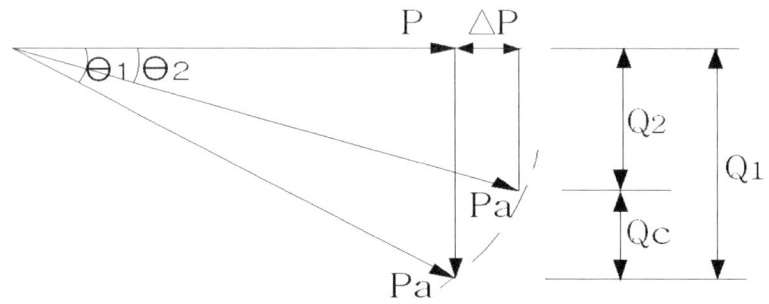

ΔP : 역율 개선 후 증가할 수 있는 유효 전력(KW)
Pa : 피상 전력(일정)
Q_1 : 개선 전 무효 전력(KVAR) $\cos\theta_1$: 개선 전 역율
Q_2 : 개선 후 무효 전력(KVAR) $\cos\theta_2$: 개선 후 역율
Qc : 콘덴서 용량

- 콘덴서 용량
  $Qc = Q_1 - Q_2 \fallingdotseq Pa\ (\sin\theta_1 - \sin\theta_2)$
  $\qquad\qquad\quad \fallingdotseq Pa\ (\sqrt{1-\cos^2\theta_1} - \sqrt{1-\cos^2\theta_2}\ )$

- 역율 개선에 의해 증가할 수 있는 유효 전력
  $\Delta P = Pa\ (\cos\theta_2 - \cos\theta_1)\ $ (KW)
  예. $\cos\theta_2$: 0.95, $\cos\theta_1$: 0.85라면 10% 유효 전력 증가

4) 수용가 전기요금 절감
   상기 3)에서와 같이 전력 손실이 줄임으로서 전력 요금 낭비를 줄일 수도 있겠으나 업무용이나 산업용같이 역율을 표시하는 수용가는 90% 역율을 기준으로 전력 회사와 기본요금이 책정되어 있고 만약 역율이 90%이상 되면 95%까지 0.5%씩을 기본요금에서 감액 받고 90% 미만이 되면 60%까지 0.5%씩 기본요금이 증액된다.

   (주택용은 제외)

2.4.4. 전압 변동 및 무효 전력 보상 방법 (61.2.5)

1. 개요
   무효전력 보상방법은 전압 변동에 대한 한 방법으로 활용되고 있으며 전압 변동 대책을 설명하면 다음과 같다.
   - 전압을 직접 조정한다.
   - 전원측 리액턴스 X_s를 줄인다.
   - 무효 전력을 보상한다.

2. 전압 변동 대책
   1) 전압을 직접 조정
      (1) 부하시 탭 절환기
          단계 제어로 특고압까지 가능
      (2) 유도 전압 조정기
          연속 제어 가능, 고압까지 가능
      (3) BOOSTER(승압기) 사용

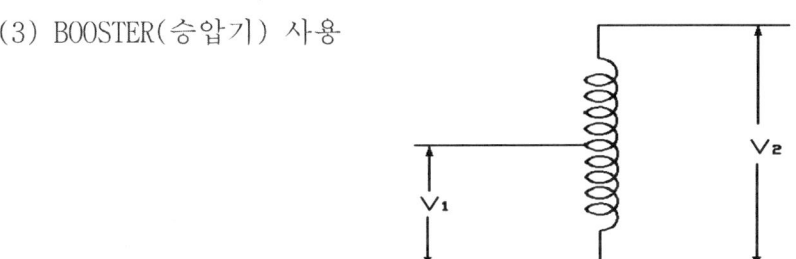

   2) 전원측 리액턴스 X_s를 줄인다.
      (1) 이론상 공급 계통의 단락 용량을 증가시키는 방법이 있지만 실제로는 불가능하다.
      (2) 선로 임피던스를 줄인다.
          배전용 변압기의 용량을 크게 선정하여 부하측에서 본 전원 임피던스를 작게 한다.
      (3) 직렬 콘덴서 설치

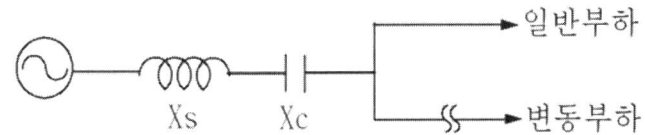

      - X_c 설치 후 계통 임피던스는 $X_s - X_c$가 되어
        전압강하 $\Delta V = \Delta Q \cdot (X_s - X_c)$가 되므로
        $\Delta V_c = \Delta Q \cdot X_c$ 만큼 개선 된 셈이 된다.

(4) 3권선 보상 변압기

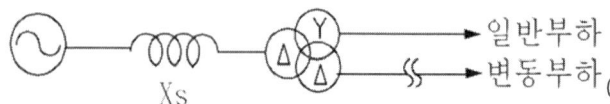

3) 무효 전력 보상
 (1) 설치 방법
   ① 지상시 : 전력용 콘덴서 설치
   ② 진상시 : 분로 리액터 설치
   ③ 진상, 지상 보상 : 동기 조상기 및 SVC
     - 동기 조상기는 발전기를 동기
       조상기와 같이 생각하여 역율을
       부하에 따라 변화시켜 발전기
       에서 무효 전력을 공급하는 방식임.

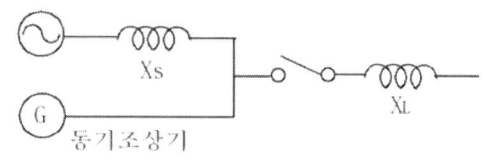

     - 동기 전동기가 여러 대 있을 때 전동기로 진상 운전시켜 무효 전력을 보
       상하는 방식임.

 (2) 개폐 방식
   ① 접점 개폐 방식(MCCB 또는 MG)
       가장 흔한 개폐 방법으로 시설비는 저렴하나, 수동 조작이므로 역율의
       변동에 따른 개폐가 원활하지 못하다.

   ② APFR 을 이용하여 역율 제어
       어느 규모 이상의 시설에서 자동 역율 조정 장치에 의한 자동 역율 제어
       방식으로 여러개의 콘덴서를 설치하고 역율에 따라 콘덴서의 투입을 하
       는 방식이지만 역율 제어가 계단식이다.

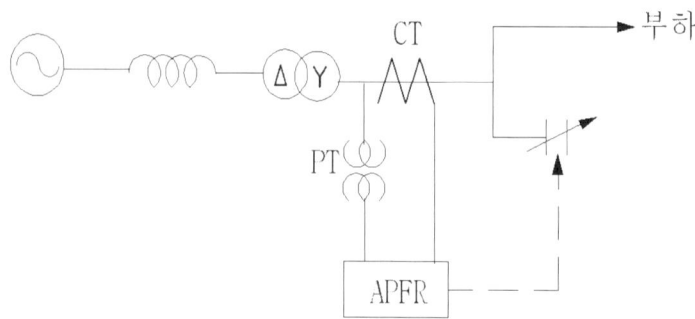

③ 사이리스터 개폐 방식

SCR을 이용하여 콘덴서를 투입하는 방식으로 충격 전압이 없이 선형적으로 무효전력을 공급할 수 있어 가장 효과적 이지만 시설비가 고가이다.

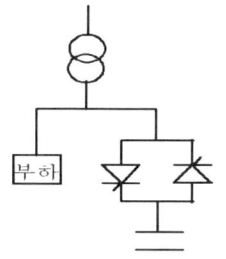

④ 위상 제어 방식

진상용 부하가 많을 경우 리액터로 진상용을 제어 하는 방식

3. 전력용 콘덴서 설치 방법

설치방법에 따라 무효 전력 보상 대상이 다르며 그 방법은 다음과 같다.

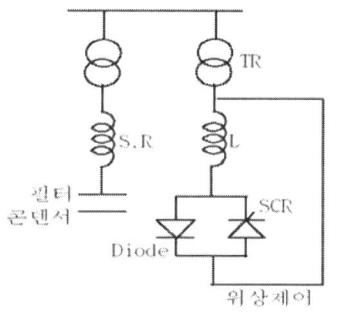

방 식	그 림	특 징
수전단 모선(고압) 측에 집합설치		1) 경제적이며 유지관리가 쉽다. 2) 역율의 개선은 콘덴서 설치점에서 전원 측이 개선되므로 선로 및 부하기기의 개선효과가 작다.
수전단 모선과 부하측 모선에 분산설치		1) 위 방법보다는 개선 효과가 크나 아래 각 부하에 분산 설치하는 방법보다는 떨어지는 방법이다. 2) 설치비가 위 방법보다 증가한다.
각부하에 분산설치		1) 역률 개선 효과가 가장 크다. 2) 고압용 콘덴서보다 설치면적도 많이 차지하며 초기에 투자되는 비용이 크다.

2.4.5 콘덴서의 적정 용량 산출 방법 및 과 진상시 문제점 (84.1.4)

1. 개요

   1역율 개선용 콘덴서의 용량을 적정하게 산정하여 적정 역율을 유지 하는 것이 전력회사는 물론 수용가 측면에서도 기기의 안정도, 전력 손실 저감은 물론 전력 요금 저하 요인도 되어 유리하다.

   2) 역율 개선이란

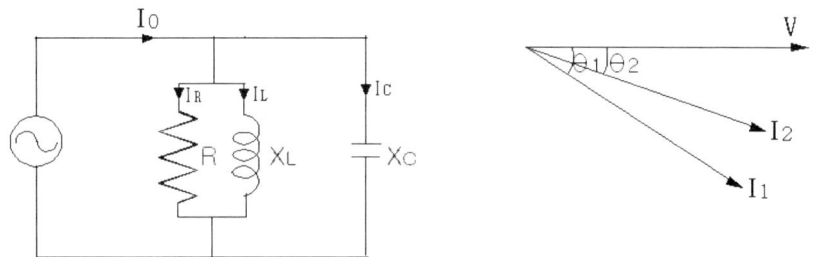

   전압 E를 인가하면 부하전류 I_0는 유효전류 Ir과 무효전류 Il (전압에 90° 지연)의 벡터합으로 표시된다.
   역율이란 이 유효 전류와 겉보기 전류 I와의 위상각 θ의 여현 Cosθ로 정의되며 Cosθ를 1에 근접 시키는 것을 역율 개선이라 한다.

2. 콘덴서 용량 산출 방법
1) 일정 유효 전력 (KW)의 경우

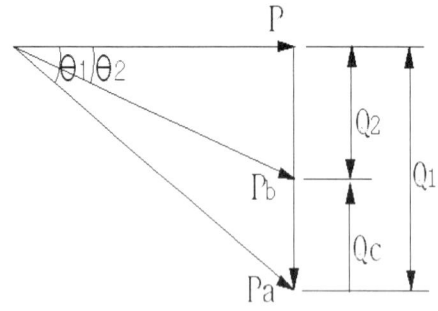

P : 유효전력 (kW)
Pa : 개선전 피상전력(kVA)
Pb : 개선후 피상전력(kVA)

Q_1 : 개선 전 무효 전력(KVAR) $Cosθ_1$: 개선 전 역율
Q_2 : 개선 후 무효 전력(KVAR) $Cosθ_2$: 개선 후 역율
Qc : 콘덴서 용량

(1) 역률 개선 전 무효 전력
   $Q_1 = P \tan \theta_1$
(2) 역률 개선 후 무효 전력
   $Q_2 = P \tan \theta_2$
(3) 컨덴서 용량
   $Qc = Q_1 - Q_2 = P(\tan \theta_1 - \tan \theta_2)$

$$= P \left[\frac{\sqrt{1-\cos^2 \theta_1}}{\cos \theta_1} - \frac{\sqrt{1-\cos^2 \theta_2}}{\cos \theta_2} \right]$$

2) 일정 피상전력(kVA)의 경우

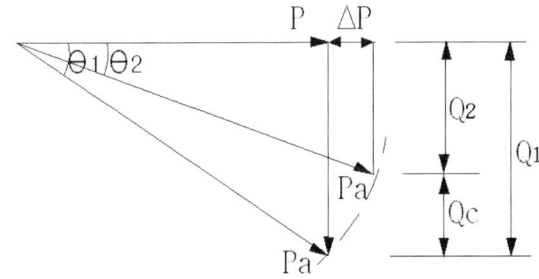

ΔP : 역률 개선 후 증가할 수 있는 유효 전력(KW)
Pa : 피상 전력(일정)
Q_1 : 개선 전 무효 전력(KVAR) $\cos\theta_1$: 개선 전 역률
Q_2 : 개선 후 무효 전력(KVAR) $\cos\theta_2$: 개선 후 역률
Qc : 콘덴서 용량
  - 콘덴서 용량
    $Qc = Q_1 - Q_2 \fallingdotseq Pa(\sin\theta_1 - \sin\theta_2)$
    $\fallingdotseq Pa(\sqrt{1-\cos^2\theta_1} - \sqrt{1-\cos^2\theta_2})$
  - 역률 개선에 의해 증가할 수 있는 유효 전력
    $\Delta P = Pa(\cos\theta_2 - \cos\theta_1)$ (KW)

3. 과 진상(과 보상)시 문제점 및 대책 (48.2.3)
 1) 문제점
  (1) 모선 전압 상승
   - 지상 전류를 역률을 보상하면 전압 강하는 줄일 수 있으나 과 보상하면 모선 즉, 수전단 전압이 상승한다.

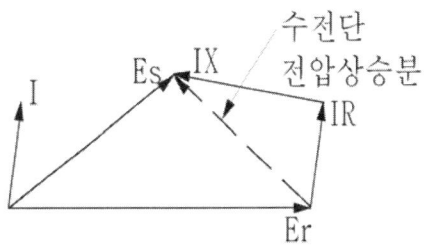

- 우측 그림처럼 수전단 전압이 상승한다.
- 특히 경부하시 콘덴서가 삽입된 채로 있을 경우 콘덴서 자체의 과부하는 물론 다른 부하에도 영향을 미친다.

(2) 송전 손실 증가
- 지역율을 개선하면 피상전력의 감소로 변압기 및 선로의 동손이 감소한다.
- 만약 과 보상되면 피상전력이 증가하고 전선로에 전류가 증가하여 손실이 증가하게 된다.

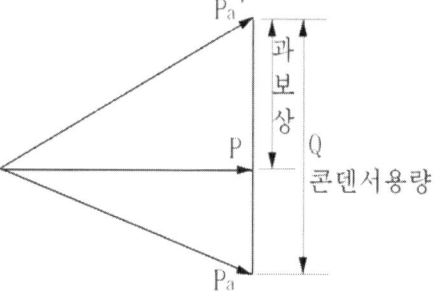

(3) 과전압에 따른 기기의 과열, 소손, 수명단축.
(4) 수전 설비의 이용율 저하
 피상 전력의 증가로 수전 설비 용량 이용율이 저하한다.
(5) 직렬 리액터 가열
(6) 차단기의 차단시 접점 마모 등 발생
(7) 계전기의 오동작
(8) 심할 경우 전력 계통의 붕괴
(9) 고조파 왜곡 증대 및 고조파에 의한 공진 현상

2) 해결 방법
 (1) 부하마다 콘덴서 설치
 (2) 전원측에 설치시는 자동 역율 조정기(APFR)를 설치하여 역율 조정
 (3) SVC 사용하여 역율 개선

참고 : 진상용 콘덴서 접속시 고조파에 의한 공진 현상

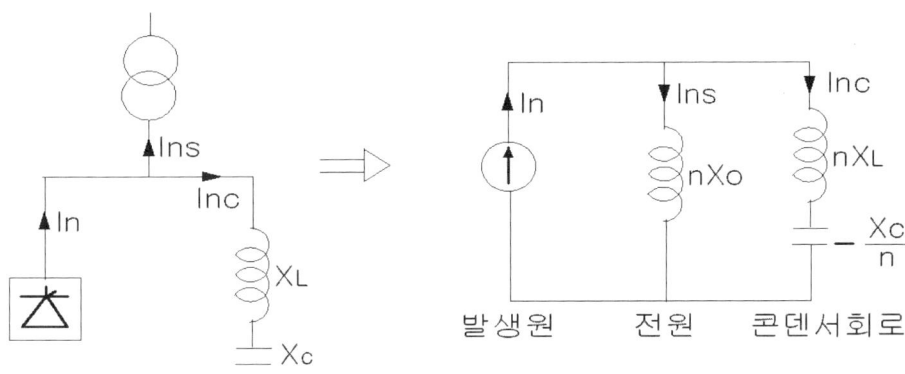

회로도	리액턴스	비 고
	유도성 $nX_L - \dfrac{Xc}{n} > 0$	n차 고조파에 대해서 콘덴서 회로는 유도성이 되며 바람직한 패턴임
	직렬공진 $nX_L - \dfrac{Xc}{n} = 0$	콘덴서 회로는 직렬 공진이 되며 n차 고조파 전류는 전부 콘덴서 회로에 유입된다. 바람직하지 못한 패턴임
	용량성 $nX_L - \dfrac{Xc}{n} \ll 0$	전원에 유입되는 고조파 전류가 확대되어 모선의 왜곡이 심하게 된다.
	병렬공진 $nXs \fallingdotseq nX_L - \dfrac{Xc}{n}$	병렬 공진 회로는 고조파 전류가 크게 확대되므로 절대로 피해야 하는 패턴임

2.4.6 전력용 콘덴서 고장 보호(63.1.9)

1. 개요

   콘덴서는 외부 환경에 의한 고장과 내부 사고에 의한 고장으로 분류 할 수 있으며, 보호 방식은 기계적인 방법과 전기적인 방법이 있다.

2. 콘덴서의 열화 원인
   1) 주위 온도 영향

      콘덴서의 최고 허용 온도는 일반적으로 40℃이다.

      따라서 주위 온도가 높은 경우 과열에 따라 수명이 단축되게 된다.
   2) 과전압 및 과전류

      허용 전압 : 110% 이하
   3) 고조파 전류

      허용 고조파 전류 : 35% 이하

3. 열화 방지 대책
   1) 온도 상승 방지
      - 발열기기와 200mm 이상 이격
      - 콘덴서 기기간 : 100mm 이상 이격
      - 상부 : 300mm 이상 공간 확보
      - 환기구 및 환기 장치 설치

   2) 과전압 대책
      - 진상 운전 방지(진상시 컨덴서 개방)
      - 유도 전동기의 자기 여자 용량 이하로 콘덴서 설치
      - 완전 방전 후 재투입
      - 개로시 재점호 발생하지 않는 차단기 선정(진공 개폐기, 가스차단기)

   3) 과전류 대책
      - 직렬 리액터 설치(투입시 돌입전류 및 고조파 전류 억제)
      - 직렬 리액터 용량 (제5고조파 : 6%, 제3고조파: 변압기 △결선)

4. 보호 방식
   1) 외부 환경에 의한 보호
      (1) 과전압 보호

콘덴서의 연속 사용 전압은 정격 전압의 110% 정도이므로 그 이상의 전압에 대하여는 보호를 해야 한다.

일반적으로 정격 전압의 130%에서 2초 내 동작하도록 하며 과거에는 유도형 한시 과전압 계전기를 많이 사용하였으나 최근에는 전자식 디지털 계전기가 많이 보급 되고 있다.
- 디지털 계전기 : 과거 유도형처럼 각각의 기능마다 별개의 계전기나 계기를 가지는 것이 아니고, 거의 모든 종류에 계전기 기능과 계기 기능이 한곳에 집합되어 있으며 계기용만의 기능은 계전기용 기능을 겸한 제품에 비하여 저렴하다.

(2) 저전압 보호

정격 전압의 70% 이하에서 2초 내 동작

기타는 위 과전압 계전기와 동일

2) 내부 사고에 의한 보호
(1) 단락 보호 (PF)
- 소자 파괴에서 단락에 이르는 순간에 단락전류를 차단하여 회로를 개방
- PF의 한류효과에 의하여 1/2 CYCLE정도로 차단
- 선정시 고려사항
  ㄱ. 콘덴서 정격전류의 1.5배 정격전류를 통전 할 수 있을 것
  ㄴ. 콘덴서 정격전류의 7배 전류가 0.2초간 흘러도 용단하지 않을 것
  ㄷ. 돌입 전류에 동작하지 말 것
- PF의 보호는 콘덴서 정격용량 50 KVA 이하가 적합하다.

(2) 과전류 보호(OCR)

일반적으로 과전류 계전기 사용

투입시 투입전류(정격 전류의 약5배)에 동작하지 말아야 함.

동작은 정격 전류의 150% 정도가 적당함.

(3) 지락 보호(OCGR, SGR)

전력 계통의 중성점 접지방식, 대지 분포 용량 등에 따라 그 영향이 다르기 때문에 일괄적인 보호 방식은 곤란함.

모선에 접속된 타 Feeder와 선택 차단방식 적용

5. 기기내부 사고 검출 방식

콘덴서 내부 소자가 절연 파괴 되면 과전류로 소자가 소손, 탄화하여 내부 아크열로 인한 절연유가 분해 가스화 되어 내압이 상승하고 용기나 부싱이

파괴되며 내부 고장시 회로로부터 신속히 분리되어야 한다.

1) 중성점 전류 검출 방식(Neutral Current Sensing)

　Y결선한 콘덴서 2조를 병렬로 결선하여 콘덴서 1개 소자 고장시 중선점에 불평형 전류를 감지하여 고장회로를 제거하는 방식

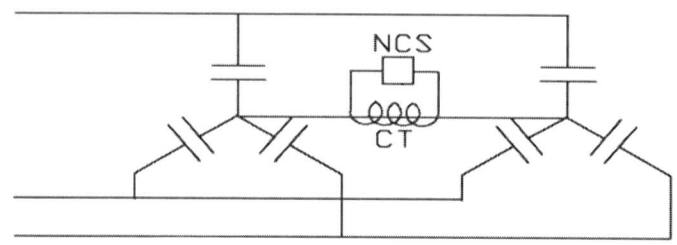

< 특징 >
- 검출 속도가 빠르고 동작이 확실함.
- 회로 전압의 변동, 직렬 리액터의 유무, 고조파의 영향을 받지 않는다.
- 콘덴서 회로 투입시 돌입전류에 의한 오동작이 없다.

2) 중성점 전압 검출 방식 (Neutral Voltage Sensing)

　단일 스타 결선에 보조 저항을 단자에 설치하여 보조 중성점을 만들어 중성점의 불평형 전압을 검출하는 방식

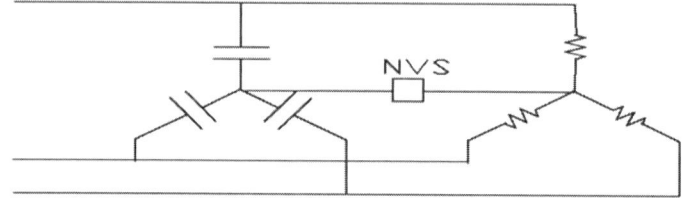

3) Open Delta 보호 방식

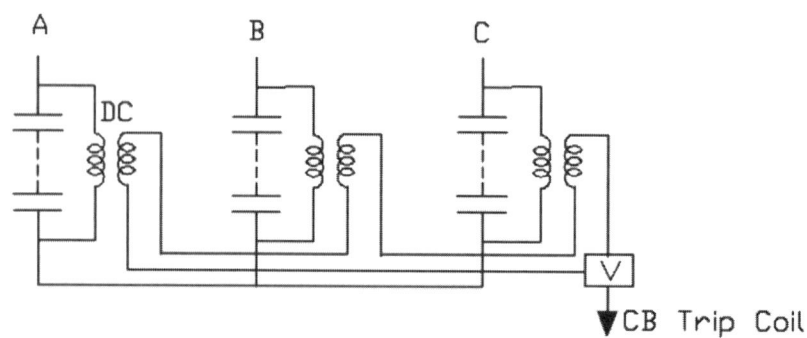

각상의 방전 코일 2차측에 그림과 같이 Open Delta로 결선한 것으로 평형 상태에서는 V 전압이 0 Volt 이나 사고시에는 이상 전압이 검출된다. (22.9 kv 계통에 적용)

4) 전압 차동 보호 방식

Open Delta 보호 방식과 같은 전압 검출 방식이나 절연 처리의 잇점으로 고압에서 특고압 까지 적용(6.6kv~22.9kv)

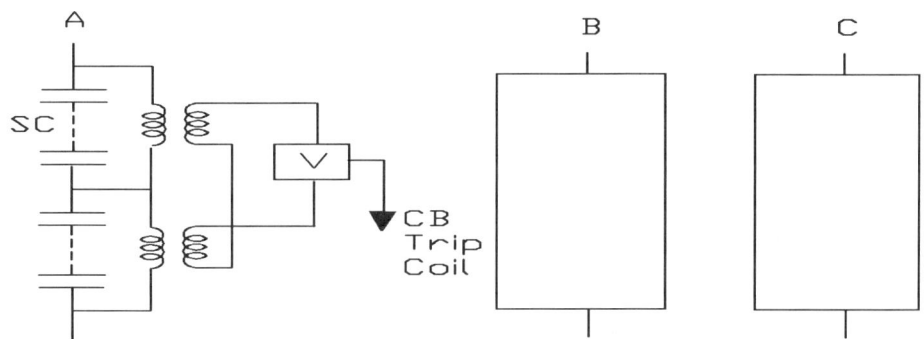

5) 보호용 접점 방식

콘덴서내 일부 소자 절연 파괴시 내압상승에 따른 용기 변형을 압력 스위치 또는 마이크로 스위치로 검출하여 차단기 개방

① 내압식 보호 접점 방식
  내압 검출용 압력 스위치와 보호용 접점 구성

② 암 스위치 방식
  - 용기의 팽창 부위를 검출하는 방식
  - (마이크로 스위치 등)Arm Switch 보호 방식
  - 콘덴서 외함의 팽창 변위를 검출하여 고장을 판별하는 방식.
  75 kVAR 이하 : 10mm정도
  75 kVAR 이상 : 15mm정도에서 Arm에 연결된 Limit SW 동작

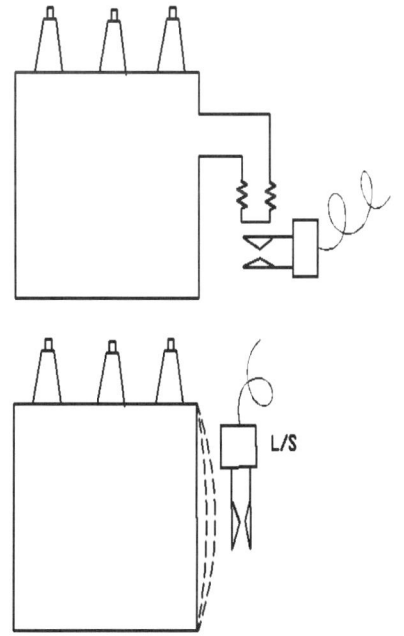

2.4.7 전력용 콘덴서 부속 기기(80.1.2)

1. 개요

   전력용 콘덴서는 전력 계통의 전압 조정, 부하 역율 개선 등의 목적으로 주로 사용되는 기기이며 변전 설비에서 빼놓을 수 없는 기기이다.
   전력용 콘덴서의 부속기기는 직렬 리액터, 방전코일, 고장 검출기 등으로 구성된다.

2. 전력용 콘덴서 부속 기기 및 효과
 1) 직렬 리액터
  (1) 고조파 억제
      콘덴서 투입시 발생하는 제3고조파는 △권선 내에서 순환하므로 선로에 나타나지 않으나 제5고조파가 나타나 이 영향으로 파형이 일그러지고 통신선에 유도장해를 미치게 된다.
      따라서 제5고조파 제거 목적인 직렬리액터 용량은 Q[KVA]의 4%이면 되나 실제로는 회로가 용량성이 되는 것에 대한 안전율을 고려하여 보통 유도성 일반 부하에는 6%, 변환기, 아아크로 등에서는 8~15% 정도로 한다.
      - 용량 산정 방법(제 5 고조파 발생 설비)

      $$5\omega L = \frac{1}{5\omega C} \qquad 5X_L = \frac{X_c}{5} \qquad \therefore X_L = 0.04\, X_c$$

      여기서 X_l = 직렬 리액턴스 임피던스 X_c = 콘덴서 임피던스
      - 제3고조파용은 13%
  (2) 투입시 과도 돌입 전류 억제
      콘덴서가 완전히 방전된 상태에서 전압이 인가되면 콘덴서는 순간적으로 단락 상태가 되어 정격전류의 약 5~6배의 돌입전류가 흐른다.

      $$\text{투입시 돌입전류 } I_{max} = I_c \left(1 + \sqrt{\frac{X_c}{X_L}} \right)$$

      - 돌입전류 영향
        개폐기 접점의 이상 마모
        OCR의 오동작
        사이리스터, 전력변환소자의 파괴
  (3) 콘덴서 개방시 이상 현상 억제
      - 재점호 현상에 의해 콘덴서 개방과 동시에 전동기, 변성기, 콘덴서 자신의 절연이 파괴되는 수가 있다.
  (4) 파형의 개선
      콘덴서에서 발생하는 제5고조파를 제어하여 파형의 일그러짐을 개선 할 수 있다.

2) 방전코일 및 방전 저항
   컨덴서에 축적된 전하는 유전체의 절연저항, 붓싱 및 도선, 지지애자의 누설 전류에 의하여 방전 되는데, 절연이 양호한 경우는 완전히 방전이 끝날 까지 장시간이 소요된다.
   (1) 설치 이유
      - 전력용 콘덴서 개방시 잔류전하 방전
      - 재투입시 과전압 방지
   (2) 방전 장치 종류
      - 방전코일 : 대용량의 콘덴서
         (일반적으로 200~300KVA이상인 콘덴서에)
      - 방전저항 : 소용량의 콘덴서에 적용
   (3) 방전 장치의 요구 성능
      - 방전 코일 : 5초 이내에 잔류 전압 50V이하로 방전
      - 방전 저항 : 3분 이내에 잔류 전압 75V이하로 방전
         5분 이내에 잔류 전압 50V이하로 방전
      - 생략 : 부하에 직결될 경우(부하회로를 통해 방전 되므로)

3. 설치시 주의사항
   1) 콘덴서 단자 전압(3.3kv, 3상, 500kVA(167*3), Y결선)

   $$Vc = \frac{V_1}{\sqrt{3}} = 1905(V)$$

   6% 직렬 리액터 삽입시 단자 전압 $Vc = 1905 \times \frac{1}{1-0.06} = 2027(V)$

   13% 직렬 리액터 삽입시 단자 전압 $Vc = 1905 \times \frac{1}{1-0.13} = 2190(V)$

   캐패시터 허용 과전압은 정격의 110%로 규정하고 있으므로 회로 전압의 상승분을 포함하여 캐패시터의 단자전압이 110% 이상 될 수 있는 직렬 리액터를 삽입할 경우에는 사전에 과전압, 과용량을 고려해야한다.

   2) 용량 비 일치
      예를 들어 6 KVA 리액터를 100KVA 콘덴서에 설치하였다가 50KVA의 콘덴서에 옮겨 설치한다면 리액터 용량은

      $6KVA \times (\frac{50\,kVA}{100\,kVA})^2 = 1.5\,kVA$ 가 되어

      50KVA 콘덴서에 대하여 3%의 리액터가 되어 제5고조파를 억제할 수 없다.

   (풀이)

1) 100kVA 콘덴서에 6kVA 직렬리액터 접속시
   - 전류 $I_1 = \dfrac{P}{E} = \dfrac{100,000}{200} = 500(A)$
   - 직렬리액터 내부저항 $R = \dfrac{P}{I^2} = \dfrac{6,000}{500^2} = 0.024(\Omega)$

2) 50kVA 콘덴서에 6kVA 직렬리액터 접속시
   - 전류 $I_2 = \dfrac{P}{E} = \dfrac{50,000}{200} = 250(A)$
   - 직렬리액터 용량 $P = I^2 R = 250^2 * 0.024 = 1.5\ kVA$

3) 따라서 이 직렬리액터는 50kVA에 대하여 3% 리액터 역할을 하여 제5고조파를 제거할 수 없게 된다.

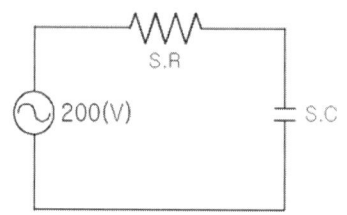

4. 설치 위치
   (1) 고압용 : 그림1과 같이 고압용은 콘덴서 1차에 직렬 리액터가 위치하며 방전 코일은 직렬 리액터 전원측 각 상간에 설치된다.
   (2) 특별 고압용 : 콘덴서 후단에 직렬 리액터가 설치되고 방전 코일은 콘덴서와 병렬로 설치된다.

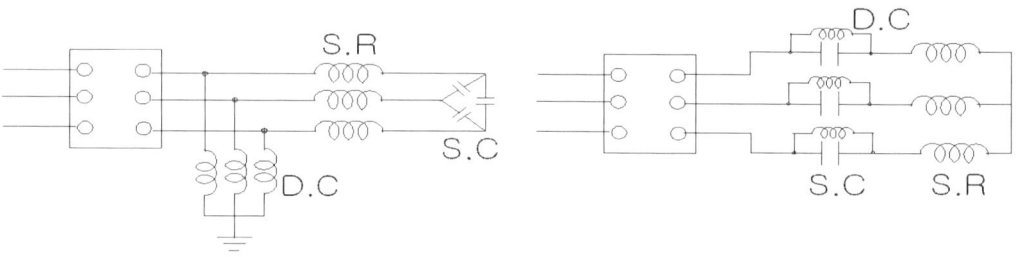

<그림1. 고압용>　　　　　<그림2. 특고압용>

참고. 리액터의 종류
1. 한류 리액터 : 차단기 1차에 직렬 접속하여 단락 전류 억제 및 차단기 용량 감소
2. 직렬 리액터 : 콘덴서 돌입전류, 파형개선, 고조파 방지 전동기 기동 전류 억제
3. 소호 리액터 : 중성점 접지(3상 일괄 정전용량과 공진)하여 지락지점의 아크를 줄이는 목적으로 사용하여 소호 리액터라 함.
4. 분로 리액터 : 송전단이나 변전소에 설치하여 패런티 현상 방지
5. 기동 리액터 : 전동기의 리액터 기동방식에 사용 기동전류 억제
6. 평활 리액터 : 정류기 등의 2차 회로에 설치하여 평활회로 목적.

2.4.8 콘덴서 개폐시 발생하는 현상(62.1.1)(78.1.13)

1. 개요
   콘덴서의 개폐는 일반 유도회로 개폐에 비하여 다음과 같은 특이성이 있다.
   1) 투입시 돌입전류가 대단히 크다.
   2) 개방시 개폐기 극간의 회복전압이 크고, 재점호시 이상전압 발생

2. 콘덴서 투입시 현상 및 대책
1) 돌입 전류와 돌입 주파수 발생에 따른 과전압 발생
   콘덴서가 완전히 방전된 상태에서 전압이 인가되면 콘덴서는 순간적으로 단락 상태가 되어 정격전류의 약 5~6배의 전류가 흐르고 주파수도 정격의 약 4배가 된다.

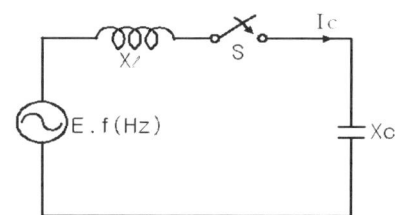

- 최대 돌입 전류 $I_{max} = I_c \left(1 + \sqrt{\dfrac{X_c}{X_l}} \right)$

- 최대 주파수 $f_{max} = f \sqrt{\dfrac{X_c}{X_l}}$

- 돌입 전류는 다음과 같은 상황에서 크게 발생한다.

원 인	영 향
유도 리액턴스(Xl)가 적은 경우	콘덴서 과열 소손
콘덴서 잔류 전하가 있는 경우	전동기 과열 소음 진동
전원의 단락용량이 큰 경우	계기 오동작 및 계측기 오차 증대
직렬 리액터가 없는 경우	CT 2차측 과전압 발생

(대책) 직렬 리액터 설치

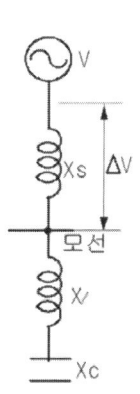

2) 모선의 순시 전압 강하 발생

   전압 강하 $\Delta V = V \times \dfrac{X_s}{X_s + X_l} \times 100(\%)$

   여기서 Xs : 전원측 리액턴스
        Xl : 직렬 리액터 리액턴스
   - 투입시 Xc는 거의 0, Xl << Xs이면 ΔV가 크게 되어
     Thyristor 변환기의 전류(轉流) 실패 가능

(대책)
직렬 리액터의 리액턴스 (Xl)를 수전측 리액턴스에 대해 문제가 되지 않을 만큼 크게 한다.

3. 개방시 현상

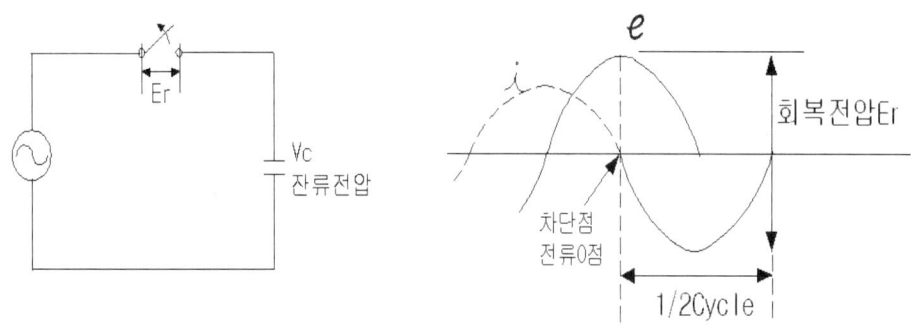

1) 잔류전하 축적으로 감전사고 우려
   콘덴서에 전원 인가시 축적된 전하량 Q = C V로 축적되어 있다가 방전 회로를 갖지 못하면 스위치를 개방하여도 전하는 콘덴서에 남게 되어 감전사고의 원인이 된다.
   (잔류 전하 방전 대책)
   - 콘덴서 용량 Q (kVA)에 대하여 방전코일은 5초내, 방전저항은 5분내 개방 후 잔류 전하를 50V 이하로 방전 시킬 수 있어야 한다.
   - 그러나 부하에 직결시킬 경우는 부하를 통해 방전 되므로 불필요.

2) 재점호에 의한 이상 전압 발생

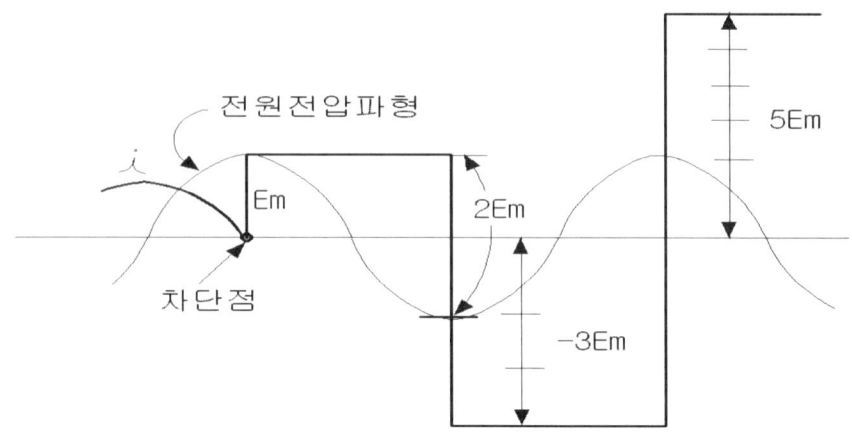

(1) 재점호 : 콘덴서를 개방 후 1/2 사이클 후 콘덴서의 잔류전압과 전원 전압의 차인 회복전압을 견디지 못하여 절연파괴가 일어나는 현상임.
(2) 위 그림에서 전류 0 점에서 차단시 부하단에는 파고치의 전원전압이 되고 1/2 사이클 후 차단기의 극간에는 2배(2Em)의 전압이 나타난다.
(3) 1/2 사이클 후 극간전압 상승으로 절연파괴가 일어난다면 이를 재점호라 하고 전원 전압의 약 3배(3Em)정도이며 다시 1/2 사이클 후 극간전압의 상승으로 5배의 전압이 나타난다.
(4) 실제 회로에서는 3.5배 이하의 써지 전압으로 나타난다.
(5) 영향
   - 콘덴서 절연 파괴
   - 모선에 접속되어 있는 기기의 절연파괴
(6) 대책
   - 차단 속도가 빠르고 절연 회복 성능이 좋은 개폐기 선정
     고압 회로 : 진공 개폐기, 가스 개폐기
     저압 회로 : MCB, 전자 개폐기
   - 직렬 리액터 설치

3) 유도 전동기의 자기 여자 현상에 의한 소손

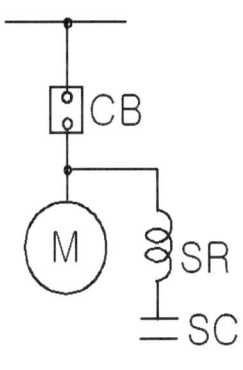

- 왼쪽 그림에서 콘덴서 단자 전압이 즉시 "0"이 되지 않고 이상 상승하거나 장시간 감쇄하지 않는 경우 과전압으로 전동기가 소손될 우려가 있으며 이를 자기 여자 현상이라 한다.
- 콘덴서 용량이 전동기의 여자 용량보다 클 때 발생한다. (대책)
- 콘덴서용량을 전동기의 자기여자용량보다 작게 한다. (전동기 여자용량은 전동기 정격출력의 25~50%정도임)

4. 콘덴서 개폐장치 요구 성능 (78.1.13)(53.1.10)
 1) 상시 부하 전류를 안전하게 통전할 것
 2) 투입시 과대한 여자 돌입전류(정상전류의 약5배)에 견딜 것
 3) 개방시 개폐기의 회복전압에 견디어 재점호 현상이 없을 것
 4) 전기적 기계적으로 다 빈도 개폐에 견딜 것
 5) 보수 점검이 쉽고 수명이 길며 경제적 일 것

5. 콘덴서 개폐시 대책
   1) 직렬 리액터 설치
      여자 돌입 전류 억제
      파형 개선
      고조파 억제
   2) 방전 장치(방전저항, 방전 코일) 설치
      잔류 전하 방전

2.4.9 전력용 콘덴서 자동 제어 방식(74.1.8)

1. 개요

   전력용 콘덴서는 뒤진 역률을 개선하여 무효 전력을 억제하고 전압 강하를 감소시키며 계통의 전력 손실을 저감시킴과 동시에 설비의 이용율을 높일 수 있다. 그러나 과 진상이 되면 전원 전압보다 선로 전압이 더 높아 전기 기기의 과열등 문제가 있기 때문에 적당한 방법으로 제어를 할 필요성이 있다.

   또한 콘덴서는 고장시 내부 폭발등 사고의 우려가 있기 때문에 보호 시스템을 철저히 갖추어야한다.

2. 역률 제어 방법

   역률 제어의 통상목표는 95%로 한다.
   (100%로 할 경우 무효분이 진상이 될 수 도 있다.)

   1) 수동제어방법

   사람이 역률계를 보면서 직접 제어하는 방법
   (1) MCCB 조작 방법
   (2) MG SW에 의한 조작 방법

   2) 자동제어방법

   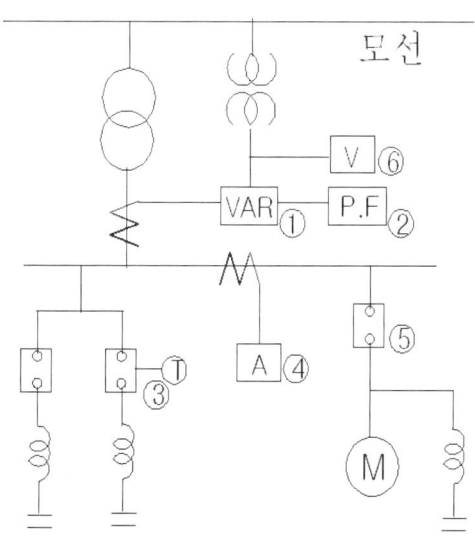

   (1) 무효 전력에 의한 제어
    - 검출 : 무효 전력 계전기
    - 원리 : 무효 전력이 정정 값 보다 커졌을 때 콘덴서를 투입하여 보상하고 무효 전력이 정정 값 보다 작아졌을 때 콘덴서를 개방

   (2) 역률에 의한 제어
    - 검출 : 역률 계전기
    - 원리 : 역률이 정정치보다 나빠져 지상이 되면 투입 하고 역률이 정정치 보다 좋아지면 개방
     (100% 넘지 않도록 주의)

(3) 시간 프로그램에 의한 제어
   - 원리 : 타임스위치를 두어 시간대별로 투입, 개방하여 보상
   - 적용 : 백화점과 같이 영업시간이 일정한 부하

(4) 전류에 의한 제어
   - 검출 : 전류 계전기
   - 적용 : 역율이 부하전류에 따라 일정한 장소

(5) 특정 부하에 대한 제어
   - 아크로나 유도 전동기와 같이 역율이 특히 나쁜 부하에 직결하여 역율을 제어하는 방식
   - 간단하고 효과적이다.

(6) 모선 전압에 의한 제어
   - 검출 : 전압 계전기
   - 적용 : 1차 변전소에 주로 적용하며 역율 개선보다는 전압 조정 목적으로 사용한다.
     모선 전압이 정정 값보다 낮아지면 투입하고 정정값 이상 되면 콘덴서를 차단하여 전압을 조정한다.

2.4.10 페란티 현상 및 과보상시 대책(61.2.4)(88.4.2)

1. 페란티 현상의 문제점
   장거리 송전선로에서는 정전용량의 영향이 크게 나타난다. 특히 무부하의 송전선을 충전할 경우에는 문제가 많다.
   일반적으로 부하의 역율은 지상 역율이기 때문에 비교적 큰 부하가 걸려 있을 때에는 전류가 전압보다 위상이 뒤져있는 것이 보통이다.
   아래(a) 그림처럼 지상 전류가 송전선이나 변압기를 흐르게 되면 수전단 전압은 송전단 전압보다 낮아진다.

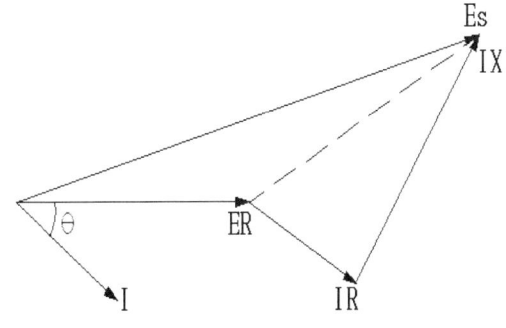
<지상 전류가 흐를 경우 벡터도>

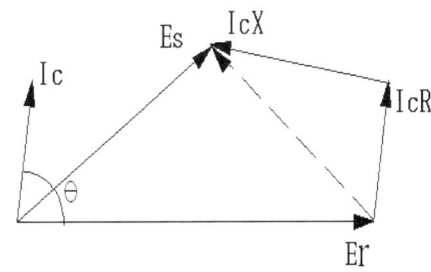
<진상 전류가 흐를 경우 벡터도>

   그런데 부하가 아주 적을 경우, 특히 무부하의 경우에는 선로의 정전용량 때문에 전압보다 위상이 90° 앞선 충전 전류의 영향이 커져서 선로를 흐르는 전류가 진상으로 되는 수가 있다.
   이러한 경우에는 위의 (b)에 보인 것처럼 이 진상전류 Ic 와 선로의 자기 인덕턴스에 의한 전압 때문에 수전단의 전압은 송전단의 전압보다 높아진다. 이러한 현상을 페란티 현상 또는 페란티 효과라 한다.
   일반적으로 이러한 현상은 송전단의 단위 길이당의 정전용량이 클수록, 또는 송전선로의 길이가 길수록 현저하게 나타난다.
   그 결과 선로내의 전압은 송전단이 제일 낮고 송전단으로부터 멀리 떨어질수록 점점 높아지며 수전단의 개방단에서 최고값을 보이게 된다.

2. 페란티 현상시 영향
   1) 수전단 전압이 상승
   2) 전류 증가로 인한 선로 손실 증가
   3) 피상전력이 증가
   4) 수전설비 이용을 극대화 할 수 없다.
   5) 계전기의 오동작 원인이 될 수 있다.
   6) 콘덴서와 직렬 리액터가 과열 될 수 있다.

7) 차단기가 진상 전류 차단에 문제를 야기할 수 있다.
8) 전압 변동율이 커지고 심하면 전력 계통이 붕괴할 수 있다.

3. 대책
   1) 전력 계통에서의 대책
      - 콘덴서, 분로리액터, 동기 조상기를 사용하여 무효전력을 일정범위로 유지하여 전압을 적정하게 유지 시켜야 한다.
      - 분로 리액터는 케이블이나 초고압 계통의 선로 정전용량에 의한 진상 무효전력 또는 경부하시 일반 수용가로 부터의 진상 무효전력으로 인한 전압 상승 방지용이다.
   2) 수전 설비에서의 대책
      - 부하마다 개별 콘덴서 설치
      - 자동 제어
      - 부하가 급변하는 수전설비의 제어가 필요
        즉, 부하용량이 급변하는 수전설비에서는 경부하시에는 앞선 전류에 의한 과 보상으로 문제점이 발생하여 콘덴서의 제어가 필요하다.

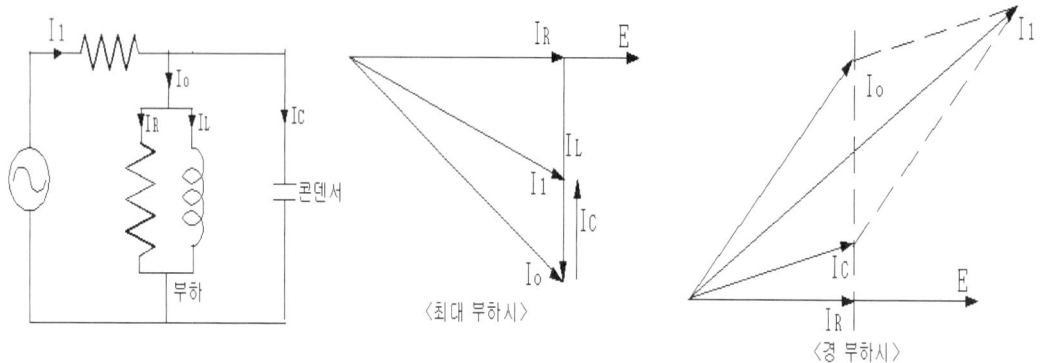

<고정용 콘덴서 사용시의 벡터도>

   3) 콘덴서 자동 제어 종류
      (1) 무효 전력에 의한 제어
      (2) 역률에 의한 제어
      (3) 시간 프로그램에 의한 제어
      (4) 전류에 의한 제어
      (5) 모선 전압에 의한 제어
      (6) 특정 부하에 대한 제어

2.4.11 SVC시스템

1. 개요
   1) SVC : Static Var Compensator 의 약자
   2) 동기조상기의 무효전력제어 기능을 전력용 반도체 소자를 이용하여 정지형 형태로 구현한 무효전력 보상장치
   3) 종류
     - TSC(Thyristor Switched Capacitor) : 사이리스터 on-off 제어방식
     - TCR(Thyristor Controlled Reactor) : 사이리스터 위상제어 방식
     - SVG(Static Var Generator) : 자려식 컨버터 방식

2. 구성
   1) 진상용 캐패시터, 지상용 리액터
   2) 무효전력 측정 센서
   3) 기준값과 비교 계산기
   4) 내부제어용 개폐장치 및 회로

3. 특성
   1) 응답이 0.02초 정도로 매우 빠르다.
   2) 신뢰성, 유지보수, 조작성이 회전기에 비하여 뛰어나며 간단하다.
   3) 자려식의 경우는 무효전력 보상과 더불어 고조파 보상도 가능하다.
   4) soft ware적인 운영기술 향상이 필요한 실정이다.

4. SVC 종류

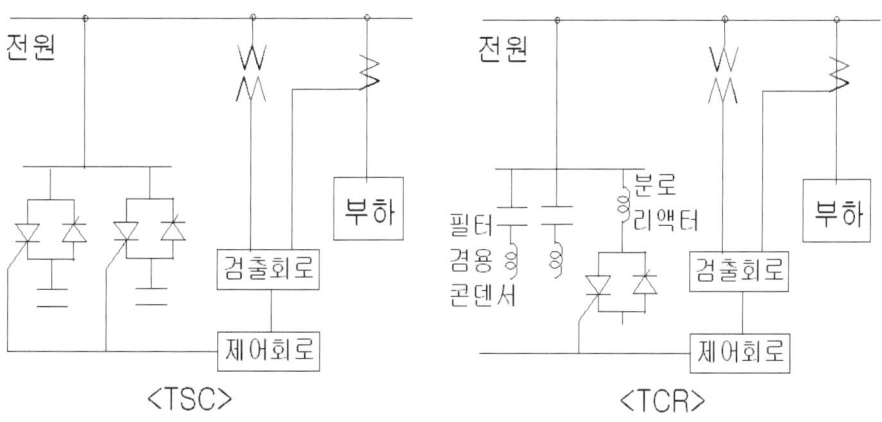

1) TSC (사이리스터 on-off 제어방식)
   (1) Thyristor에 의해서 복수의 진상콘덴서를 개폐 제어.
   (2) 진상무효전력의 단계적 제어
   (3) 자체내에서 고조파 발생이 없고 손실이 적다.
   (4) 과대한 돌입 전류 없이 제어
   (5) 고조파를 발생시키지 않고 진상분만 공급

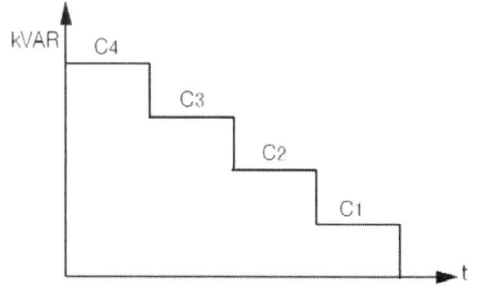

2) TCR (사이리스터 위상제어 방식)
   (1) Thyristor와 리액터를 직렬접속하고 위상을 제어.
   (2) 발생 지상무효전력을 연속적으로 제어한다.
   (3) 응답속도 1/4 cycle이하로 고속제어가 가능하다.
   (4) PWM에 의해서 위상제어 control을 시행한다.

3) SVG (자려식 컨버터)

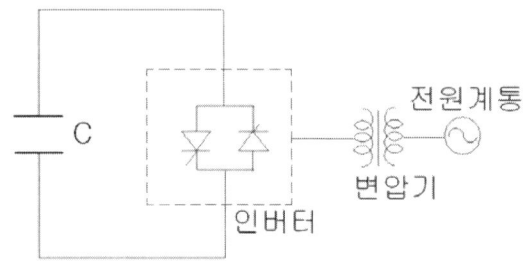

   (1) SCC(Self Commuted Converter)이라고도 함
   (2) 인버터와 결합하여 출력전압을 조정
   (3) 콘덴서와 리액터 두 가지 기능을 동시에 수행

5. 용도
   1) 진상 또는 지상 무효 전력 보상
   2) 변동부하에 의한 플리커의 억제
      - 부하의 무효전력 Q가 변동하여 전압 플리커가 발생하는데
      - SVC는 부하의 역극성으로 동작하여 무효전력을 0으로 만듦
      - 변동부하에 가까운 지점에 설치하는 것이 바람직하다.
   3) 수전단 전압의 안정화
   4) 계통안정도의 향상

송전선이 장거리화하면 위상각이 증대하여 탈조, 난조에 이르기 쉽다.

그러나 중간점의 전압을 SVC에 의해서 유지하면 과도 안정도가 대폭 향상된다.

6. 결론
 1) 종래, 타려식 사이리스터 변환장치를 사용
    콘덴서나 리액터의 무효전력을 제어하는 방식의 정지형 무효전력 보상장치(TSC 또는 TCR)가 널리 적용되어 왔지만
 2) 최근에는 자려식 인버터를 사용한 새로운 방식의 무효전력 상장치(SVG)가 실용화되고 있다.
    이 방식은 무효전력을 발생시키기 위한 콘덴서나 리액터를 필요로 하지 않기 때문에 설치 스페이스를 적게 할 수 있다는 특징이 있고, 또 액티브 필터로서 고조파 보상도 가능하다는 등 종래의 무효전력 보상장치에 비해서 우수한 특성을 많이 가지고 있기 때문에 전력계통용이나 산업용 등에 적극적으로 적용되어 가고 있다.

2.5.1 CT의 원리 및 특성 설명(75.3.5)
(62.2.4)(65.1.13)(66.1.7)(71.3.4)(78.1.3)

1. 정의

   계기용 변류기는 1차 권선, 2차 권선 및 철심으로 구성되고, 철심을 지나는 자속을 매개로하여 1차 전류를 이것에 비례하는 2차 전류(보통5A)로 변성하는 것이다. 여자 전류와 철심을 무시하면 1차 전류와 2차 전류의 비는 권수비에 역비례 한다.

2. CT의 원리

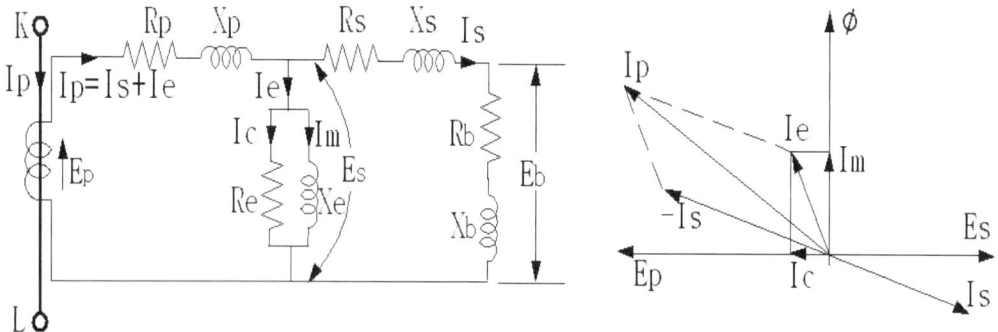

   Rp, Xp : 1차 권선 저항 및 누설 리액턴스
   Rs, Xs : 2차 권선 저항 및 누설 리액턴스
   Rb, Xb : 2차 부담 저항 및 리액턴스
   Re, Xe : 철심의 철손 저항 및 여자 리액턴스
   Ip, Is : 1차 전류 및 2차 전류
   Ie, Ic, Im : 여자 전류, 철손 전류 및 자화 전류
   Ep, Es, Eb : 1차 유기 전압, 2차 유기 전압 및 2차 단자 전압
   Φ : 철심 자속

   - 위 그림에서 이상적인 변류기라면 Ip = Is가 되지만 실제의 변류기에서는 1차 전류 Ip의 일부는 여자 전류 Ie로서 철심의 여자에 소비되고 나머지 전류가 Is가 된다.
     Ip = Is + Ie
   - 여자 전류 Ie는 철손전류 Ic와 자화전류 Im의 합이다.
     Ie = Ic + Im
   - 2차 유기전압 Es = Is ((Rs + Rb) + j(Xs + Xb))

3. C T 특성 (62.2.4)(71.3.4)

1) 포화 특성(66.1.7)

CT는 1차 전류가 증가하면 2차 전류도 변류비에 비례하여 증가한다. 그러나 어느 한계에 도달하면 1차 전류는 증가하여도 2차 전류는 포화되어 증가하지 않는다.

(1) 포화점(Knee Point)

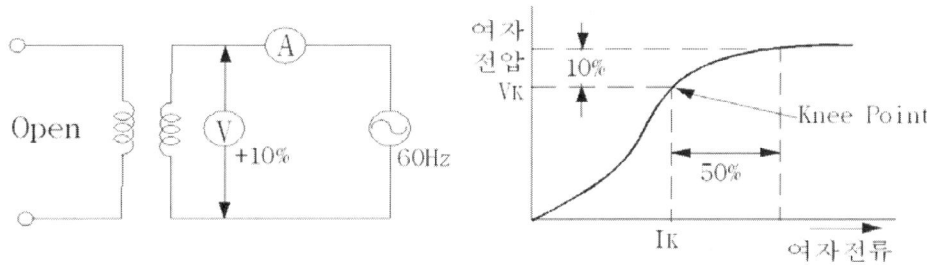

CT의 1차 권선을 개방하고 2차 권선에 정격 주파수의 교류 전압을 서서히 증가시키면서 여자 전류를 측정할 때, 여자 전압 10% 증가시 여자 전류 50% 증가하는 점.

(2) 포화 전압 (Knee Point Voltage)

포화점의 인가전압을 포화 전압이라 하고, 이것이 충분히 높아야 대 전류 영역에서 확실한 보호가 가능하다.

계전기용에서 이 Knee Point Voltage가 작은 CT를 사용하면 계전기가 오동작이나 부동작 할 수 있다.

2) 비오차 (Ratio Error)

실제의 변류비가 공칭변류비와 얼마만큼 다른가를 나타내는 것.

비오차 $\epsilon = \dfrac{Kn - K}{K} \times 100(\%)$ 여기서 Kn : 공칭 변류비
  K : 실제의 변류비

(참고) 오차율 = $\dfrac{이론값 - 실험값}{이론값} \times 100(\%)$

3) 과전류 정수(n)

어떤 2차 부담에서 1차 전압을 증가하고, 1차 전류가 어느 한도를 초과하면 자속 밀도가 포화하여 여자 전류가 급격히 증가하지만 2차 전류는 증가하지 않는다.

이 경향은 2차 부담이 커질수록 심하게 나타난다.

그래서 변류기의 과전류에서의 오차를 나타내기 위해서 과전류 정수가 규정되어 있다.

- 과전류 정수란 정격 주파수, 정격 부담에서 변류기의 비오차가 -10% 될

때의 1차 전류와 정격 1차 전류의 비를 n으로 표시하고 n>5, n>10, n>20 을 표준으로 하고 있다.

$$n = \frac{I_1}{I_{1n}} = \frac{비오차가 -10\% 될때의 1차 전류}{정격 1차 전류}$$

4) 부담 : 2차 전류에 의해 2차 회로에서 소비되는 피상전력

   $[VA] = I^2 \cdot Z$ (여기서 I:2차 정격전류, Z:부하임피던스)
   - CT부담 $\geq \Sigma$ 2차 부하
   - 정격(2차 전류가 5A 일 때) : 5, 10, 15, 25, 40, 100VA

5) 과전류정수 와 CT 2차 부담과의 관계
   (1) CT의 과전류정수 x CT 2차 부담 = 일정
       따라서 부담이 커지면 과전류 정수는 저하하는 것을 의미하며,
   (2) 반대로 큰 과전류정수가 필요할 때는 부담을 줄임으로써 목적을 달성할 수 있다.
   (3) 과전류정수가 너무 크게 되면 CT 2차 측에는 사고전류에 비례한 큰 전류가 흐르게 되어 계전기의 열적, 기계적 내량이 문제가 되는 수가 있으므로 주의 하여야 한다.
   (4) 과전류 정수가 작으면 계기, 계전기 보호에는 유리하나 오동작이 부동작의 원인이 될 수 있다.

6) 과전류 강도(65.1.13)(78.1.3)

   전력 계통에 단락이 발생하면 주 회로에 접속되는 변류기 1차 권선에는 과대한 고장 전류가 흘러서 변류기가 파괴 될 수 있다. 그 원인으로는
   - 과전류에 의해 온도 상승으로 인한 권선 용단
   - 강력한 전자력에 의한 권선 변형 등이 있다.
     따라서 변류기는 이런 사고에 대해서 열적, 기계적으로 어느 정도 견딜 필요가 있어 과전류 강도는 열적 과전류 강도와 기계적 과전류 강도로 나누어 생각하지 않으면 안된다.
   (1) 열적 과전류 강도
       열적 과전류 강도는 규격상으로 표준 시간이 1.0초로 되어 있으나 사고에 의해 과전류가 흐르는 시간은 반드시 1초라고는 할 수가 없으므로 임의의 시간에 대해서는 다음 식으로 구한다.

       CT의 열적 과전류 강도 $Sn \geq S \cdot \sqrt{t}\ (kA)$

       여기서 S : 계통단락전류(kA)
       t : 통전시간$(=$차단시간$)(Sec)$

(2) 기계적 강도

단락 전류의 최대 진폭 Im, 최악의 경우는 교류 실효값의 $2\sqrt{2}$ 배의 진폭이 되지만 규격상으로는 직류분 감쇄(0.5Cycle 정도)를 고려하여 정격 과전류의 2.5배에 상당하는 초기 최대 순시값에 견디도록 되어있고 보통은 다음 식으로 구한다.

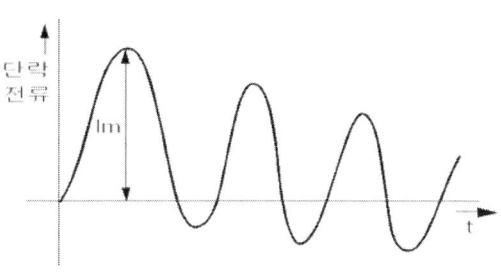

- CT의 과전류강도 = $\dfrac{단락전류}{정격1차전류}$(배)

* 이와 같이 변류기의 과전류 강도는 열적 과전류 강도와 기계적 과전류 강도 모두를 만족해야 하고 규격에는 40In, 75In, 150In, 300In등이 있다.

(참고)
- IEC : 5P10. 10P20 (10배에서 5%, 20배에서 10% 의미)
- ANSI : C100, C200등으로 표시

4. CT선정시 유의사항

2차 전류의 포화 현상을 피하기 위해서는
1) 정격 VA가 큰 것 또는 과전류 정수가 큰 것을 사용해야 한다.
2) CT의 2차 전선의 단면적을 크게 하여 저항을 낮춘다.
3) 다수의 계기나 계전기가 1개의 CT에 접속시에는 계기용과 계전기용을 분리
4) CT의 1차 정격 전류를 좀 크게 선정한다.
   이때 변압기 여자 돌입 전류로는 트립 되지 않지만, 단락 전류는 확실히 동작 하는 것을 선택해야 한다.

2.5.2 CT의 종류 및 정격 설명(72.4.1)

1. 개요
   변류기는 철심을 지나는 자속을 매개로 1차 전류를 이에 비례하는 2차 전류로 변성하여 계기 및 계전기 등에 전달하여 선로의 전류를 측정 또는 보호를 하기 위해 설치한다.

2. 변류기의 종류
 1) 절연 구조에 따른 분류
    (1) 건식
       - 절연 재료로 종이, 면 등을 절연 와니스에 진공 함침한 방식
       - 저전압, 옥내용으로 많이 사용
    (2) MOLD형
       - 절연 재료로 합성수지, 부틸고무 등을 사용하여 권선 또는 전체를 절연한 방식
       - 저전압 및 6.6KV, 22.9KV에 사용
    (3) 유입형
       - 절연유를 절연재료로 사용한 것으로 애자형, 탱크형 등이 있다.
       - 고전압(22.9KV~345KV) 및 옥외용에 많이 사용
    (4) 가스형
       - 절연유 대신 SF_6 Gas를 사용하여 탱크형으로 제작
       - 최근 GIS 설비용으로 많이 사용

 2) 권선 형태에 따른 분류
    (1) 권선형 : 1,2차 권선 모두 한 철심에 감겨있는 구조
    (2) 관통형 : 1차 도체가 철심 중심부를 통과하고 주위의 철심에 2차 권선이 균일하게 감겨있는 구조.
    (3) Bushing 형 : 관통형 CT의 일종으로 붓싱 내의 도체를 CT의 1차 도체로 사용한다. 따라서 철심의 단면적이 커져서 포화 특성이 좋음.

 3) 특성에 따른 분류
    (1) 계측기용 : 평상시의 정상부하 상태에서 사용하므로 계측값이 정확해야 하며, 사고시에는 포화되어 계측기를 보호하는 특성이 필요하다.
    (2) 계전기용 : 사고시에 동작해야 하므로 대전류에서도 포화되지 않아야 한다.

3. CT의 정격

1) 계급
표준형 : 0.1급 또는 0.2급
일반형 : 0.5급, 1.0급 또는 3.0급

2) 최고 전압 : 규정 조건하에서 특성을 보호 할 수 있는 최고값

공칭 전압 (KV)	3.3	6.6	11	22
최고 전압 (KV)	3.6	7.2	12	24

3) 정격 전류

(1) 정격 1차 전류
정격 1차 전류 = 최대 부하전류 x 여유율로써
(여유율. TR용 : 1.25 ~ 1.5, 전동기 용 : 2 ~ 2.5배)

(2) 정격 2차 전류

일반용	디지털 계전기용	원방 계측
5A	1A	0.1A, 1A

4) 정격부담

(1) 변류기의 2,3차 회로에 접속된 부하의 피상 전력으로서 정해진 성능을 보증할 수 있는 부담.
(2) CT의 정격부담 ≥ 2차회로 총 부담 + 계기와 보호 계전기 등의 총 부담
표준 : 5, 10, 15, 25, 40, 60, 100VA
일반적으로 40 VA를 많이 사용함.

5) 과전류 강도

CT에 정격 부담, 정격 주파수 상태에서 열적, 전기적 손상 없이 보통 1초간 흘릴 수 있는 최고 고장 전류를 정격 1차 전류로 나눈 값.
즉, 표준시간(보통1초)에서 정격 1차 전류의 몇 배까지 견딜 수 있는가 하는 것으로 40In, 75In, 150In, 300In 등이 있다.

(1) 열적 과전류 강도
표준 시간 1.0초에서 정격 1차 전류의 몇 배까지 견딜 수 있는 값.

CT의 열적 과전류 강도 $Sn \geq S \cdot \sqrt{t} \ (kA)$

여기서 S : 계통단락전류(kA)

t : 통전시간$(=차단시간)(Sec)$

(2) 기계적 강도 : 전자력에 의한 변형에 견디는 강도로서 정격 과전류의 2.5배에 상당하는 초기 최대 순시치의 과전류에 견디어야 한다.

$$CT의 \ 과전류 \ 강도 = \frac{최대 \ 비대칭 \ 단락전류}{정격 \ 1차 \ 전류}$$

6) 과전류 정수(n)
- 정격 주파수, 정격 부담에서 비오차가 -10% 될 때의 1차 전류와 정격 1차 전류의 비를 n으로 표시한 것.

$$n = \frac{I_1}{I_{1n}} = \frac{비오차가 \ -10\% \ 될 \ 때의 \ 1차 \ 전류}{정격 \ 1차 \ 전류}$$

- 표준 : n>5, n>10, n>20, n>40 등이 사용되고 있다.

2.5.3 CT 결선 및 영상 전류 얻는 법(78.4.6)

1. CT 결선 법
   1) Y 결선(잔류 회로법)
      (1) 단락 전류나 지락 전류 검출이 용이하다.
      (2) 각상 전류 : 단락 보호 및 과전류 보호
      (3) 잔류 회로 : 지락 보호
         그림에서 각상 전류의 벡터 합은 영상 전류의 3배가 된다.
      (4) CT 2차를 접지 할 때는 CT측이나 계전기측 중 한곳에서만 접지를 해야 한다.

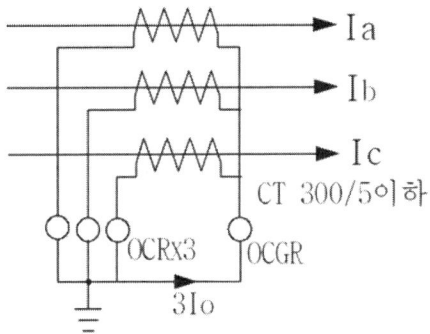

   2) 3차 영상 분로 회로

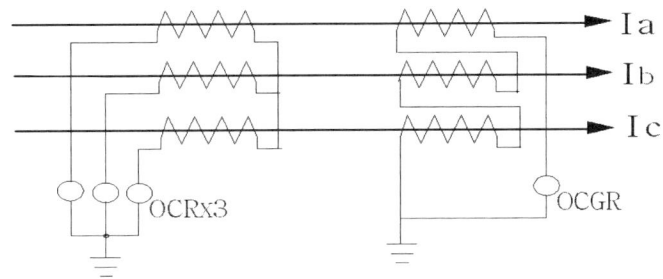

2차 회로(정상분, 역상분)   3차회로(영상분)

      (1) 1차 정격 전류가 400A 이상인 회로의 잔류 회로에서는 계전기 동작에 필요한 영상 전류를 얻지 못할 수가 있다.
      (2) 3차 영상 분로 회로에는 I_0 전류가 흐름.(Y접속의 1/3값)

   3) Δ 접속
      - 변압기의 비율 차동 계전기 동작을 위하여 TR의 회로에서는 CT를 Δ로 하여 위상각을 보정해 준다.

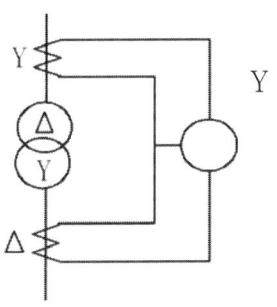

4) V결선
   - 2대의 변류기에 의해 3상 단락 보호가 가능함
   - 단점 : 영상 전류를 인출하지 못함

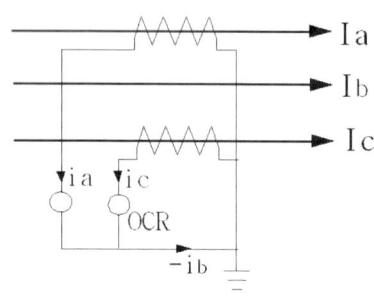 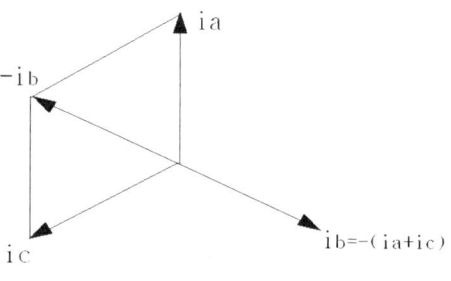

5) 교차 접속

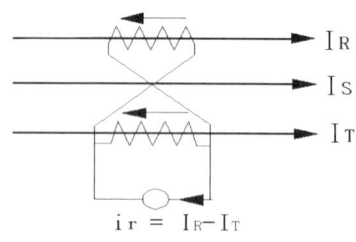 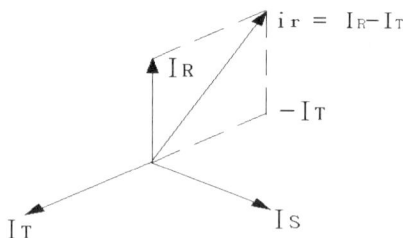

   - 선간 전압과 동상의 전류를 필요로 할 때 사용
   - ir 회로의 위상은 Vrt와 동상이고 크기는 상 전류의 $\sqrt{3}$ 배이다.

6) 차동 접속
   병행 2회선의 보호나 변압기
   차동 보호에 적용

7) 병렬 접속
   몇개 회로의 합 전류를 얻는
   목적에 사용

8) 직렬 접속
   - 붓싱용 변류기 등의 오차 특성을
     개선하는 목적에 자주 사용

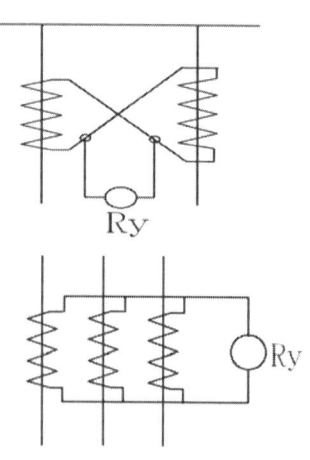

- 1,2차를 직렬 접속하면 각각 1대의 경우에 비해 변류비는 변하지 않고 2차 부담은 2대가 분담하여 오차 특성이 크게 개선된다.
- 그러나 F점에서 사고시에는 변류기의 전류 방향이 반대가 되어 2차측에 높은 전압이 발생하므로 주의해야 한다.

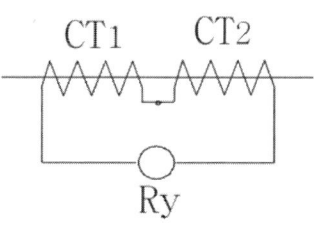

2. 기타 영상 전류 얻는 법
 1) 중성선 CT 이용 방법

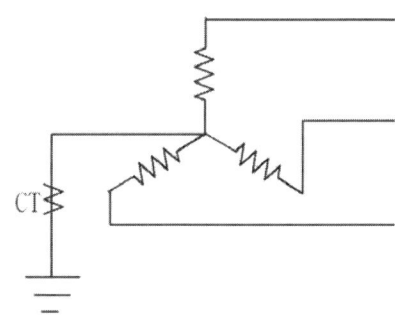

 2) ZCT 이용 방법(비 접지 계통, 저항 접지 계통)

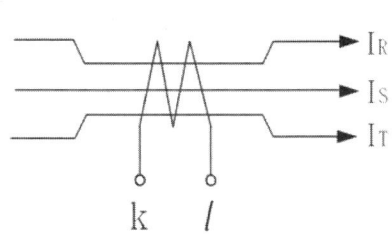

비 접지계 1차 : 200mA
        2차 : 1.5 mA

저항접지계 : n / 5 A
       n : 100,200A 등

$$In = \frac{Ia + Ib + Ic}{3} = \frac{3Io}{3} = Io$$

2.5.4 이중비 CT 내부 접속도 (84.1.7)

1. CT의 개요와 종류

    대용량의 전류가 흐르는 기기나 계통의 상태 파악과 보호 장치 등을 위하여 대용량의 전류를 직접 측정기나 계기등에 사용하는 것은 위험하다. 따라서 계측 또는 보호를 위하여 전력 계통의 전압, 전류를 일정한 비율로 소전류, 저전압 상태로 변환하여 사용하는 것이 편리하고 안전하다.

    이렇게 전류를 변환 하는 것이 계기용 변류기(CT)라 하고, 종류에는 권선형, 관통형, 붓싱형이 있다.

2. 다중비 CT
    1) 전력 계통에서 광범위하게 사용할 수 있도록 변류비가 두 개 이상인 CT로 그림 1은 1차 권선을 두 개로 하여 직렬 또는 병렬 결선을 함으로서 변류비를 변경하는 방식이고
    2) 그림 2는 2차 권선의 중간에 여러 개의 TAP을 만들어 변류비를 변경하는 방식이다.

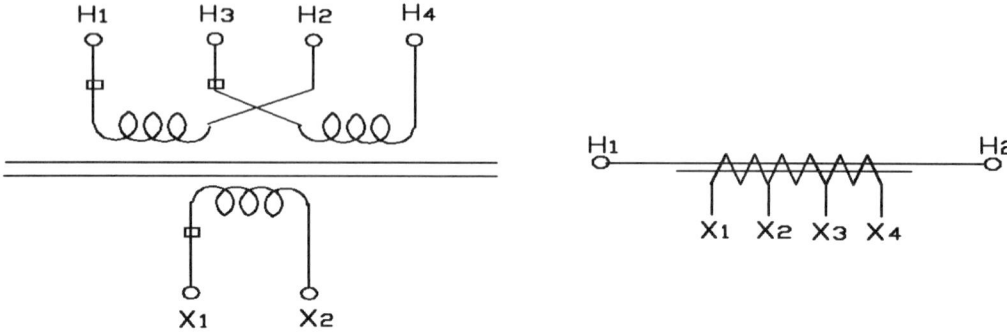

그림1. 단일 철심 1차 다중비 CT   그림2. 단일 철심 2차 다중비 CT

2.5.5 CT2차 개방시 이상 현상 (66.3.2)

1. CT 등가회로

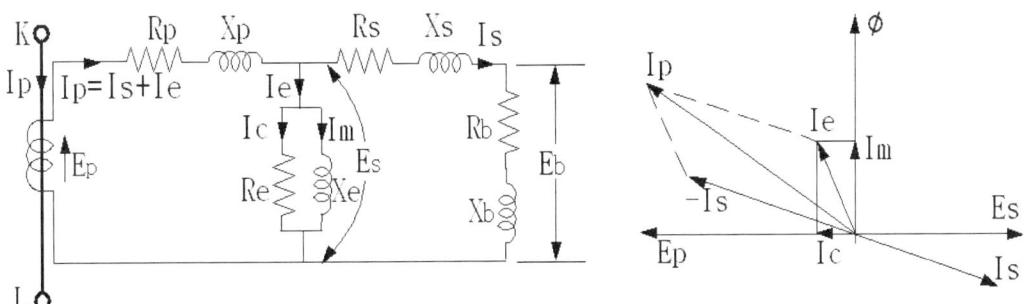

Rp, Xp : 1차 권선 저항 및 누설 리액턴스
Rs, Xs : 2차 권선 저항 및 누설 리액턴스
Rb, Xb : 2차 부담 저항 및 리액턴스
Re, Xe : 철심의 철손 저항 및 여자 리액턴스
Ip, Ip : 1차 전류 및 2차 전류 (Ip·n:이상적인 CT 2차 변류비. $n = \dfrac{I_2}{I_1}$)
Ie, Ic, Im : 여자 전류, 철손 전류 및 자화 전류
Ep, Es, Eb : 1차 유기전압, 2차 유기전압 및 2차 단자전압
Φ : 철심 자속

2. 2차 개로시 현상
   1) 변류기 2차가 개로 되면 1차 전류 Ip가 모두 여자전류 Ie가 되어, 이 여자 전류에 의해 철심은 포화되고 철손이 증가하여 과열, 소손되게 된다.
   2) 또한 2차를 개로한 상태에서 1차 전류를 보내면, 2차 단자에 고전압 (임펄스 파형)이 발생해서 2차회로의 절연이 파괴 될 수가 있다.
   이때 2차 유기 전압 단자에 E_2는 자속이 매우 크기 때문에 Φ의 시간적 변화에 비례하고 다음 식으로 나타낸다.

   $$E_2 = -N_2 \dfrac{d\Phi}{dt} (V)$$

   또한 E_2 전압은 그림과 같이
   임펄스 파형을 나타낸다.

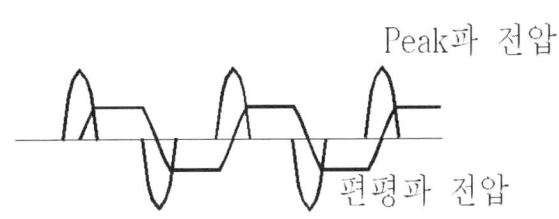

3. Vector도

벡터도와 같이 2차가 Open되어 있으면 Ic가 엄청 커져서 Ip=Ie가 되어 2차 단자에 고전압이 유기된다.

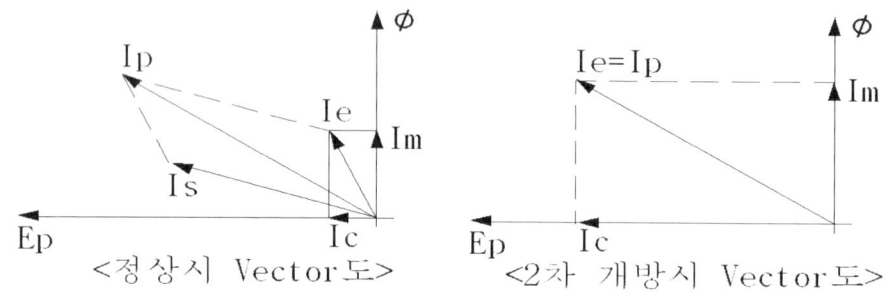

<정상시 Vector도>   <2차 개방시 Vector도>

4. 대책

1) 변류기 2차 단자는 1차 전류 통전 중에는 절대 개방하거나 단선시키지 않는다.
2) CT 2차 회로를 점검하거나 기기를 교체할 때는 필히 2차 단자를 단락시킨다.
   (일반적으로 CTT에서)
3) 1차측 전원을 차단하고 점검 및 기기 교체를 시행한다.
4) 2차 개로 전압을 억제하기 위해 그림과 같은 셀렌 정류기를 사용한다.
5) 비 직선 저항을 이용 고전압 발생시 방류하는 방식이 있다.

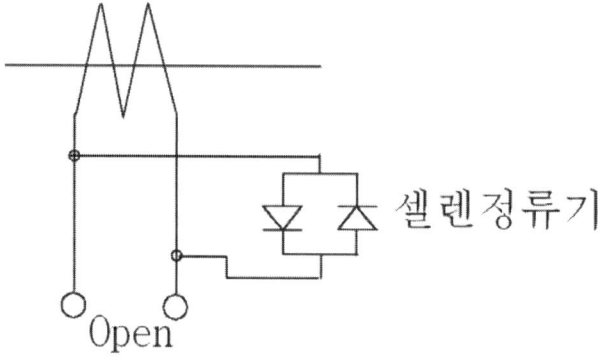

2.5.6 ZCT 정격(75.1.3) 설치방법(74.1.1)

1. 개요

   계전기에 필요한 영상전류를 얻는 방법으로 접지 계통에서는 Y접속의 잔류 회로 또는 3차 영상 분로접속으로 가능하지만, 비 접지 계통에서는 지락 전류가 작아 ZCT를 사용하고 있다.

2. 원리

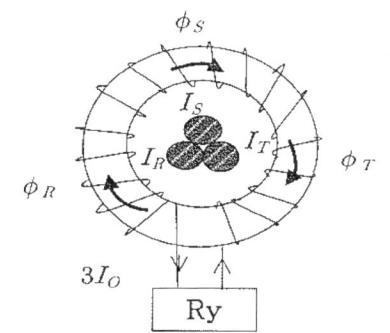

   1) 영상 전류를 검출하기 위하여 1개의 철심을 사용함.
   2) 비접지 선로의 지락 보호에 선택 지락 계전기와 함께 사용
   3) 정상시
      - 1차 전류 : Ir + Is + It = 0
      - 철심 자속 : Φr + Φs + Φt = 0
      - 2차 전류 : ir + is + it = 0

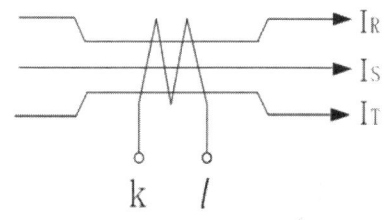

   4) 지락시에는 1차분에 영상 전류가 포함 되므로
      - 1차 전류 : Ir + Is + It = 3 Io
      - 철심 자속 : Φr + Φs + Φt = 3 Φo
      - 2차 전류 : ir + is + it = 3 io가 된다.

3. 정격

   1) 정격 전류 표준
      - 정격 영상 1차 전류 : 200 mA
      - 정격 영상 2차 전류 : 1.5 mA
   2) 영상 2차 전류의 허용 오차

계급	영상 2차 전류	적 용
H급	1.2 mA이상 1.8mA 이하	정밀도가 큰 것을 요구 할 때 사용
L급	1.0 mA이상 2.0mA 이하	과전류 배수가 큰 것을 요구 할 때 사용

   3) 정격 과전류 배수

      영상변류기가 포화하지 않는 영상 1차 전류의 범위를 나타내는 것이다.
      - $-n_0$: 계전기가 정격 영상 전류 이하에서 동작하는 등 과전류 영역의 특성을 문제 삼지 않을 때
      - $n_0 > 100$: 영상 1차 전류 20A 정도를 고려할 때
      - $n_0 > 200$: 이상 지락시 과전류 보호를 할 때 채용.

4) 잔류 전류 한도
   - 정격부담(10Ω, 역율 0.5 지연전류)에서 2차측에 흐르는 전류의 최대치로서 아래 표와 같다.

정격 1차 전류	영상 변류기의 잔류 전류 한도
400A 이상	영상 1차 전류 100 mA 에서의 영상 2차 전류값
400A 미만	영상 1차 전류 100 mA 에서의 영상 2차 전류값의 80%

5) 종류 : 관통형과 권선형이 있다.

4. 영상 변류기 설치 시 주의 사항 (74.1.1)
   관련 규정 ; 내선 규정 705-6
   1) 영상 변류기 접지
      (1) 영상 변류기를 케이블 부하 측에 설치 할 경우 : 차폐층의 접지선은 영상 변류기를 관통하지 않아야 함.

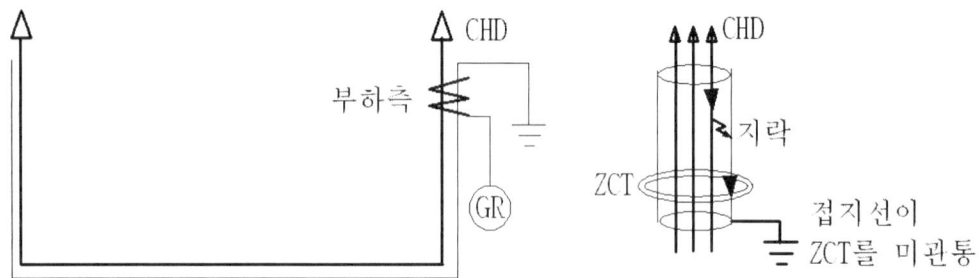

      (2) 영상 변류기를 케이블 전원 측에 설치 할 경우 : 차폐층의 접지선은 영상 변류기를 관통한 후 접지해야 함.

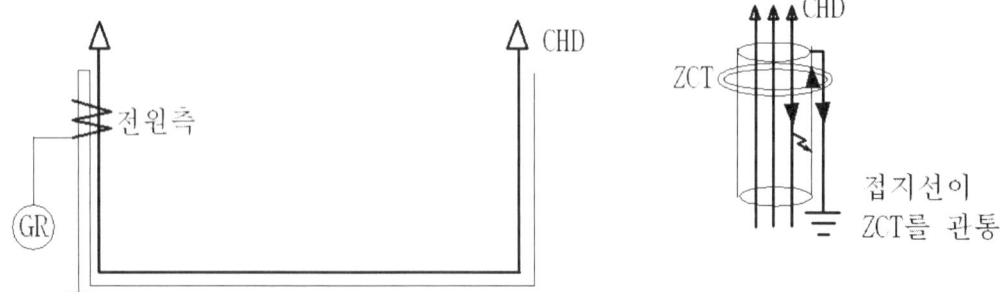

      즉, 지락 전류가 접지선을 통하여 ZCT를 통과 할 수 있도록 접지선을 선택하면 됨.

2) 지락 계전기에 접속하지 않을 때 : 2차측을 단락

3) 영상 변류기 접속
   영상 변류기는 원칙적으로 1회로에 1대 사용하고 그 2차측은 서로 접속하지 않는다.
   그러나 부하전류가 커서 1회로에 복수의 회선(병렬)이 사용될 때는 영상 변류기를 병렬로 접속할 수 있다.
   (1) 동일 회선에 복수개 설치하면
   - 각 회선 전류가 불평형이 되어 영상 전류가 발생할 수 있어
   - 계전기 오동작, 부동작 원인이 된다.
   - 이때는 병렬 회로에 1개의 변류기를 사용하여 영상 순환전류를 방지

   (2) 영상 변류기 2대를 병렬 접속하면
   - 순환 전류 발생
   - 동작 감도 저하 현상이 일어남.

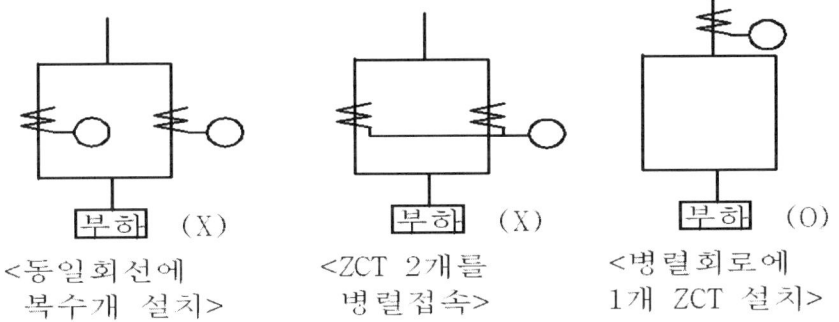

<동일회선에 복수개 설치> (X) <ZCT 2개를 병렬접속> (X) <병렬회로에 1개 ZCT 설치> (O)

4) 잔류 전류
   (1) 원인
      정상 상태에서 2차 회로에는 전류가 흐르지 않아야 하지만 실제로는 1차 도체, 2차 도체, 철심의 상호간 위치관계, 형상 등에 따라 불평형 분의 잔류전류가 흐를 수 있다.
   (2) 대책
      - 1차 도체, 철심, 2차 권선의 상호 관계를 기하학적으로 대칭이 되도록 배치
      - 정격 1차 전류가 큰 변류기 사용

2.5.7 계기용 변성기 종류 (60.2.1)

1. 개요

   계기용 변성기는 고전압 대전류를 계측하거나 보호용 계전기를 직접 제어할 수 없으므로 저전압, 소전류로 강하시키기 위하여 사용하며 그 종류는 다음과 같다.
   1) 계기용 변압기(PT) : 전압을 변성
   2) 접지형 계기용 변압기(GPT) : PT에 3차 권선을 두어 영상 전압 검출
   3) 계기용 변류기(CT) : 대 전류를 소 전류로 변성
   4) 영상 변류기(ZCT) : 영상 전류 검출

2. 계기용 변성기 종류
   1) 계기용 변압기(PT: Potential Transformer, VT:Voltage Transformer)
      고압을 저압으로 변성하기 위하여 사용하여 계기와 계전기에 공급
      - 계　기 : 전압계, 전력계, 주파수계, 역율계
      - 계전기 : OVR, UVR, POR 등
      (1) 종류
         가. 접지식 계기용 변압기
            1차 단자의 한 단자를 접지하여 사용
         나. 비 접지식 계기용 변압기
            1차 단자를 비 접지로 한다.
      (2) PT 의 FUSE
         - PT 자체고장, 2차측 오결선, 과부하, 2차측 단락 발생시에 1차측 기기의 손상 방지 목적
         - PF나 COS를 사용하고 주로 1A퓨즈를 사용한다.
      (3) PT 정격부담
         - 계기용 변성기의 부담은 2차 회로에 접속되는 부하를 말하며 (VA)로 나타낸다.
         - PT 부담 ≥ 계기 계전기 소비 부담 + 2차 회로의 소비 부담

            $\geq$ 계기 계전기 소비 부담 + $\dfrac{110^2}{전선 저항}$

   2) 접지형 계기용 변압기(GPT : Ground Potential Transformer)
      PT의 1차는 Y접속하여 중성점을 접지하고, 2차는 Y접속하여 계기등을 접속하며 3차는 Open Δ로 하여 영상 전압을 검출한다.
      (1) 6600V 회로의 정격전압은 다음과 같다.

- 1차 : 6600 / $\sqrt{3}$
- 2차 : 110 / $\sqrt{3}$
- 3차 : 190 / 3

(2) 1선이 완전 지락 되었을 때 3차 회로의 전압의 최대치는 190V 이다.

3) 계기용 변류기(CT : Current Transformer)

선로에 직렬로 취부하여 대 전류를 소 전류(1A, 5A)로 변성시키는 것을 말하며 종류는 권선형, 관통형, 부싱형 등이 있다.

(1) CT 정격 전류

CT의 정격 전류는 선로 전류의 1.25 ~ 1.5배가 적당하다.

(2) 정격 부담

계기용 변류기의 부담은 2차 회로에 접속되는 전류부하를 말하며 (VA)로 나타낸다.

- CT 부담 ≥ 계기 계전기 소비 부담 + 2차 회로의 소비 부담

$$\geq 계기\ 계전기\ 소비\ 부담 + (I)^2 \cdot R$$

여기서 I : CT 의 2차 전류 (보통 5A)

R : 전선 저항

(3) 열적 과전류 강도

열적 과전류 강도는 규격상으로 표준 시간이 1.0초로 되어 있으나 사고에 의해 과전류가 흐르는 시간은 반드시 1초라고는 할 수가 없으므로 임의의 시간에 대해서는 다음 식으로 구한다.

CT의 열적 과전류 강도 $Sn \geq S \cdot \sqrt{t}\ (kA)$

여기서 S : 계통단락전류(kA)

t : 통전시간$(=차단시간)(Sec)$

(4) 기계적 강도

단락 전류의 최대 진폭 Im, 최악의 경우는 교류 실효값의 $2\sqrt{2}$배의 진폭이 되지만 규격상으로는 직류분 감쇄(0.5Cycle 정도)를 고려하여 정격 과전류의 2.5배에 상당하는 초기 최대 순시값에 견디도록 되어있고 보통은 다음 식으로 구한다.

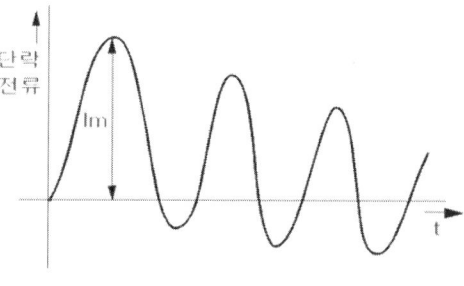

$$CT의\ 과전류\ 강도 = \frac{단락\ 전류}{정격\ 1차\ 전류}(배)$$

- 이와 같이 변류기의 과전류 강도는 열적 과전류 강도와 기계적 과전류 강도 모두를 만족해야 하고 규격에는 40In, 75In, 150In, 300In 등이 있다.

4) 영상 변류기(ZCT : Zero Phase Current Transformer)
   회로의 지락사고시 각상의 불 평형 전류를 검출하여 이에 비례한 미소전류를 2차측으로 전하며 정격은 다음과 같다.
   - 정격 영상 1차 전류 : 200mA
   - 정격 영상 2차 전류 : 1.5mA
   (1) 정상시
      각상의 자속이 평형이 되어 2차 전류 : 0A
   (2) 지락 발생시
      각상의 전류가 불평형이 되어 철심에 자속이 발생 2차측에 전류가 흐른다.
   (3) 관통형 ZCT 시스 접지 주의사항
      2.5.6 참조 (그림 삽입)

5) 계기용 변성기=계기용 전압, 전류 변성기
   (MOF : Metering Out Fit, PCT: Potential Current Transformer)
   고전압 대전류를 직접 전력량계로 계량하기는 불가능하므로 한 용기에 PT와 CT를 내장하여 조합한 것이며 변성비는 다음과 같다.
   - MOF 변성비 = PT 변성비 x CT 변성비
   $$= \frac{V_1}{V_2} \times \frac{I_1}{I_2} (배)$$

2.5.8 계전기용과 계기용 변류기 비교(87.1.8)

1. 개요
   1) 계기용 변류기(CT)는 일반적으로 계전용과 계기용을 겸하여 사용 하지만 중요한 부하와 전력회사 등에서는 계전기용과 계기용을 분리하여 사용하여야 한다.
   2) 왜냐하면 계기용은 계기의 보호를 위하여 포화가 낮은점에서 되어야 하지만, 계전기용은 포화가 낮은점에서 이루어지면 계전기 동작이 되지 않아 큰 사고로 연결될 수 있기 때문에 포화점이 높아야 한다.

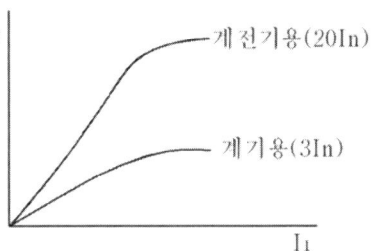

2. 계전기용 특성

계급	형식	임피던스 $Z\ (\Omega)$	2차전류 $I\ (A)$	부담(VA) $I^2\ Z$	20배전류시 2차단자전압 $20In \cdot Z(V)$	허용오차 (비오차)
C 100	B-1	1	5	25 VA	100	-10%
C 200	B-2	2	5	50 VA	200	"
C 400	B-4	4	5	100 VA	400	"
C 800	B-8	8	5	200 VA	800	"

   주1) C 100 의 의미
   - 2차 단자에 정격전류의 20배 전류(5x20=100A)를 흘렸을 때 단자 전압이 100V라는 의미임.
   - 예. $E_2 = I \times Z = 5(A) \times 20배 \times 1(\Omega) = 100(V)$

   주2) B - 1 의 의미
   - B는 부담의 약자이고 1은 임피던스 값을 나타냄
   - 예. $P = I^2 \times Z = 5^2 \times 1 = 25\ (VA)$

   주3) IEC에서는 10 P 20과 같이 표기
   - 과전류 정수 20배에서 비오차가 10%의 계전기용 이라는 의미임.

3. 계기용 특성

계급	형식	임피던스 $Z\ (\Omega)$	2차전류 $I\ (A)$	부담(VA) $I^2\ Z$	허용오차
1.2	B-0.5	0.5	5	12.5 VA	1.2%
1.2	B-0.9	0.9	5	22.5 VA	"
1.2	B-1.8	1.8	5	45 VA	"

   * 전력 수급용에는 0.3, 0.5, 1.0급 등이 있음.

2.5.9 MOF(Metering Out Fit)

1. 목적

   고압, 대전류 등을 측정하려고 할 때 전압계나 전류계를 직접 회로에 삽입하지 아니하고, PT와 CT를 조합하여 2차 전압과 전류를 보통 110V와 5A로 강하시켜 안전하게 전력을 측정하려 하는 목적으로 사용 됨.

2. 종류

형 식	절 연 재 료	용 도
1. 건식	종이, 면 등을 와니스에 진공 함침	저압, 옥내용
2. MOLD형	합성수지를 사용하여 권선 또는 전체를 절연	저압, 6.6KV, 22.9 KV
3. 유입형	절연유 사용 (애자형, 탱크형)	고압 (6.6KV, 22.9 KV)
4. 가스형	SF6 가스사용 탱크형으로 제작	GIS 설비용으로 많이 사용

3. 구성

   1) 전압 변성기 (PT)
      - 원리는 전력용 변압기와 비슷하나 측정 오차를 적게 하기 위하여 좋은 강판을 사용하여 1,2차 권선의 임피던스 강하를 적게 함.
      - 1차 전압 $V_1 = \dfrac{W_1}{W_2} V_2$

      여기서 V_2 : 전압계 지시치
      W_1, W_2 : 1, 2차 권선수이다.

   2) 변류기 (CT)

      1차 전류 $I_1 = \dfrac{W_2}{W_1} I_2$

      즉, 전류계 지시치에 권수비의 역을 곱하여 1차 전류를 구한다.

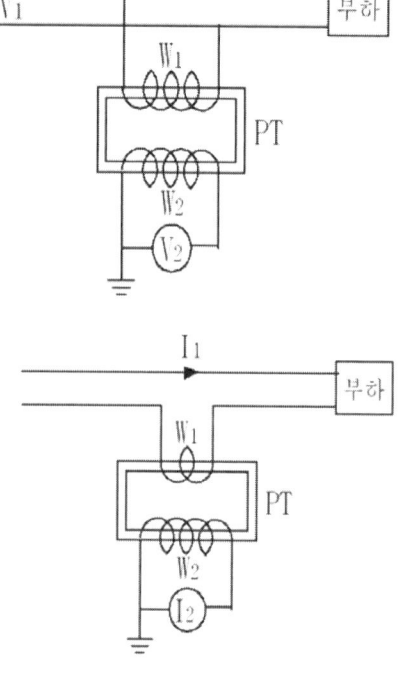

4. MOF 선정 기준
   1) 공급 전압을 결정하고 부하전류를 산정하여(최대 계약 전력) 역율을 고려한다.
      예) 계약 전력 800KW, 전압 22.9 KV 일때 MOF의 정격을 선정하라

      부하 전류 $I = \dfrac{800}{\sqrt{3} \times 22.9 \times 0.9} = 22.4(A)$

      따라서 30/5 또는 이중비 30-60/5A 를 선정함.

   2) 과전류 강도
      40In, 75In, 150In, 300In 이 있으며 계통 단락전류에 의해 계산 하여야 한다.

5. MOF 취부 요령
   - 타 기기와 공용하지 말 것
   - 원칙적으로 유입식으로 할 것(옥내설치, 큐비클 내장 경우는 건식 사용)
   - 고압 변성기는 지표상 4.5m 이상 높이로 설치 할 것(구내 설치시 지상고의 제한은 없으나 울타리로 출입금지 구역을 만들 것)
   - 특고 변성기는 콘크리트 기초위에 가대 설치 후 견고하게 설치 할 것
   - 2차 배선은 4.0sq 이상의 전선을 사용할 것.
      500KW 이상 수용가 : 6.0 sq (~45m)
                         10 sq (~65m)
      500KW 미만 수용가 : 최소 4.0 sq 이상 전용 배관

2.5.10 GPT 및 CPT

<GPT>

1. 영상 전압 검출 방법
   1) 3상 접지형 계기용 변압기(GPT) 이용
   2) 단상 PT 3대 이용 (Y - open △)
   3) 중성점 접지 변압기 이용 - 발전기 영상 전압 검출
   4) 보조 PT 이용 - 3상 PT에 3차 권선 없을 때

2. GPT와 CLR
   1) GPT 결선도

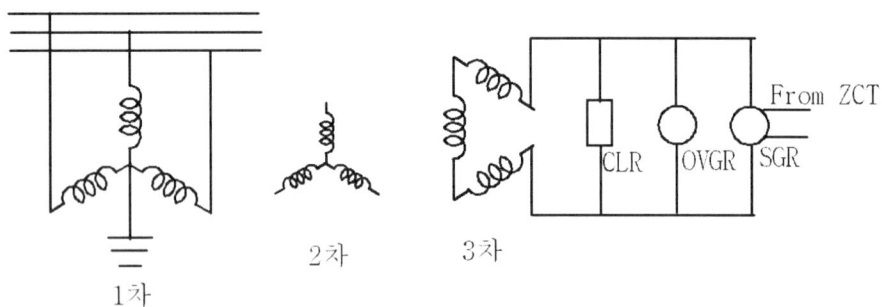

   2) GPT 구조 및 정격 전압
      - 구조 : 1차, 2차, 3차 => Y - Y - open △
      - 정격 전압 :
        1차 : $6600/\sqrt{3}$
        2차 : $110/\sqrt{3}$
        3차 : 190 / 3 또는 110 / 3
      - 지락 발생시 3차 전압 : 최대 190 또는 110V
   3) CLR
      - SGR 동작 시키는데 필요한 유효 전류 발생
      - open △ 회로의 3 고조파 발생 방지
      - 보통 3.3 KV 계통에서는 50Ω 1KW 사용
              6.6 KV   ″   25Ω 2KW 사용

< CPT >

1. 원리
   1) 회로도 및 원리

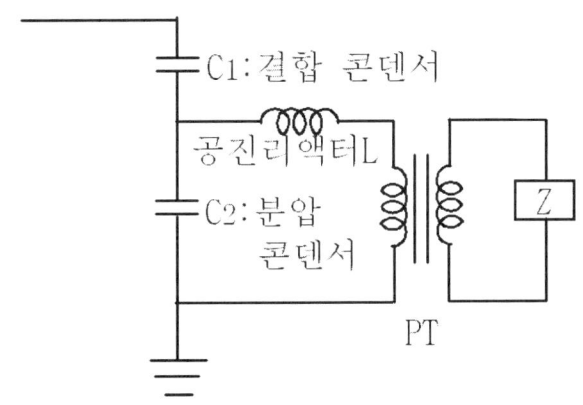

- 콘덴서를 조합하여 고 전압을 분압하고 분압된 전압을 PT를 이용 하여 2차, 3차 전압을 얻는다.
- 공진 리액터 L와 C_1, C_2를 공진시켜 오차를 최소화 함.

   2) 특징
- 66KV 이상의 고 전압을 권선형 PT로 측정할 경우 사용
- 대형이며 고가이다.

2. CPT 종류
   1) 결합 콘덴서형 : 주 콘덴서에 결합 콘덴서를 사용한 것으로 변성 특성이 좋다.
   2) 부싱형 : 큰 2차 전압을 얻을 수 있으나 특성이 떨어지고 비경제적임.
   3) 공진 리액터 위치에 따라
      - 1차 리액터형
      - 2차 리액터형
      - 누설 변압기형이 있음.

2.5.11 보호 계전 시스템 보호 방식

자가용 전기설비의 보호 계전 System의 개요, 보호방식, 최근 동향 (80.4.5)
보호 계전기의 신뢰도 향상 방법(77.1.2)

1. 보호 계전기의 설치 목적
    1) 계통의 사고에 대하여 보호 대상물을 보호하고 각종 기기의 손상을 최소화
    2) 사고 구간을 신속히 선택 차단하여 사고의 파급을 최소화
    3) 불필요한 정전을 방지하여 전력 계통의 안정도 향상

2. 보호 방식
    1) 주보호 : 보호 시스템을 계통 구분 개수마다 설치하여 사고 발생시 사고 지점에서 가장 가까운 위치에서 동작하여 이상 부분을 최소한으로 분리하는 시스템.
    2) 후비보호 : 주보호가 오동작 또는 부동작 하였을 때 백업으로 동작하는 것
    3) 구간 보호 방식 : 보호 구간 양단에 CT와 CB를 설치하여 차 전류로 동작하고 보호 구간이 중첩되도록 설치 (차동 계전기, 거리 계전기 등)
    4) 한시차 계전 방식: 계전기의 시간차로 사고 구간을 구별하는 방식으로 자가용 설비의 계통 단락 보호에 적당하다.
    보호 시간이 길어지는 단점이 있지만 주보호, 후비보호를 동시에 할 수 있어 경제적임.

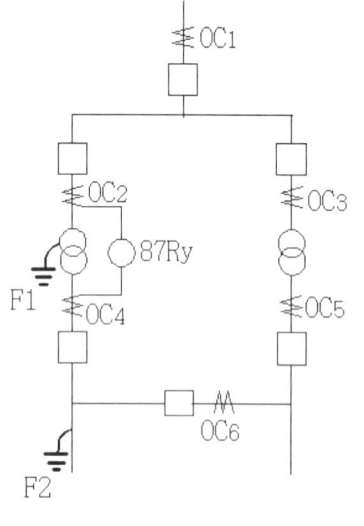

사고점	주보호	후비보호
F1	OC2	OC1
F2	OC4,OC6	OC2,OC5

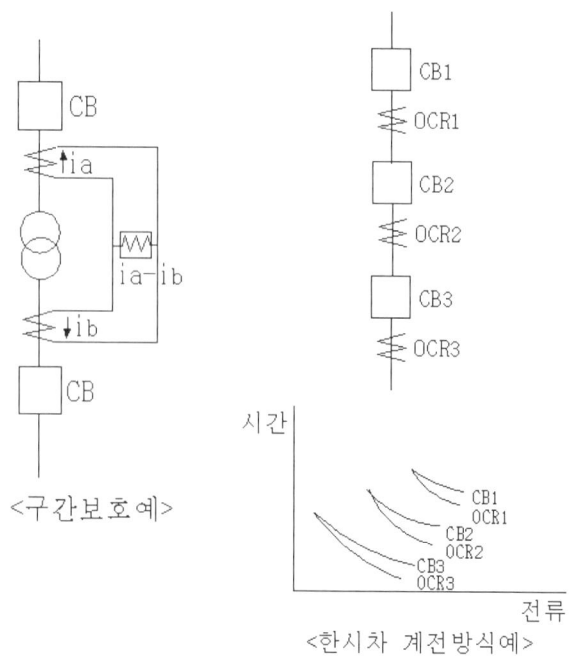

<구간보호예>

<한시차 계전방식예>

3. 기능별 분류(71.1.10)
   - 전류 계전기 : 과전류 계전기(OCR)   지락 과전류 계전기(OCGR)
   - 전압 계전기 : 과전압 계전기(OVR)   부족 전압 계전기 (UVR)
   - 지락 계전기 : GR. OVGR. SGR. DGR
   - 차동 계전기, 비율 차동 계전기 (RDR)
   - 전력 계전기 : 과전력(OPR), 역전력(RPR)
   - 기타 : 역상 계전기, 결상 계전기, 거리 계전기, 주파수 계전기, 온도 계전기, 압력 계전기 등

1) 과전류 계전기(OCR. 51)
   과전류 계전기는 변류기 2차측의 전류가 예정값(정정 전류치) 이상으로 되었을 때 동작하는 것으로 선로의 단락, 지락, 과부하용으로 사용된다.

< 과전류 계전기의 사용 예 >

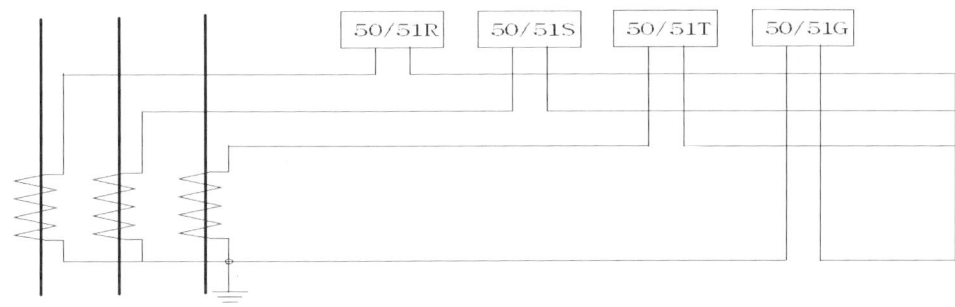

2) 지락 과전류 계전기 (OCGR. 51G)
   과전류 과전류 계전기는 위 그림의 50/51G와 같이 중성선의 지락 전류에 의해 동작하며 배전선이나 기기의 지락 보호에 사용된다.

3) 과전압 계전기 (OVR. 59)
   PT2차의 과전압에 의해 동작하며 보통 사용 전압의 130%에서 동작하도록 Setting 한다.

4) 부족전압 계전기 (UVR. 27)
   PT2차의 부족전압에 의해 동작하며 보통 사용 전압의 80%에서 동작하도록 Setting 한다.

5) 지락 계전기 (GR)
   지락 계전기는 회로 또는 기기 내부에 지락이 발생하는 경우 영상 전류를 검출하여 동작하게 하는 계전기로 잔류 회로 이용방식과 영상 전류를 검출하는 영상 변류기(ZCT) 와 조합하여 사용방식이 있다.

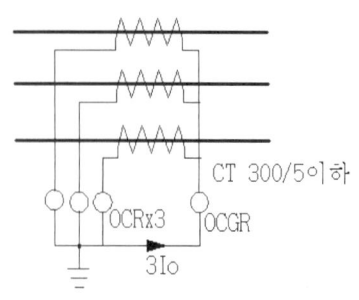 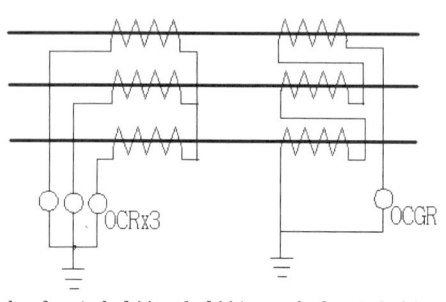 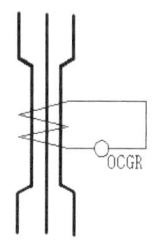

< 지락 전류 검출 방법 >

6) 방향성 지락 계전기 (SGR. DGR)

영상전압, 영상 전류의 벡터량으로 동작하며, 영상 전류가 어느 방향으로 흐르고 있는가를 판정하는 것인데, 주로 비 접지 계통의 지락 보호에 사용하고 선로가 여러 개 있는 경우 어느 한 선로에 지락사고가 발생시 그 선로만 계전기를 동작시켜 분리하는 방식이다.

7) 비율 차동 계전기 (RDR)

보호 구간내 유입되는 전류와 유출되는 전류의 차에 의해 동작하는 것으로 발전기, 변압기, 모선 등의 보호에 주로 사용된다.
계전기의 기본 동작은 동작력이 억제력보다 클 경우에 동작한다.

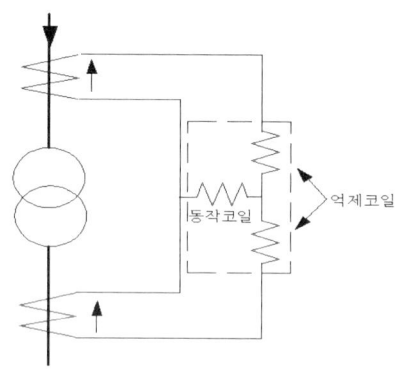

8) 전력 계전기

발전기 보호 목적으로 사용되며 정격 용량보다 과 전력시 작동하여 발전기를 보호하는 과전력 계전기(OPR), 역상 전력시 작동하는 역전력 계전기 (RPR)가 있다.

4. 한시 특성

1) 고속도형

일정 입력(보통200%)에서 일정 시간 보통 40ms 이내에서 동작하는 계전기를 고속도형 계전기라 한다.

2) 순시형

일정 입력(보통200%)에서 일정 시간(보통 0.2초) 이내에 동작

3) 한시형
- 정한시 : 입력의 크기에 관계없이 정해진 시간에 동작
- 반한시 : 입력과 시간과 반비례하여 동작
- 정반한시 : 입력이 커질수록 짧은 시간에 동작하나(반한시성) 입력이 어떤 범위를 넘으면 일정한 시간에 동작(정 한시성)
- 단한시 : 동작 시간이 다른 정한시의 계전기를 조합해서 입력전류가 일정한 범위마다 정한시 특성을 갖게 한 것

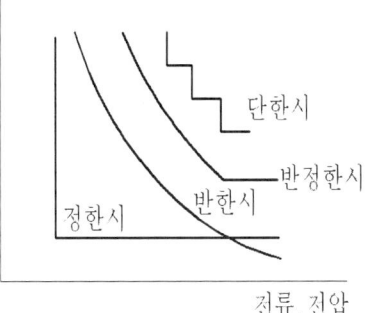

5. 보호 장치의 신뢰도 향상 방법(대책) (77.1.2)
 1) H/W의 신뢰도 향상
    - H/W의 신뢰도를 향상하기 위하여 최근에 많이 도입되고 있는 정지형 부품의 채택 및 정보처리의 디지털화를 들 수가 있다.
    - 이는 부품의 고 신뢰화는 물론 전산시스템과 연계를 원활하게 하는데 필수적으로 대규모 전력설비를 보호하는 시스템에 대부분 이용되고 있다.

 2) 시스템의 다중화
    - 전력설비의 확실한 보호를 위하여 오동작 및 부 동작을 감소시키기 위한 보호계전시스템의 다계열화 및 다중화방안이 채택되고 있다.
    - 주보호 및 후비보호, 다양한 보호방식의 적용, 주요장치의 이중화 등을 들 수 있다.

 3) 자동감시 기법 도입
    부품의 정지형 채용으로 인력으로는 점검이 불가능한 요소가 많이 발생 되고 있기 때문에 필수적이라 할 수 있고 그 기능은 다음과 같다.
    - 각 계전기의 오출력 감시
    - 아날로그 오차의 감시
    - 수신레벨의 저하
    - Error 검출
    - 최소감도 저하 등

 4) Surge, Noise 억제
    - 보조 계전기나 접점에 Surge Killer를 설치하여 외부에서 침입하는 Surge를 억제

- CT, PT에 Shield 처리하여 내부에서 발생하는 Surge 억제
- 배선의 분리, Shield Wire 채택하여 전자 회로의 Surge 억제
- Surge, Noise 에 강한 검출 방식 채택

참고1. 보호 계전기 기능(=보호 계전기의 구비조건)
 1) 신속성 : 주어진 조건하에서 신속하게 동작 할 것
 2) 선택성 : 선택 차단으로 정전 구간을 최소화 할 것
 3) 확실성 : 신뢰도가 높고 정확한 동작으로 오동작이나 부동작이 없을 것
 4) 기타
  - 취급이 간단하고 보수가 용이 할 것
  - 주위 환경의 영향을 적게 받을 것
  - 가격이 저렴할 것 등

참고2. 보호 계전 시스템의 구성
 1) 검출부
    보호 구간의 고장 전류 및 전압을 검출하는 요소로
    CT, PT, GPT, ZCT 등이 있다.

 2) 판정부
    검출된 고장치로 동작 여부를 결정짓는 요소로 OCR,
    UVR, OVR, GR, SGR, RDR, POR 등이 있다.

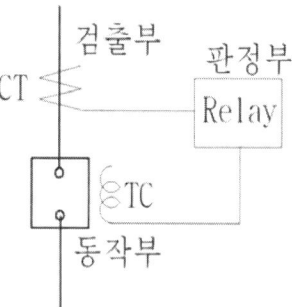

 3) 동작부
    판정부의 지시에 의해 차단 장치의 트립 코일에 전원이 가해져 고장부분을 차단
    하는 장치로 CB등이 있다.

2.5.12 비접지 계통의 보호 계전 방식(63.2.4)
고압(6.6KV) 배전선로 보호협조(58.4.2)

1. 개요
   1) 단락 및 과부하 보호
      - 고압 : OCR + CB, PF
      - 저압 : OCR + ACB, 저압 Fuse, MCCB, ELB
   2) 지락 보호
      - 고압 : OVGR, SGR
      - 저압 : ELB, ELD+ZCT

2. 단락 및 과부하 보호
   1) 고압회로
      (1) 과전류 계전기(OCR) + CB(VCB)
         과전류 계전기(OCR)와 차단기를 조합 보호하며 2개의 OCR을 사용하는 경우가 많다.

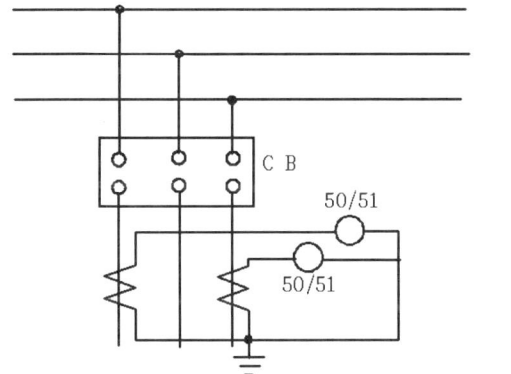 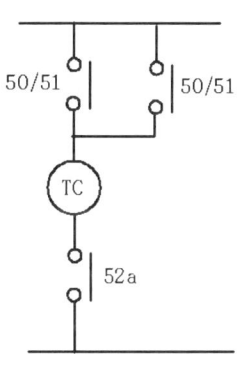

      (2) P F 사용 : 과부하 목적 보다는 단락 보호 목적으로 사용

   2) 저압 회로
      (1) OCR + ACB   (2) MCCB
      (3) ELB   (4) 저압 퓨즈

3. 지락 보호
   1) 지락 과전압 계전 방식(64)
      비접지 계통에서 지락 사고 발생시 지락 전류의 귀로가 없으므로 지락 전류 검출이 어려워 GPT(접지 변압기)를 이용하여 지락 전압을 검출하여 차단기를 동작하여 선로 및 기기를 보호한다.

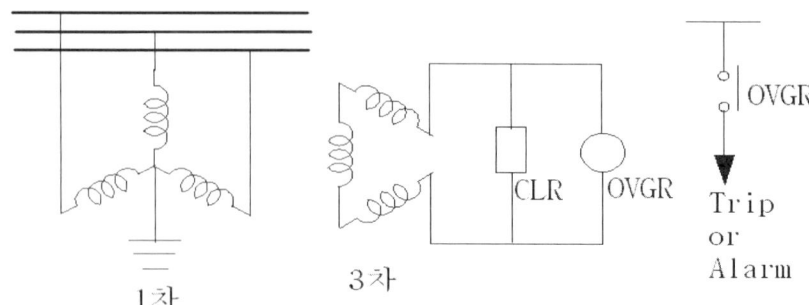

2) 방향 지락 계전 방식(SGR . 67G)
   - SGR을 사용하여 사고 선로를 선택 차단 한다.
   - 아래 그림과 같이 GPT는 2차측을 Y 결선하여 중성점을 접지하고 3차측은 Open Delta 결선하여 제한저항에 $3V_0$ 가 나타나 SGR 전압 요소에 인가 된다.
   - 지락 전류는 선로 충전 전류와 제한 저항에 의한 전류의 합인데 비교적 적기 때문에 ZCT에 의해 SGR에 도입된다.
   - 사고 회선과 건전회선의 지락 전류방향이 반대이므로 이것으로 선택성을 갖는다.

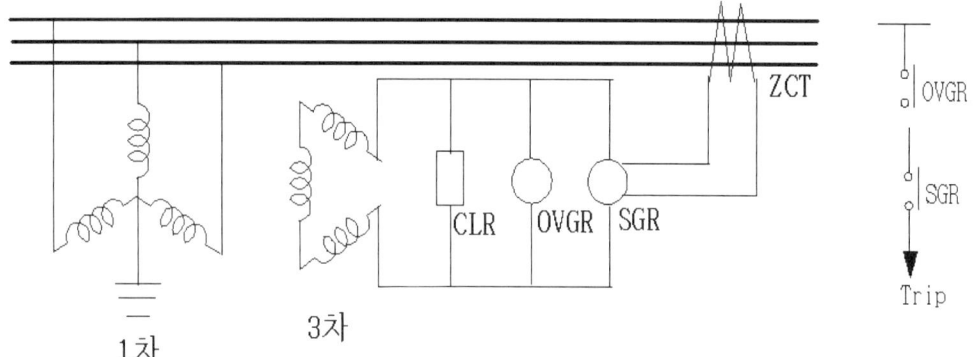

2.5.13 수전설비의 저압 선로 보호 방식 설명(86.1.13)

1. 개요
   저압 선로의 보호에는 단락 보호, 지락 보호, 과전류 보호, 과전압/저전압 보호가 있으며, 저압 전로에는 과전류 및 지락 보호를 주로하고 있다.

2. 저압 선로의 보호 방식
   1) 단락 전류 및 과전류 보호
      저압 전로의 단락 및 과부하에 대하여 전기 설비를 보호하기 위해 변압기의 2차측 인출구에 과전류 차단기를 시설하고, 차단기의 용량은 그 회로의 단락 전류 및 전선의 허용 전류 이상 전류가 흐를 경우 이를 안전하게 차단할 수 있어야 하며 보호방식은 다음과 같다.
      (1) 기중 차단기 (ACB)
         변압기 직후 저압측의 MAIN선로에 주로 설치하며, 보통은 단락보호, 과부하 보호 및 지락 보호까지 겸하고 있다.
      (2) 배선용 차단기 (MCCB)
         소호 장치, 트립기구가 전부 절연물의 케이스 내에 수납되어 있고, 조작은 수동 방식이며, 단락보호 및 과전류 보호가 가능하다.
      (3) 저압용 FUSE
         Fuse의 한류 특성 및 용단 특성을 이용하여 단락보호용으로 사용 차단 용량이 작은 차단기의 후비 보호용으로도 사용
   2) 과전압 보호 : OVR
   3) 부족 전압 보호 : UVR
   4) 결상 보호 : Phase Open Relay
   5) 역상 보호 : Reverce Phase Relay

   6) 지락 보호(대한전기협회-저압전로의 지락보호에 관한 기술지침 개정판)
      최근 국제규격 IEC 60364의 도입으로, IEC에서 규정하는 각각의 접지계통에 대하여 일괄 적용하기에는 일부 상충되는 애로사항이 발생한 기존의 기술지침을, 저압전로의 접지계통별로 지락보호방식에 대하여 IEC 표준에 따라 체계적이고, 명확하게 개정(2011년) 하였다.
      - 전원자동차단에 의한 보호
      - 2중 또는 강화절연에 의한 보호
      - 비도전성 장소에 의한 보호
      - 비접지 국부 등전위 본딩에 의한 보호
      - 전기적 분리에 의한 보호
      - 특별저압(SELV, PELV)에 의한 보호

3. 저압전로의 지락보호 (간접접촉보호)
   1) 허용 접촉 전압
      저압 전로에 지락이 발생 하였을 경우의 접촉 전압은 사람이 접촉 하는 상태에 따라서 다음 표와 같이 4가지 종류가 있으며 허용 접촉 전압값 이하로 억제해야 한다.

종별	접 촉 상 태	허용접촉전압
1종	인체가 대부분 수중에 있는 상태 (욕조, 수영풀, 사람이 출입할 가능성이 있는 수조나 못 등의 내부에 시설하는 전로) IEC에서는 규정하고 있지 않으나 수영장등 특수 장소에 적용하기 위하여 규정함 (가수전류5mA x 인체저항500Ω)	2.5V 이하
2종	인체가 상당히 젖어 있는 상태 (욕조, 수영풀, 수조, 못 주변, 터널 내 등 습기나 수분이 많이 존재하는 장소의 전로)	25V 이하
3종	제1종 및 제2종 이외의 경우로 보통 인체 상태에서 접촉전압이 가해지면 위험성이 높은 상태 (주택, 공장, 사무실 등의 일반 장소에서 사람이 직접 접촉 하여 취급하는 전기 설비)	50V 이하
4종	제1종 및 제2종 이외의 경우로 보통 인체 상태에서 접촉전압이 가해져도 위험성이 적은 상태 (주택, 공장, 사무실 등 일반 장소의 은폐장소 또는 높은 곳에 시설하는 전기 설비)	제한 없음

   2) 지락 보호 방식의 적용 방법
      저압 전로에 지락이 발생 하였을 경우의 보호 방식의 종류는 각종 접촉 상태에 따라 다음 표에 나타낸 방식중 하나를 적용해야 한다.

보호방식		허용접촉접압 제1종 (2.5V)	제2종 (25V)	제3종 (50V)	제4종 (제한없음)
전원자동차단	과전류차단방식	X	O	O	O
	누전차단방식	△	O	O	O
	누전경보방식	X	O	O	O
2종 또는 강화 절연		X	O	O	O
비 도전성 장소		X	O	O	O
비접지 국부 등전위본딩		X	O	O	O
분리(절연변압기)		X	O	O	O
특별 저압(SELV, PELV)		X	O	O	X

O:단독으로 적용 가능   X:단독으로 적용 불가
△:수영장 등 수조 내부에서 사람이 없을 때만 적용

3) 보호 방식
(1) 전원의 자동 차단에 의한 보호
  ① 전원차단
   - 충전부와 노출도전성 부분 또는 보호도체 사이에 교류 50V를 초과하는 접촉전압이 발생할 경우는 그 전원을 자동 차단해야 한다.
   - 보호기의 종류 : 과전류 차단기, 누전 차단기 등
  ② 보호 접지와 등전위 본딩
   전원의 자동 차단에 의한 보호를 한 경우 보호 접지와 등전위 본딩은 다음에 의한다.
   - 보호 접지 : 노출 도전성 부분은 보호 도체에 접속하여야 한다.
   - 등전위 본딩
    사람이 접촉할 경우 위험한 접촉전압이 발생할 우려가 있는 도전성 부분과 계통 외 도전성 부분(철골, 수도관, 가스관, 금속배관 등)은 전기적으로 상호 접속하는 등전위 본딩을 해야 한다.

(2) 2종 기기사용에 의한 보호
   - 이중 절연 또는 강화 절연 전기기기 사용

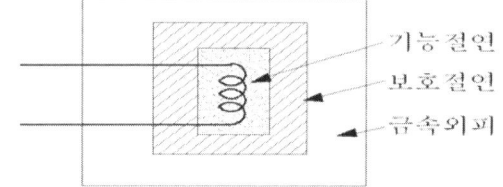

(3) 비 도전성 장소(절연 바닥)에 의한 보호
   - 노출 도전성 부분과 계통 외 도전성 부분은 사람이 동시에 접촉하지 않도록 배치해야 한다.
   - 보호 도체를 시설하지 않아야 한다.
   - 전기 설비는 고정되어야 한다.
   - 해당 장소에 외부의 전위가 인입되지 않도록 해야 한다.

(4) 비 접지용 등전위 본딩에 의한 보호
   비 접지용 등전위 본딩은 등전위 본딩용 도체에 의해 모두 접촉 가능한 노출 도전성 부분 및 계통 외 도전성 부분을 상호 접속하여야 한다.

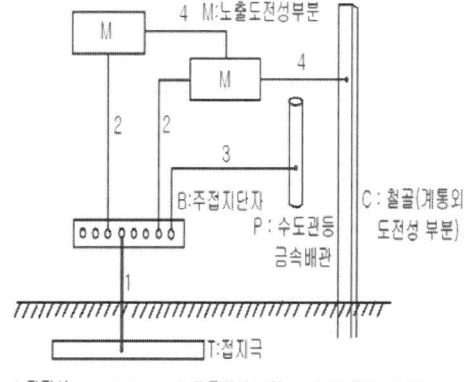

(5) 전기적 분리(절연 변압기)에 의한 보호

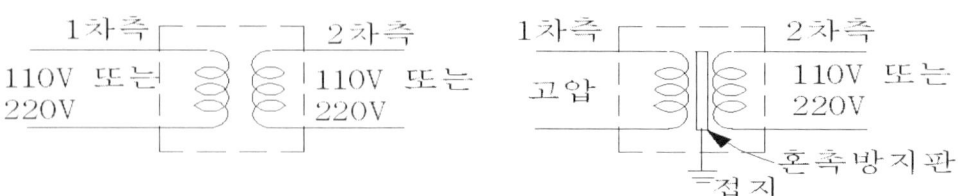

절연 변압기 또는 그와 동등 이상의 안전 등급의 전원으로 하고 전기를 공급하는 전로는 다음 조건을 만족해야 한다.
- 회로의 전압 : 500V 이하

(6) 특별 저압에 의한 보호

특별 저압에 의한 보호는 교류 50V 이하, 직류 120V 이하의 보호이며 직접 접촉보호나 간접 접촉 보호 양쪽에 시행한다.

항 목	전 원	회 로	대지와의 관계
SELV	안전절연변압기 또는 동등한 전원	구조적 분리 있음	- 비접지 회로로 구성 - 노출 도전부 접지 금함
PELV			- 접지 회로 허용 - 노출 도전부 접지 허용
FELV	안전 전원 아님	구조적 분리 없음	- 접지회로 허용 - 노출 도전부는 1차측 보호도체에 접속 - 보호도체가 있는 회로에 접속 허용

2.5.14 저압 비접지 지락 보호 (80.2.3)(91.1.8)(90.3.4)

1. 개요

    접지 계통은 CT의 잔류회로를 이용하여 간간히 지락 보호를 할 수 있으나, 비접지 계통은 지락 전류가 작기 때문에 보호 방식이 간단하지 않다.
    따라서 비 접지 계통에 사용할 수 있는 지락 보호 방식에 대하여는 다음과 같은 방법들이 있다.

No.	보호방식	검출회로	계전기
1	지락 과전압 계전 방식(64)	GPT	OVGR
2	방향 지락 계전 방식(SGR.67G)	GPT + ZCT	DGR(SGR)
3	지락 과전압 지락 방향 계전방식	GPT + ZCT	OVGR + DGR(SGR)
4	누전 경보 방식	ZCT	ELD
5	누전 차단 방식	ZCT(내장)	ELB
6	접지 콘덴서 방식	접지형 콘덴서	경보
7	절연 변압기 보호	차단을 하지 않기 위해 이용	
8	2중 절연 보호	평소 사용이 많은 회로 보호	

2. 저압 비 접지 선로의 지락 보호 방식
    1) 지락 과전압 계전 방식(64)

        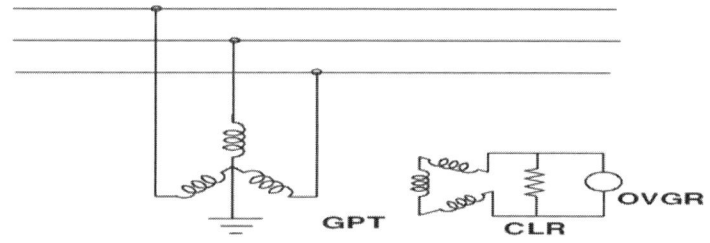

        비접지 계통에서 지락 사고 발생시 지락 전류의 귀로가 없으므로 지락 전류 검출이 어려워 GPT(접지 변압기)를 이용하여 지락 전압을 검출하여 차단기를 동작하여 선로 및 기기를 보호한다.

    2) 방향 지락 계전 방식(SGR . 67G)
        - SGR을 사용하여 사고 선로를 선택 차단한다.
        - 그림과 같이 GPT는 3차측은 Open Delta결선하여 제한저항에 3V0가 나타나 SGR 전압 요소에 인가된다.

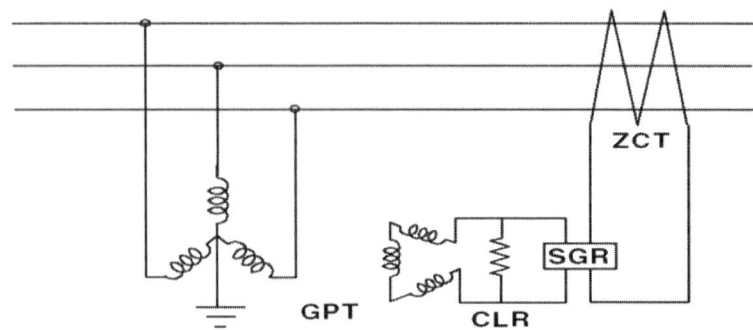

- 지락 전류는 선로 충전 전류와 제한 저항에 의한 전류의 합인데 비교적 적기 때문에 ZCT에 의해 SGR에 도입된다.
- 사고 회선과 건전회선의 지락 전류방향이 반대이므로 이것으로 선택성을 갖는다.

3) 지락 과전압 지락 방향 계전방식

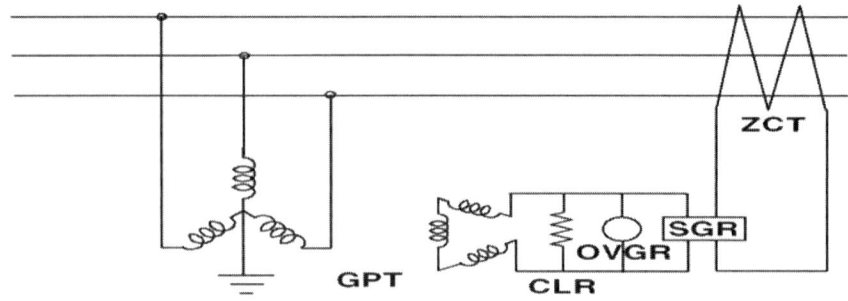

- 주로 OVGR은 주 회로에 사용하고 SGR은 분기 회로에 사용 하는데 둘 다 너무 예민하여 전체 회로를 차단하는 경우가 많이 발생한다.
- 따라서 이 둘을 조합하여 OVGR접점과 SGR접점을 직렬로 구성하여 모두가 작동하였을 때 지락 회로만을 차단하기 위해 사용함.
- 신뢰성이 높은 회로이다.

4) 누전 경보 방식
   - 회로에 지락이 발생하면 검출하여 경보를 하기 위한 설비로서 소방법에는 중요 문화재 등에는 의무적으로 설치하도록 되어 있다.

5) 누전 차단 방식
   전로에 지락이 생겼을 때 발생하는 영상 전압 또는 영상 전류를 검출하여 차단하는 방식으로 전류 동작형과 전압 동작형이 있다.

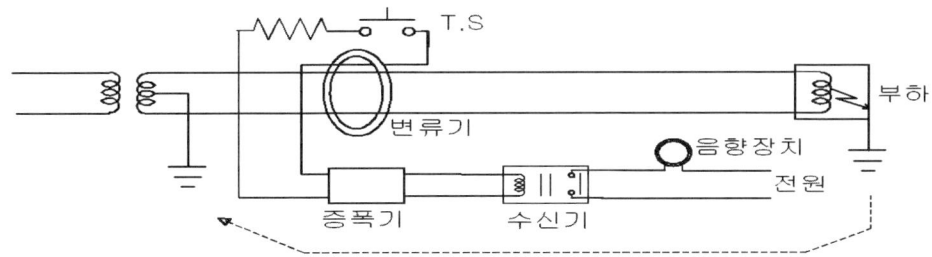

6) 접지 콘덴서 방식
   비접지 계통에서 지락전류를 얻기
   위하여 콘덴서를 이용하는 방식
   트립 보다는 경보를 주로 함.

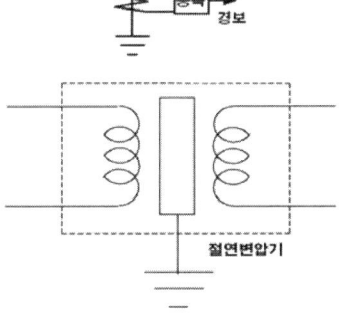

7) 절연 변압기(isolation transformer) 방식
   - 절연 변압기를 사용하여 보호 대상 전로를
     비 접지식 또는 단독의 중성점 접지식 전로로
     함으로써 접촉 전압을 억제하는 방식
   - 병원 수술실, 수중 조명용 절연 변압기 등

8) 2중 절연 방식
   (1) 전기 기기의 절연을 강화해서 안전을 도모함.
   (2) 보호 절연 : 기기의 금속제 외함 위에 다시 한 층을 절연
   (3) 2중 절연 기기는 기능 절연(기능상
       없어서는 안 될 절연)이 나빠져도
       보호 절연이 되어 있어 기기
       외부에 전압이 인가되지 않음.
   (4) 전동 드릴, 그라인더, 전기 대패 등

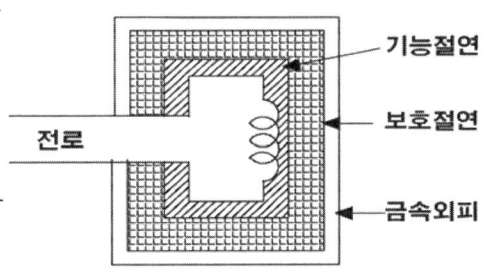

2.5.15 유도형 OCR TAB, LEVER(75.1.3)

1. 과전류 계전기 설명
   1) 과전류 계전기(OCR)
      (1) 부하전류 및 고장 전류의 크기가 일정치 이상시 동작
      (2) 과부하 및 단락 보호용으로 주로 사용
      (3) 과거 : 유도 원판형 주로 사용
          최근 : 디지털 계전기 많이 사용
   2) 지락 과전류 계전기(OCGR)
      OCR에 지락 계전기 기능을 추가한 계전기임.
   3) TAB 및 LEVER
      (1) TAB
        - 핀을 SETTING용 구멍에 꽂아 동작 전류 조정
        - CT비에 따라 2~6A, 3~8A, 4~12A의 3종류가 있음
      (2) LEVER
        - 동작시간 조정
        - 1~10까지 돌려서 SETTING
        - LEVER 1 : 과부하시 동작시간이 가장 빠름
          LEVER 10 : 과부하시 동작시간이 가장 느림

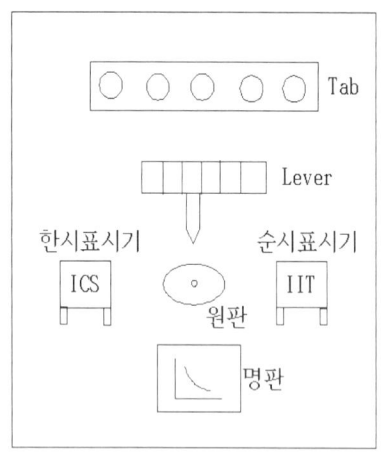
<OCR 정면도>

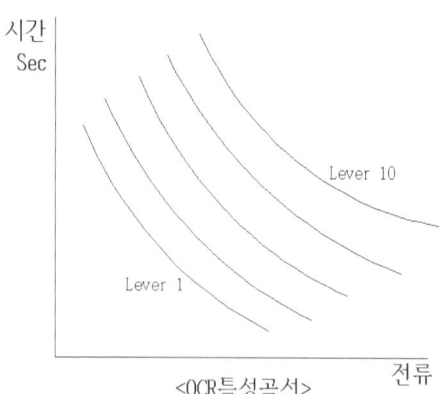
<OCR특성곡선>

2. OCR TAB 변경시 유의사항
   OCR은 계통이 정지 상태에서 TAB을 변경하여야 사고 위험이 적으나 부득이 사용중 TAB을 정정할 때는 다음 사항에 유의하여야 한다.
   1) OCR을 사용중에 TAB을 뽑으면 CT2차 개방으로 CT가 소손될 우려가 있음.
   2) TAB 변경시 요령

- 먼저 예비 TAB으로 새로이 정정할 TAB의 구멍에 PIN을 꽂는다.
- 다음에 기존 TAB을 빼내면 된다.
- 이때 불꽃이 보이면 새로운 TAB의 조임을 다시 한번 조인다.
- TAB 변경 이유, 변경자 등을 기록하여 관계자에게 통보한다.

3. OCR TAB 산출 공식

$$\text{TAB 값} = \frac{\text{수전용량(계약전력)} kW}{\sqrt{3} \ X \ \text{수전전압}(kV) \ X \ \text{역율}} X \frac{1}{CT비} X \ \alpha$$

α : 여유율

일반부하 : 150% 적용

변동부하(전기로, 대형전동기, 전철 등)는 200~250% 적용

2.5.16 정 부동작 오 부동작 설명(83.10)

1. 계통도

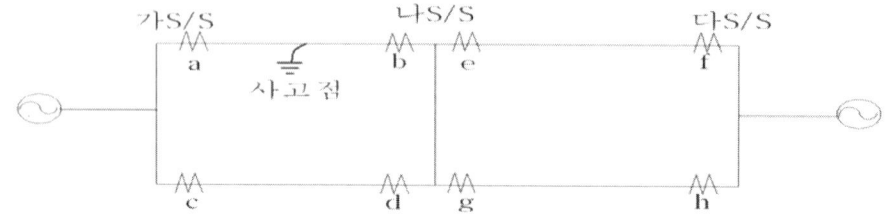

No.	호 칭	동작조건	동작 결과
1	정 동작	동작	동작
2	정 부동작	부 동작	부 동작
3	오 동작	부 동작	동작
4	오 부동작	동작	부 동작

2. 동작 설명
　1) 정 동작
　　- 계전기가 동작하여야 할 경우에 동작
　　- 위 그림에서 A지점 사고시 a계전기 및 b계전기가 동작
　2) 정 부동작
　　- 계전기가 부 동작하여야 할 경우에 부 동작
　　- 위 그림에서 a계전기 및 b계전기를 제외한 나머지가 부 동작하여야 함
　3) 오 동작
　　- 계전기가 동작하지 말아야 할 경우(부 동작)에 동작
　　- 위 그림에서 a계전기 및 b계전기를 제외한 나머지 중에 어느 것이 동작했다면 오 동작
　4) 오 부동작
　　- 계전기가 동작하여야 할 경우에 동작하지 않는 것.
　　- 위 그림에서 a계전기 및 b계전기가 동작하지 않으면 오 부동작

3. 대책
　1) 계전기의 적절한 값을 계산하여 Setting.
　2) 계전기의 신속한 동작
　3) 계통의 보호 협조
　4) 컴퓨터 시뮬레이션 등

참 고 문 헌

- KSCIEC 60364 건축전기설비 (기술표준원)
- KSCIEC 62305 피뢰설비 (기술표준원)
- 전기설비 기술기준 및 판단기준 (대한전기협회)
- 내선 규정 (대한전기협회)
- 건축전기 설계기준 (건설교통부)
- 기술 용어 해설집 (한국전력공사)
- 전기설비 기술계산 핸드북 (의제전기설비 연구소)
- 전기설비 총람 상, 하 (의제전기설비 연구소)
- 전력시설물 설비 및 설계 (성안당. 최홍규)
- 조명 설비 및 설계 (성안당. 최홍규)
- 접지 설비 및 설계 (성안당. 최홍규)
- 건축전기설비기술사 1-3권 (성안당. 양재학 외)
- 건축전기설비기술사해설 (동일출판사. 김세동)
- 전력설비 기술계산 해설 (동일출판사. 김세동)
- 건축전기과년도 문제집(1-4권) (한국전기학원)
- 건축전기설비기술사 문제풀이(81회-93회) (서울공과학원)
- 건축전기설비기술사 서브노트 1.2권 (대한전기학원)
- 건축전기설비기술사 시리즈 (1-8권) (서울공과학원)
- 전기응용기술사 1-3권 (김기남전기학원)
- 건축전기설비기술사 서브노트 (1-8권) 전기박사
- 전기감리실무교재 (한국전력기술인협회)
- 저압전로 지락보호에 관한 기술지침 (대한전기협회)
- 전기기기 (동명사. 이윤종)
- 전력기술인 (한국전력기술인협회)
- 조명전기설비 (한국조명설비학회)
- 전기저널 (대한전기협회)
- Naver Cafe 지식 백과 및 지식 검색
- 전기기기 제작업체 카다록 및 기술자료
- 전기 신문
- 기타 KS규격 및 인터넷 자료 등

최신건축전기설비기술사(상)

(부록)
건축전기설비기술사 기출문제
제101회(2013.08.04 시행)

기출문제 - P. 325

국가기술자격 기술사 시험문제

기술사   제 101 회   1 교시 (시험시간 : 100분)

| 분야 | 전기·전자 | 자격
종목 | 건축전기설비기술사 | 수험
번호 | | 성명 | |

※ 다음 문제 중 10문제를 선택하여 설명하시오.   (각10점)

1. 변압기 보호계전기 중 비율차동계전기에 대하여 각각 설명하시오.
   1) 동작원리   2) 동작특성   3) 적용시 문제점 및 대책

2. 그림과 같은 동축케이블이 있다. 내·외 도체를 전류 I가 왕복할 때 다음의 각 항에 대한 자계의 세기를 구하시오. (단, r은 반지름)
   1) 내부도체 내(r<a)의 자계 H_1
   2) 내부도체와 외부 도체간(a<r<b)의 자계 H_2

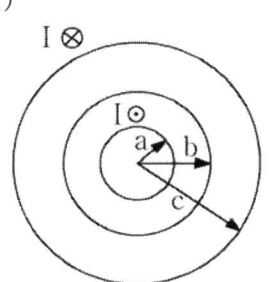

3. 고체 유전체의 트리잉(Treeing)과 트래킹(Tracking)현상을 비교 설명하시오.

4. 몰드변압기의 열화과정 및 특성에 대하여 설명하시오.

5. 디지털 보호 계전기의 특성에 대하여 설명하시오.

6. 2차 여자에 의한 권선형 유도전동기의 속도제어와 역율 개선의 원리에 대하여 설명하시오.

7. 건축물에서 대기전력 차단장치의 설치기준과 시설방법에 대하여 설명하시오.

8. 변압기의 최저소비효율과 표준소비효율에 대하여 설명하시오.

9. 조명용어 중 순응과 퍼킨제 효과에 대하여 설명하시오.

10. 태양전지 모듈 선정시 고려해야 할 사항에 대하여 설명하시오.

11. 유도전동기의 출력에 영향을 미치는 고조파전압계수(HVF : Harmonic Voltage Factor)에 대하여 설명하시오.

12. 병렬도체의 과부하와 단락보호 방법에 대하여 설명하시오.

13. 엘리베이터의 교통량 계산 순서를 설명하시오.

기술자격 기술사 시험문제

기술사 제 101 회 2 교시 (시험시간 : 100분)

분야	전기·전자	자격종목	건축전기설비기술사	수험번호		성명	

※ 다음 문제 중 4문제를 선택하여 설명하시오. (각25점)

1. 저압 전기설비의 직류 접지계통 방식에 대하여 설명하시오.

2. 터널 조명설계시 터널 구간별 노면휘도 선정방법에 대하여 설명하시오.

3. 전력간선의 종류를 사용목적에 따라 분류하고, 설계순서 및 설계시 고려하여야 할 사항에 대하여 설명하시오.

4. 전력계통의 안정도를 분류하고 안정도 향상대책에 대하여 설명하시오.

5. 예비전원설비에서 축전지설비의 축전지용량 산출시 고려해야할 사항에 대하여 설명하시오.

6. 케이블에 흐르는 충전전류에 대하여 다음 사항을 설명하시오.
   1) 발생원인   2) 문제점 및 영향   3) 대책

국가기술자격 기술사 시험문제

기술사   제 101 회   3 교시 (시험시간 : 100분)

분야	전기·전자	자격종목	건축전기설비기술사	수험번호		성명	

※ 다음 문제 중 4문제를 선택하여 설명하시오.   (각25점)

1. 변압기 모선 구성방식에 따른 특징과 모선 보호 방식에 대하여 설명하시오.

2. 고조파가 전동기에 미치는 영향과 대책에 대하여 전동기 종류별로 설명하시오.

3. 저압계통 과부하에 대한 보호 장치의 시설위치, 협조, 생략할 수 있는 경우에 대하여 설명하시오.

4. 건축물에 시설하는 전기설비의 접지선 굵기 산정에 대하여 설명하시오.

5. UPS의 운전방식 중 상시상용급전방식(Off Line)에 대하여 설명하시오.

6. 건축물 전기설비에서 배전전압 결정방식과 선정시 고려해야 할 사항에 대하여 설명하시오.

국가기술자격 기술사 시험문제

기술사   제 101 회   4 교시 (시험시간 : 100분)

| 분야 | 전기·전자 | 자격종목 | 건축전기설비기술사 | 수험번호 | | 성명 | |

※ 다음 문제 중 4문제를 선택하여 설명하시오. (각25점)

1. 대칭좌표법을 이용하여 3상 회로의 불평형 전압과 전류를 구하고 1선 지락시 건전상의 대지전위 상승에 대하여 설명하시오.

2. 업무용 빌딩의 첨두부하(Peak Load) 제어방식에 대하여 종류별로 설명하시오.

3. 다음 전동기의 무부하전류에 대하여 설명하시오.
    1) 유도 전동기   2) 직류 전동기   3) 동기 전동기

4. 지능형빌딩시스템(IBS : Intelligent Building System)에서 시스템의 기능과 전기 설비의 설계조건에 대하여 설명하시오.

5. 건축물에서 소방부하와 비상부하를 구분하고 소방부하 전원공급용 발전기의 용량 산정방법과 발전기 용량을 감소하기 위한 부하의 제어방법에 대하여 설명하시오.

6. 태양광발전시스템의 구성과 태양전지패널 설치 방식의 종류 및 특징에 대하여 설명하시오.

최신건축전기설비기술사(상)

(부록)
건축전기설비기술사
기출문제풀이
제101회(2013.08.04 시행)

기출문제풀이 - P. 331

제 1 교시

1.1 변압기 보호계전기 중 비율차동계전기에 대하여 각각 설명하시오.
   1) 동작원리   2) 동작특성   3) 적용시 문제점 및 대책

1. 변압기 보호 장치 관련 규정(전기 설비 기술기준의 판단기준 제 48조)
    특별 고압용 변압기 내부에 고장이 생겼을 경우에 보호하는 장치는 다음표와 같이 시설하여야한다.
    다만, 변압기 내부에 고장이 생겼을 경우에 그 변압기의 전원인 발전기를 자동적으로 정지하도록 시설한 경우에는 그 발전기의 전로로부터 차단하는 장치를 하지 아니하여도 된다.

뱅크 용량의 구분	동작 조건	장치의 종류
5,000kva이상 10,000kva미만	변압기 내부고장	자동 차단 장치 또는 경보 장치
10,000kva이상	변압기 내부고장	자동 차단 장치
타냉식 변압기(강제순환방식)	냉각장치에 고장이 생긴 경우 또는 변압기 온도가 현저히 상승한 경우	경보 장치

2. 비율 차동 계전기(Ratio Differential Current Relay. RDR) 동작원리

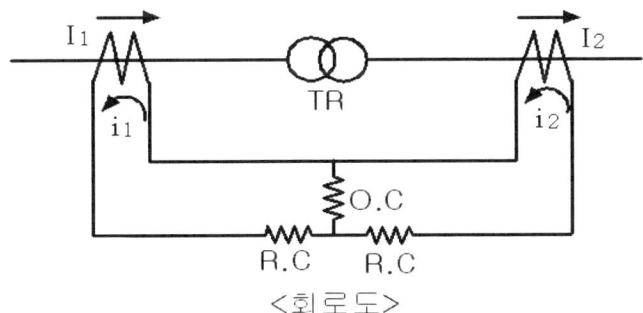
<회로도>

- 비율차동 릴레이는 그림에 나타낸 바와 같이 통과전류 I1 또는 I2에 의해 억제력을 내는 억제코일 (RC)과 차전류 |I1-I2|에 의해 동작력을 내는 동작코일(OC)를 갖는 것인데
- 통과 전류가 작을 때에는 억제력도 작고
- 외부사고와 같은 큰 통과전류가 흘렀을 경우에는 차전류 |I1-I2|로 동작한다. 즉, 변압기 내부 고장시 1차 전류와 2차 전류의 차이를 이용하여 내부 고장을 전기적으로 검출한다. (동작력>억제력 일 때 동작)

3. 동작 특성

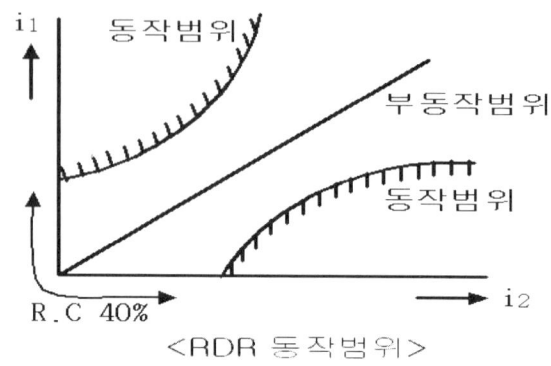

<RDR 동작범위>

- 이 그림에서 건전할 때 즉 외부사고 때처럼 유입전류 I1과 I2가 같은 때에는 릴레이는 동작하지 않는다.
- 이것에 대해 내부 사고처럼 유입전류 I1과 유출전류 I2에 상당량의 차가 생기거나 또는 위상이 반대로 되는가 하면, 곡선의 바깥쪽이 되어 릴레이는 동작하게 된다.
- 동작은 다음 공식에 의해 결정되며 일반적으로 30-40(%)에서 동작을 하도록 정한다.

$$동작 비율 = \frac{동작 전류}{억제 전류} \times 100 = \frac{i_1 - i_2}{i_1 \text{ 또는 } i_2} \times 100 (\%)$$

4. 비율 차동 계전기 적용시 문제점과 대책
   1) 여자 돌입 전류에 의한 오동작
      변압기 무 부하 투입시 여자 돌입 전류가 정격 전류의 7~8배 흘러 오동작이 발생하므로 다음과 같은 대책이 필요함.

      (1) 감도 저하법
          변압기 투입시 순간적으로(0.2초)
          비율 차동 계전기 감도를 저하시킴.
          => Timer 사용 방식
      (2) 고조파 억제 방식
          변압기 여자 돌입 전류에 포함된 고조파 전류를 고조파 필터를 통과시켜 오동작 방지
      (3) 비 대칭 저지법
          - 대칭분 : 동작   - 비 대칭분(돌입 전류) : 동작 억제
          - 동작 코일과 저지 계전기를 직렬 접속하여 비 대칭파 전류로 저지 계전기를 동작시켜 동작을 억제함.

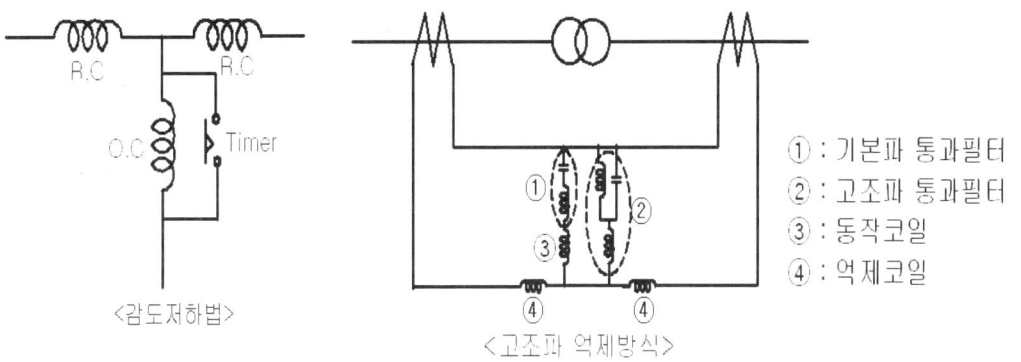

<감도저하법>　　　　<고조파 억제방식>

① : 기본파 통과필터
② : 고조파 통과필터
③ : 동작코일
④ : 억제코일

  2) 위상각 차에 의한 오동작
    TR Y-△ 결선시 1,2차간 30° 위상차가 있어 전류가 CT를 통과하면 위상차에 의해 동작 코일에 전류가 흘러 오동작함.
    대책 : 위상각 보정
       - TR 결선 △-Y -> CT 2차를 Y-△로 결선
        Y-△ -> CT 2차를 △-Y로 결선
  3) 변류비 불일치(변류비차)에 의한 오동작
    보상 CT(CCT)를 사용하여 평형 유지
  4) CT 특성 불일치(재질 등)
    탭 선정으로 오차 정정

1.2 그림과 같은 동축케이블이 있다. 내·외 도체를 전류 I가 왕복할 때 다음의 각 항에 대한 자계의 세기를 구하시오. (단, r은 반지름)
  1) 내부도체 내(r<a)의 자계 H_1
  2) 내부도체와 외부 도체간(a<r<b)의 자계 H_2

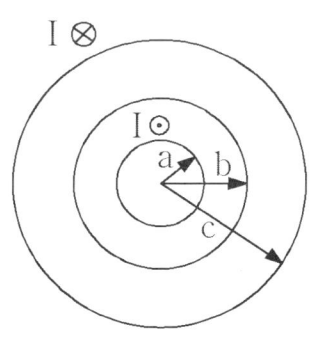

1. 내부도체 내(r<a)의 자계 H_1
   그림이 잘못되어 그림을 오른쪽과 같이 수정하여 문제를 정리하기로 한다.
  1) 내부 도체에 있어서 r<a인 점의 자계를 H1이라 하면
  - 반지름 r 내를 흐르는 전류 Ir
    Ir은 원의 단면적에 비례하여 쇄교하므로
    $\dfrac{I}{Ir} = \dfrac{\pi a^2}{\pi r^2}$ 이 되어　$I_r = \dfrac{\pi r^2}{\pi a^2} I = \dfrac{r^2}{a^2} I$ 이 된다.

암페어의 주회적분의 법칙 $\oint_0^{2\pi} H\,dl = I$에 의해

$$H_1 2\pi r = I_r \qquad \therefore H_1 = \frac{I_r}{2\pi r} = \frac{1}{2\pi r} \times \frac{r^2}{a^2} I$$
$$= \frac{rI}{2\pi a^2}\ [A/m]$$

이 된다.

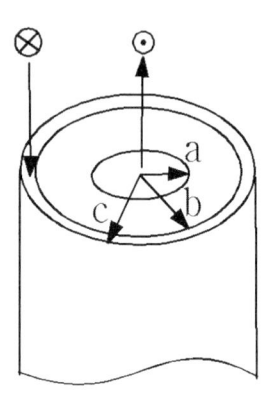

2. 내부도체와 외부 도체간(a<r<b)의 자계 H_2

마찬가지로 $\oint_0^{2\pi} H\,dl = I$에 의해 $H_2\,2\pi r = I$ $\therefore H_2 = \dfrac{I}{2\pi r}\ [A/m]$이 된다.

1.3 고체 유전체의 트리잉(Treeing)과 트래킹(Tracking)현상을 비교 설명하시오.

1. 트리잉(Treeing) 현상
   1) 정의
      TREE현상이란 전기적 화학적 또는 수분에 의해 절연이 파괴되는 현상으로 그 진행이 나뭇가지 모양으로 형성해 간다.
      도체 계면의 불량, VOID, 이물질, 화학 약품 등에 의해 부분 방전이 발생되어 열이 발생하여 케이블이 열화하게 된다.
   2) TREE의 종류

   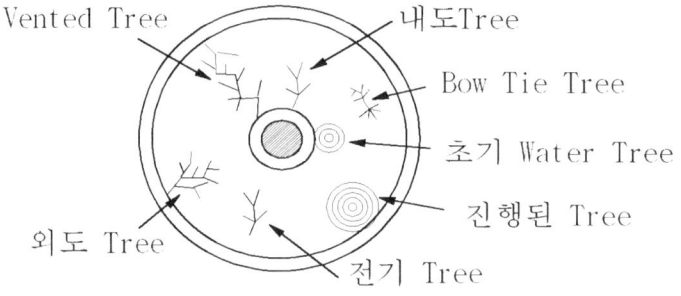

   (1) 전기 TREE
      케이블 절연체내의 국소 고전계부에서 수지형으로 열화 되어 간다.
      케이블에 인가되는 전압이 낮더라도 국소 고 전계를 발생하는 부분이 있으면 전기 트리는 진전되어간다.
   (2) 수 TREE
      * 수트리(WATER TREE)는 물과 전계의 공존 상태로 발생하는데 전기트리에 비해 저 전계에서 발생하고 건조하면 트리 부분이 사라진다.

* 수트리 특성
- 고압 이상의 케이블에서 주로 발생한다.
- 전기 트리를 유도한다.
- 직류에서는 보기 어렵고 교류에서 주로 발생하며 특히 고주파에서 심하게 발생한다.
- 수트리 발생부에는 고분자 사슬이 풀려 기계적인 왜형이 생긴다.
- 온도가 높으면 열화가 촉진된다.

(3) 화학 트리

폴리에틸렌, 가교 폴리에틸렌, 비닐 등의 고분자 물질이 기름이나 약품에 의해서 용해, 화학적 분해, 변질 등의 발생으로 절연재의 성능이 저하되게 된다.

특히 유황과 동이 만나 절연체 중에 발생하는 화학트리는 케이블의 절연성능을 저하시키는 원인이 된다.

(4) 모양에 따른 종류
① 내도 트리
② 외도 트리
③ BOW TIE 트리
④ Vented Tree

2. 트래킹
  1) 트래킹 정의
   (1) 고체 절연물 표면에 수분을 포함한 먼지, 전해질의 미소 물질 등이 부착되면 그 표면에서 방전이 발생하고
   (2) 이런 현상이 반복되면 절연물 표면에 점차 도전성 통로, 즉 Track이 형성되는데 이런 현상을 Tracking이라 한다.
   (3) 도자기나 애자 등 무기절연물은 이런 현상이 적으나 플라스틱과 같은 유기 절연물은 탄화되어 흑연 등의 도전성 물질을 생성하기 쉬우므로 화재의 원인이 된다.

  2) Tracking 진화과정
   (1) 제1단계 : 표면 오염에 의한 도전로 형성
   (2) 제2단계 : 미소 발광, 방전 현상 발생
   (3) 제3단계 : 표면에 열화개시 및 Track 형성
  3) Tracking 현상 방지 대책
   (1) 자기재 애자 사용
   (2) 폴리머 애자 사용시

- EPDM Rubber 사용
- Tracking 시험
- 수산화 알루미늄을 고분자 물질에 첨가시켜 성형시킨 애자를 사용

(3) 폴리머 물질 사용한 저압기기 Tracking 대책
- 연결 부위의 오염 물질 주기적 제거
- 방진 제품 사용
- 정기적 안전 관리

1.4 몰드변압기의 열화과정 및 특성에 대하여 설명하시오.

1. 몰드 변압기의 열화 과정

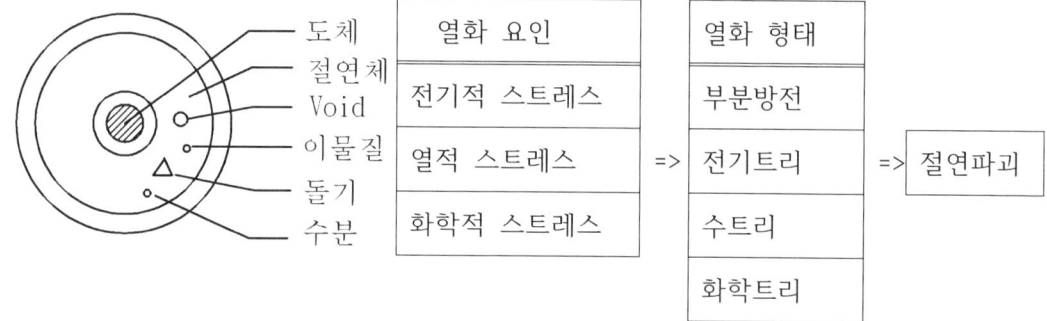

2. 열화 특성
   1) 전기적 스트레스
      전기적 스트레스는 절연체내의 국소 고전계부에서 수지형으로 열화 되어 간다. 권선에 인가되는 전압이 낮더라도 국소 고 전계를 발생하는 부분이 있으면 전기 스트레스는 진전되어간다.
   2) 열적 스트레스
      전기적 스트레스는 주울열에 의하여 열로 축적된다.
      주울열 $H = 0.24 I^2 R t (cal)$
   3) 화학적 스트레스
      폴리에틸렌, 가교 폴리에틸렌, 비닐 등의 고분자 물질이 기름이나 약품에 의해서 용해, 화학적 분해, 변질 등의 발생으로 절연재의 성능이 저하되게 된다. 특히 유황과 동이 만나 절연체 중에 발생하는 화학트리는 절연물의 절연성능을 저하시키는 원인이 된다.

1.5 디지털 보호 계전기의 특성에 대하여 설명하시오.

1. 개요
   디지털 보호계전기란 기존의 유도형 계전기, 전력량계, 아날로그 계기, 각종 개폐스위치 등을 하나의 패키지에 내장하여 고 신뢰성, 고 안정성, 편리성 등을 혁신적으로 개선시킨 계전기로 아래와 같은 특징을 가지고 있다.

2. 구성

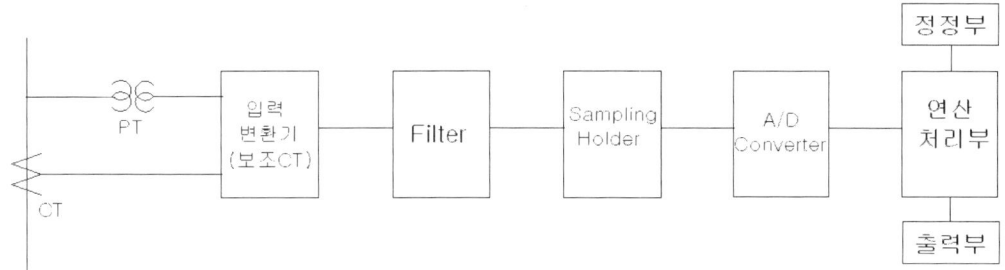

1) 입력 변환기
   전압, 전류 등의 입력 정보를 보조 CT에서 처리하기 쉬운 값으로 변환
2) FILTER
   고조파 제거 및 샘플링에 따른 중첩 성분 제거
   (LPF : Low Pass Filter, BPF : Band Pass Filter)
3) S/H(Sampling Holder) : 입력치를 일정시간 Hold 하는 기능(표본화)
4) A/D Converter : 12 BIT소자로서 1 BIT는 파형의 정부를 나타내며, 나머지 11 BIT는 입력 정보를 표현한다.
5) 연산 처리부 : 보호 계전기의 동작 실행을 하며 CPU에서 연산 처리한 다음 Memory부에 전송, 기억한다.
6) 정정(입력)부 : 각종 원하는 데이터 값을 일력
7) 출력부 : 계전기 등이 작동하게 되면 차단기를 작동 또는 각종 데이터를 출력하는 부분임

3. 특성
   1) 고성능, 다 기능화
      디지털 연산 처리 및 메모리 기능에 의해 아날로그에서 실현치 못했던 특성과 기능을 실현할 수 있다.
   2) 소형화
      Micro-Computer를 구성하는 소자의 고 집적화에 따라 장치를 소형화
   3) 고 신뢰화
      자기 진단 및 상시 감시 기능이 잇어 장치의 이상 유무를 조기 발견
   4) 융통성
      보호 방식을 개선, 변경할 경우 H/W 변경 없이 Memory의 변경만으로 가능하다.
   5) 저 부담화 : 변성기의 부담을 줄일 수 있다.
   6) 배선 용이
      계기 계전기를 한곳에 집합하므로 배전반 등 배선이 간단해 진다.

7) 경제성

종전에 비하여 반도체 소자의 가격 저하에 의하여 보호 계전기의 가격 저하가 가능하다.

8) 단점

(1) Surge, Noise에 약하고, 고조파, 왜형파에 따른 오동작이나 오차가 발생할 가능성이 있다.

(2) 기술의 발전 속도가 빨라 단종 되기가 쉬우며, 부품 확보에 어려움이 있을 수 있다.

(3) 고도의 기술 제품으로 내부 문제가 발생시 원인규명이 쉽지 않다.

(4) 유도형에 비해 제품이 아직은 고가 이어서 초기 설치비가 고가이다.

1.6 2차 여자에 의한 권선형 유도전동기의 속도제어와 역율 개선의 원리에 대하여 설명하시오.

1. 권선형 유도 전동기 구조와 원리
   - 회전자 철심에 3상 권선을 감아 2차 권선으로 삼고 슬립링과 브러시를 통하여 2차 전류를 외부로 인출할 수 있도록 한 전동기로서 2차 저항기를 조정하여 토오크와 속도를 제어할 수 있다.

2. 특성 (비례추이 : 2차 저항과 Slip이 비례)
   - 권선형 유도 전동기는 회전자 권선(2차권선)의 저항 r, 토크 T로 운전하고 그때의 slip이 S라고 하면 2차권선 저항을 K배하여 Kr이 되었을 때 토크 T에 대하여 슬립이 Ks가 된다.
   - 이 모양을 나타낸 것이 그림과 같으며 이 특성을 비례추이(Proportional Shifting)라고 하고 이것이 권선형 유도전동기의 큰 특성이다.

$$\frac{r_1}{s_1} = \frac{r_2}{s_2} = \frac{r_n}{s_n}$$

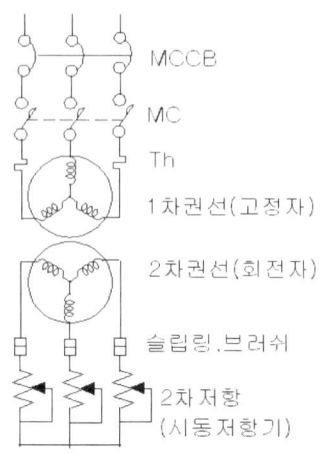

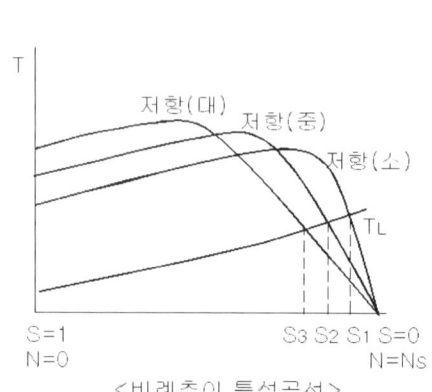

<비례추이 특성곡선>

3. 속도 제어
   1) 전압제어
      (1) 원리
         - 1차 전압을 제어하는 방법으로 1차 전압을 제어하면 Slip과 토오크가 변화되어 속도제어가 가능함.
      (2) 방법
         - 단권변압기 이용 방법
         - 위상제어 방법
         - PWM 제어방법 등이 있음.

   2) 2차 저항 제어(비례추이)

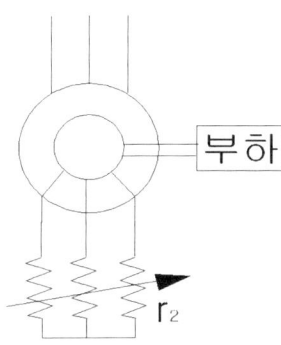

   - 권선형 유도전동기에만 사용할 수 있는 방법으로 2차 회로의 저항변화에 의한 비례추이를 이용한 방법임.
   - 비례추이 : 2차 저항 r2를 m배하면 슬립도 m배가 되어 속도가 느려진다는 원리

   즉, $\dfrac{r_2}{S} = \dfrac{mr_2}{mS}$

   - 2차 회로에 저항을 삽입하여 제어하므로 저항 손실에 따라 효율이 나빠진다.

   3) 2차 여자법 (2차 저항 제어법의 손실을 줄이기 위한 방법)

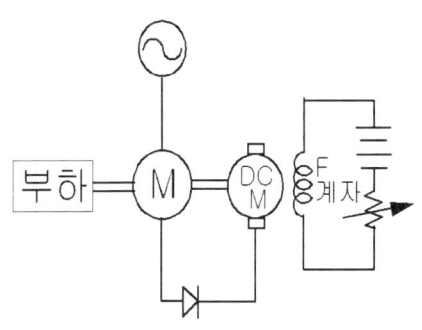

      (1) 크래머 방식
      - 저항 손실분을 정류기를 통해 DC MOTOR를 회전시켜 유도 전동기와 기계적으로 직결하여 동력으로 반환하는 방법
      - 속도제어 : 직류기의 계자전류를 조정하여 제어

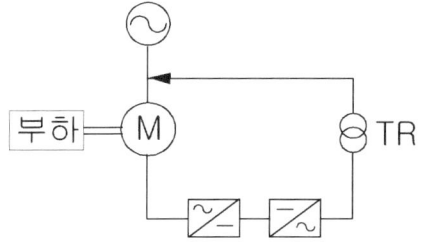

      (2) 세르비어스 방식
      - 2차 손실분을 컨버터와 인버터, TR을 두어 1차 전원에 전원을 반환하는 정 토크 특성.
      - 속도제어 : 인버터의 사이리스터로 제어

4) VVVF
   - 주파수만을 제어하면 토오크가 감소하는 등 문제점이 발생하기 때문에 이를 보완하고 시동 전류를 적당히 억제하여 안전한 운전을 하기 위하여 주파수와 함께 출력 전압도 제어한다.
   - 주파수만 내리면 입력전류가 증가하여 전동기 과열됨.

4. 역율 개선
   - 그림에서 E_2 보다 앞선 위상의 기전력 Ec를 2차 권선에 공급하면 이때의 1차 공급 전압 V_1과 1차 전류 I_1 사이의 위상각 θ_1은 작게 되어 역율이 개선된다.
   - 이렇게 되는 것은 Φ를 생기게 하는데 필요한 여자전류 Io의 일부를 Ec가 보충해 주기 때문에, 1차 무효 전류가 감소하므로 역율이 개선되는 것이다.

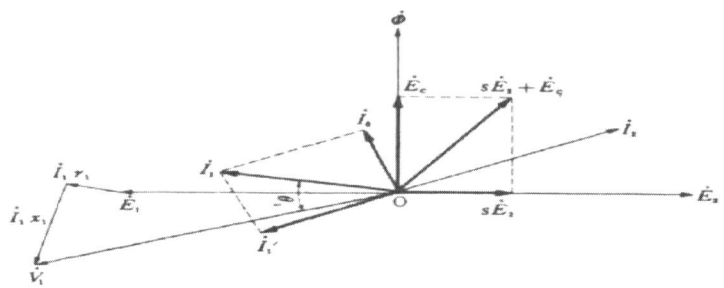

   - 그러므로 오른쪽 그림과 같이 임의 위상 Φ의 전압 Ec를 가하면 Ec cosΦ는 2차 유기전압과 90°의 상차를 가지는 전압이므로 역율을 개선 하게 되고, Ec sinΦ 의 전압은 속도 제어에 도움을 준다.

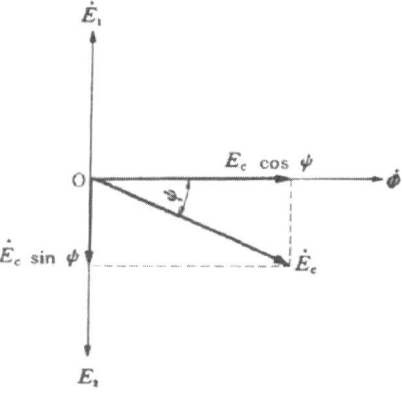

1.7 건축물에서 대기전력 차단장치의 설치기준과 시설방법에 대하여 설명하시오.

1. 대기전력 차단장치 설치기준
   2013년 9월 1일 부터는 냉난방을 하는 연면적의 합계가 500㎡ 이상인 경우에는 건축물의 용도와 관계없이 에너지절약계획서를 첨부하여야 한다.

2. 시설 방법
   1) 공동주택
      거실, 침실, 주방에는 대기전력자동차단콘센트 또는 대기전력 자동 차단 스위치를 1개 이상 설치하여야 하며, 대기전력자동차단콘센트 또는 대기전력 차단 스위치를 통해 차단되는 콘센트 개수가 전체 개수의 30% 이상이 되어야 한다.

2) 공동주택 외 건축물

대기전력자동차단콘센트 또는 대기전력차단 스위치를 통해 차단되는 콘센트 개수가 거실에 설치되는 전체 콘센트 개수의 30% 이상이 되어야 한다. 다만, 업무시설 등에서 OA Floor를 통해서만 콘센트 배선이 가능한 경우에 한해 자동절전 멀티탭을 통해 차단되는 콘센트 개수를 산입 할 수 있다.

3. 공공기관 에너지이용합리화 추진에 관한 규정
   (2011.7. 지식경제부 장관 제정)
   1) 공공기관에서 컴퓨터 등 사무기기 및 가전기기 신규 구입 또는 교체시 에너지절약마크가 표시된 제품을 의무적으로 사용하여야 하고, 대기전력 1W 이하 제품을 최우선적으로 구매하여야 한다.
   2) 공공기관에서 건축물을 신축·증축 또는 개축하는 경우에는 자동절전제어장치를 통해 제어되는 콘센트 개수가 전체 콘센트 개수의 30% 이상 차단되도록 설치하여야 한다.
   3) 공공기관은 PC가 사용되지 않는 시간에 자동으로 전력을 절약하는 소프트웨어 제품을 의무적으로 도입하여야 한다.

1.8 변압기의 최저소비효율과 표준소비효율에 대하여 설명하시오.

1. 에너지 소비효율 등급 표시제도 개요
   - 에너지 소비효율 등급표시제도는 제품의 에너지 소비효율 또는 에너지 사용량에 따라 1~5등급으로 구분하여 표시하는 것으로
   - 에너지효율 하한선인 최저소비효율기준(MEPS: Minimum Energy Performance Standard)을 의무 적용해야 한다. 따라서 에너지 소비효율 등급라벨을 의무적으로 부착하고 있다.
   - 이를 통해 소비자들이 효율이 높은 에너지절약형 제품을 손쉽게 판단하여 구입할 수 있도록 하고 제조(수입)업자들이 생산(수입)단계에서부터 원천적으로 에너지절약형 제품을 생산·판매하도록 함으로써 에너지를 절약하려는데 목적이 있다.
   - 국내의 제조업자(국산제품)와 수입업자(수입제품)에 공통 적용되며, 반드시 에너지관리공단에 제품 신고를 마쳐야 한다. 최저소비효율기준에 따라 5등급 기준 미달의 제품은 생산·판매가 금지된다. 위반 시 2천만 원 이하의 벌금이 부과된다.

2. 에너지 소비효율 등급 품목
   - 1등급에 가까울수록 에너지절약형 제품이며, 1등급 제품은 5등급보다 약 30~40% 에너지가 절감된다.

- 1992년 9월 냉장고를 시작으로 에어컨, 세탁기, 식기세척기, 전기냉온수기, 전기밥솥, 진공청소기, 선풍기, 공기청정기, 가정용가스보일러, 전기냉난방기, 백열전구, 형광램프, 어댑터·충전기 등 전체 22개 품목과 자동차에 적용되었다.
- 대상제품 중 19개 품목에서 에너지소비효율등급라벨을 부착하고 있으며, 나머지 3개 품목(형광램프용안정기, 삼상유도전동기, 어댑터·충전기)에는 별도의 최저소비효율기준 라벨을 부착한다.
- 에너지 소비 효율 등급 라벨에는 에너지 소비 효율 등급, 월간 소비전력량, 이산화탄소 배출량, 연간 에너지 비용 등이 표시되어 있다.
- 또한 2001년 8월 29일부터 건물에도 '에너지효율등급제'가 적용되었다. '건물 에너지효율등급'은 관련법규가 정한 기준 이상의 에너지 절약설비를 채택한 건물에 대해 에너지 절감률에 따라 2013년 부터는 10등급의 인증을 부여하게 된다.
- 한편 지식경제부와 에너지관리공단은 2012년 7월부터 추가 대상품목으로 TV, 변압기에도 에너지 소비효율 등급표시제를 적용하고 있다.
- 최저 소비 효율 기준은 저효율 제품의 유통 방지와 업체의 기술 개발 촉진을 위해 정부가 제시하는 최소한의 에너지 효율 기준이며, 이를 만족하지 못하면 국내 생산과 판매를 금지한다.
- 위반 시 2,000만원 이하의 벌금이 부과된다.

3. 변압기 소비효율 등급
 - 변압기는 전압을 승압 또는 강압하는 필수 송·배전 설비로, 전기 에너지 손실이 2.6~3.1%를 차지한다.
 - 현재 미국, 유럽, 일본, 캐나다, 멕시코, 인도 등 세계 각국에서 변압기 효율제를 운영한다.
 - 우리나라는 현재 **최저 소비 효율 기준(MEPS : Minimum Energy Performance Standard)**을 만족하는 '일반 변압기'와 표준 소비 효율을 만족하는 '고효율 변압기'로 구분한다.
 - 즉, 일반 변압기는 최저 소비 효율을, 고효율 변압기는 표준 소비 효율을 만족해야 한다.
 - 변압기는 KS C 4306, KS C 4311, KS C 4316, KS C 4317에 따라 시험하며 50% 부하율 기준 효율값을 효율 지표로 하여 최저 소비 효율 기준을 만족해야 한다.

- 에너지 소비효율 등급 예(2012.7.1.부터)

분류	1차/2차 전압	상수	용량(kVA)	최저소비효율 (일반변압기)	표준소비효율 (고효율변압기)
건식 변압기 (KSC4311)	22.9kV/저압	삼상	100	98.0	99.0
			200	98.2	99.0
			500	98.5	99.1
			1000	98.7	99.3
			2000	98.9	99.3

1.9 조명용어 중 순응과 퍼킨제 효과에 대하여 설명하시오.

1. 순응(Adaptation)

눈에 들어오는 빛이 극히 적은 경우에는 눈의 감광도는 대단히 높아지고, 눈에 들어오는 빛의 양이 많으면 감광도는 떨어진다.

이와 같이 우리의 눈은 다른 밝기에서도 물체가 보이도록 익숙해지는 것을 순응이라 한다.

또한 사람이 어두운 데서 밝은 곳으로 갔을 때 또는 밝은 곳에 있다가 어두운 곳으로 갑자기 간다든지 하면 사물을 식별하는데 시간이 걸리며 이를 명순응과 암순응이라 한다.

1) 명순응
   - 어두운 곳에서 밝은 쪽으로의 순응
   - 수초~수분 정도 걸린다.
2) 암순응
   - 밝은 쪽에서 어두운 쪽으로의 순응
   - 수분~수십분 정도 걸린다.
   - 응용 : 터널 조명

2. 퍼킨제 효과

밝은 곳에서 같은 밝음으로 보이는 적색과 청색이 조도를 점차 떨어뜨리면 적색은 어둡게 보이고 청색은 밝게 보인다. 이와 같이 밝음의 변화에 따라 색 보임이 달라지는 현상을 퍼킨제 효과라 하며

1) 밝은 곳에서의 눈의 최대 비시감도는 555nm
2) 어두운 곳에서 눈의 최대 비시감도는 510nm이다.
3) 응용예 : 유도등, 유도표지, 간판등

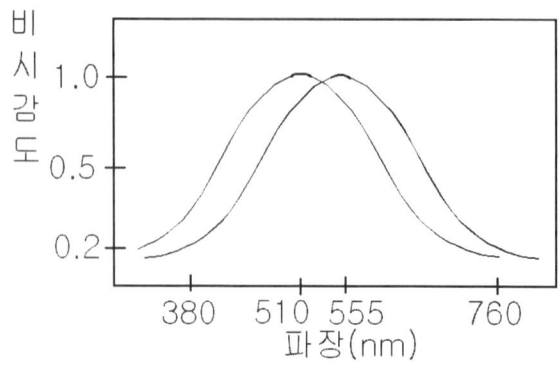

1.10 태양전지 모듈 선정시 고려해야 할 사항에 대하여 설명하시오.

1. 태양전지 모듈 선정시 고려사항 (건축전기설비 설계기준 제14장 2.3절)
    1) 효율
        - 변환효율은 단위면적당 들어오는 태양광에너지가 얼마만큼 전기에너지로 변환되는 효율을 말하며, 일반적으로 다음의 식으로 표시한다.

        $$변환효율 = \frac{P\max}{At \times G} \times 100 = \frac{P\max}{At \times 1000(W/m^2)} \times 100(\%)$$

        여기서 At : 모듈 전면적(m^2)
        G : 방사속도(W/m^2)
        Pmax : 최대출력(W)

    2) Power Tolerance
        (1) Power Tolerance (다수의 셀을 직렬 또는 병렬로 연결한 경우 각 모듈의 최대출력이 전압/전류 특성 차이 등으로 이론상의 출력과 차이가 발생하게 되는 차이)를 검토한다.
        (2) 모듈을 직렬로 구성할 경우 가장 낮은 전압이 발전되는 스트링(string)이 다른 높은 전압을 발생하는 스트링에 영향을 미쳐 전체적으로 발전전압이 낮아지므로 이를 검토한다.
    3) 신뢰성
        모듈은 설치 후 내용 수명동안 사용이 가능토록 기계적, 전기적,
        환경적으로 뛰어난 신뢰성을 갖추어야 한다.
    4) 인증
        국내의 공인인증기관에서 인증 받은 모듈을 사용하고, 결정계 및 박막계는 한국산업 표준에 적합해야 한다.
    5) 설치 분류
        건축물에 설치하는 태양전지 모듈은 설치 부위, 설치 방식, 부가 기능 등의 차이에 의해 분류되며, 건축물의 설치 여건을 고려하여 선정한다.

2. 태양 전지 모듈 종류

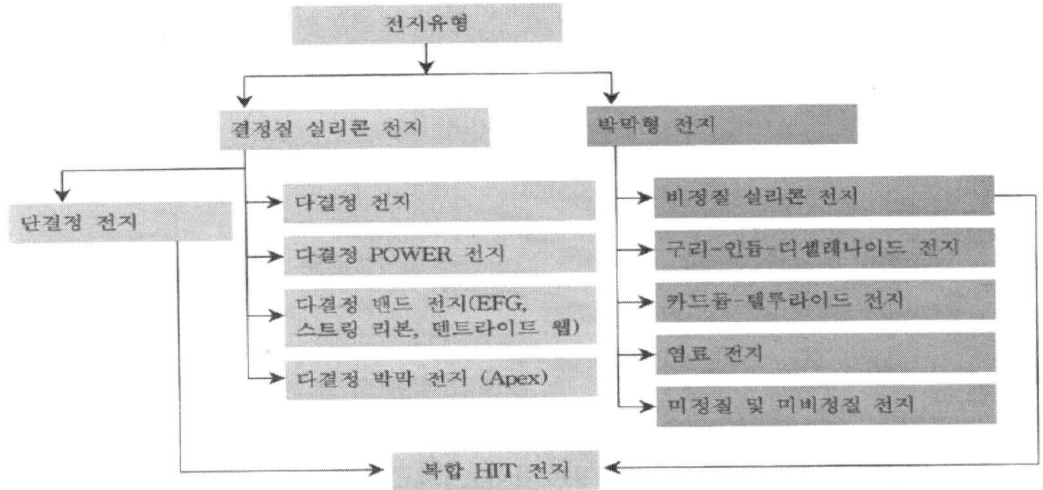

1.11 유도전동기의 출력에 영향을 미치는 고조파전압계수(HVF:Harmonic Voltage Factor)에 대하여 설명하시오.

1. THD (종합 고조파 왜형율. Total Harmonics Distortion)

   종합 고조파 왜형율 (THD)은 다음식과 같이 고조파 전압(전류) 실효치와 기본파 전압(전류) 실효치의 비로 나타내며, 고조파의 발생 정도를 나타내는데 많이 사용되며 IEEE Std 519-1992, IEEE Std 519-2003 및 NEMA에 대하여 설명하기로 한다.

2. 고조파전압계수(HVF:Harmonic Voltage Factor)

   1) IEEE Std 519-1992

      harmonic factor : The ratio of the root-sum-square (rss) value of all the harmonics to the root-mean-square (rms) value ofthe fundamental.

      harmonic factor (for voltage) : $\dfrac{\sqrt{E_3^2 + E_5^2 + E_7^2 \cdots}}{E_1}$

2) IEEE Std 519-2003 (개정된 내용임)

Voltage THD: Total Harmonic Distortion of the voltage waveform. The ratio of the root-sum-square value of the harmonic content of the voltage to the root-mean-square value of the fundamental voltage.[1]

$$V_{THD} = \frac{\sqrt{V_2^2 + V_3^2 + V_4^2 + V_5^2 + \cdots}}{V_1} \times 100\%$$

Current THD: Total Harmonic Distortion of the current waveform. The ratio of the root-sum-square value of the harmonic content of the current to the root-mean-square value of the fundamental current.[1]

$$I_{THD} = \frac{\sqrt{I_2^2 + I_3^2 + I_4^2 + I_5^2 + \cdots}}{I_1} \times 100\%$$

Current TDD: Total Demand Distortion of the current waveform. The ratio of the root-sum-square value of the harmonic current to the maximum demand load current.[1]

$$I_{TDD} = \frac{\sqrt{I_2^2 + I_3^2 + I_4^2 + I_5^2 + \cdots}}{I_L} \times 100\%$$

3. 고조파 왜형율과 유도 전동기 출력 관계(NEMA MG - 1)

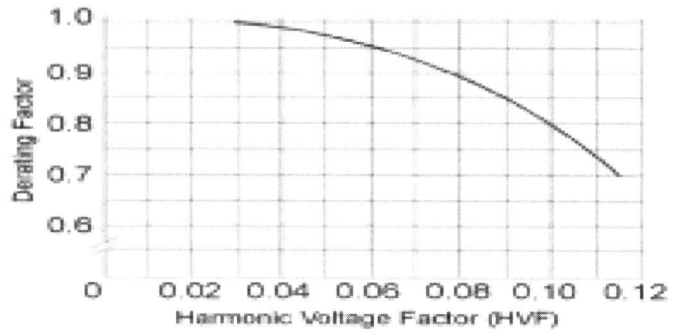

1.12 병렬도체의 과부하와 단락보호 방법에 대하여 설명하시오.
발췌 : KSCIEC 60364-433. 2013

1. 병렬 도체의 과부하 보호

   하나의 보호 장치가 여러개의 병렬도체를 보호할 경우 병렬도체에 분기회로 분리 또는 개폐장치를 사용할 수 없다.

   1) 병렬 도체간 전류의 균등 분담

      하나의 보호 장치가 전류를 균등하게 분담하는 병렬도체를 보호할 경우 연속허용전류(I_z) 값은 여러 도체의 허용전류의 합이 된다. 즉, 전류 균일시는 1개의 보호기로 보호가능.

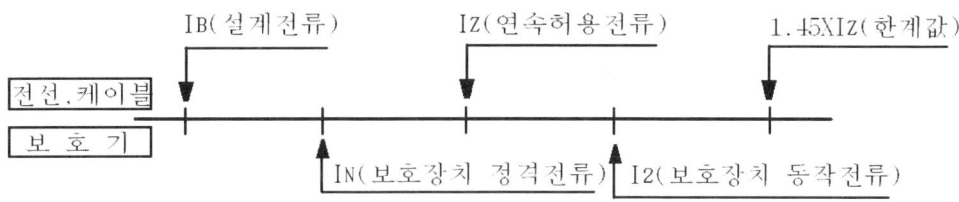

2) 도체 간 전류의 불균등 분담
   - 상마다 단일 도체의 사용이 불가능하고 병렬도체의 전류가 불균등 할 경우에는 각 도체의 과부하 보호를 위한 설계전류 및 요건을 개별적으로 고려하여야 한다.
     즉, 전류 불균일시는 병렬도체 보호기로 각각 보호.
   - 병렬 도체의 전류는 전류차가 각 도체의 설계 전류값의 10(%)를 초과 할 경우 불균등한 것으로 간주한다.

2. 병렬도체의 단락보호
   1) 보호 장치의 동작특성이 하나의 병렬 도체 중 가장 동작하기 어려운 지점에서 생한 고장에 대해 효과적인 동작을 보장하는 경우, 1개의 보호 장치를 이용해 병렬도체를 단락의 영향으로부터 보호할 수 있고, 이때 고장 전류는 병렬도체 양단으로부터 공급 될 수 있으므로 병렬도체들 사이의 단락전류 분담을 고려하여야 한다.
   2) 하나의 보호 장치 동작이 단락 보호에 효과적이지 못할 경우에는 다음중 하나 이상의 조치를 취해야 한다.
      (1) 배선은 기계적인 손상 보호와 같은 방법으로 병렬도체에서의 단락위험을 최소화할 수 있는 방법으로 수행하고, 화재 위험성 또는 인체에 대한 위험을 최소화할 수 있는 방법으로 전선을 설치한다.
      (2) 병렬 도체가 2개인 경우에는 단락 보호 장치를 각 병렬도체의 전원측에 설치해야 한다.
      (3) 병렬 도체가 3개 이상인 경우 단락 보호 장치를 각 병렬도체의 전원측과 부하측에 설치해야 한다.

1.13 엘리베이터의 교통량 계산순서를 설명하시오.

1. 엘리베이터 설계순서 (건축전기설비 설계기준 제9장)

   엘리베이터(승강기)의 설계는 일반적으로 다음과 같이 한다.

엘리베이터 설계	설치댓수 결정	속도 결정	
		정원 결정	
		수량 계산	교통량 계산
			모의(시뮬레이션)
	운용 계획	서비스층 결정	
		배치 결정	
		운전방식 결정	
		구동방법 결정	
	전원설비 계획	전원용량 계산	
		간선 계산	

2. 설계 시 중요 고려사항

   1) 수량 계산 시 대상 건축물의 교통수요량에 적합해야 한다.
   2) 승객의 층별 대기시간은 평균 운전간격 이하가 되게 한다.
   3) 엘리베이터 운용에 편리하도록 배치하고, 서비스를 균일하게 할 수 있도록 건축물 중심부에 설치한다. 다만, 건축물의 설계 및 구조설계 상 부득이한 경우는 그렇지 않다.
   4) 건축물의 출입 층이 2개 층이 되는 경우는 각각의 교통수요량 이상이 되도록 하며, 교통수요량이 많은 경우는 출발기준층이 1개 층이 되도록 계획한다.
   5) 군 관리운전의 경우 동일 군내의 서비스 층은 같게 한다.
   6) 초고층, 대규모 빌딩인 경우는 서비스 그룹을 분할(죠닝)하는 것을 토한다.

3. 엘리베이터 설계

   1) 엘리베이터 설치 수량산정은 건축물의 종류, 규모, 임대상황 등을 고려하여, 엘리베이터의 5분간 총 수송능력이 승객의 집중률에 의한 5분간 최대 교통수요량과 같거나 그 이상이 되도록 한다.
   2) 엘리베이터 이용자가 대기하는 시간을 평균 운전간격 이하로 하기 위한 운전간격이 되도록 하여야 한다. 건축물에서 용도별 집중률 및 평균 운전간격은 다음기준 값을 참조한다.

건물의 용도		승객 집중률 (%)		평균운전간격(sec)
사무용빌딩	전용건물	20 ~ 25	보통 20 정도 역사(지하철 등)와 가까운 경우는 25 정도	30 표 조정이
	준 전용	16 ~ 20		
	공공건물	14 ~ 18		
	임대건물	11 ~ 15	보통 11 이상	40 이하
공동주택		3.5 ~ 5	고급아파트는 5 정도 일반아파트는 3.5 정도	1대설치 : 120 이하 2대설치 : 80 이하
호 텔		8 ~ 10	대규모는 10 정도 중소규모는 8 정도	40 이하

주 : 호텔에서 대규모 연회장, 고급식당 등이 있는 경우는 이에 대한 교통수요를 별도로 계산

3) 엘리베이터 운전방식은 운전원이 있는 경우와 없는 경우로 나누어지며 특수한 용도를 제외하고는 일반적으로 전자동운전방식으로 설치한다.

4) 다수의 엘리베이터가 설치되는 경우에는 엘리베이터의 효율적인 운행관리를 위하여 군 관리방식·마이크로프로세서를 응용한 타임스케줄 제어기능, 학습기능, 대기시간, 분포제어기능, 절전운전 기능, 만원운전 기능, 고장 엘리베이터 분리기능, VIP서비스 기능, 시스템 백업 기능 등을 갖도록 하고, 퍼지이론을 응용한 인공지능(AI) 군 관리방식 채택을 검토한다.

5) 엘리베이터를 이용하는 서비스대상 건축물의 교통 수요량과 승객의 집중시간 분석을 하는 경우에는 건축물 용도별 전체 이용자수와 승객 집중시간에 대하여 다음 표를 참조한다.

용 도	전체 이용자수	승객 집중시간	비 고
사무용	3층 이상의 유효면적에 대해 1인당 5~12 ㎡ (보통 8 ㎡) 입주가 결정된 인원	출근 시 상승	승객수는 정원의 80 %로 산정. A형식(9.2.3의(3))
공동주택	침실 2개까지 : 2.5~3 인 침실 3개이상 : 3.5~5 인 으로 계산	저녁(귀가 시) 피크 시 기준 ru: 3~4, rd: 2	승객수는 정원과 관계없이 4~5인으로 산정 C형식(2.2.3의(3))
호 텔	숙박정원의 80%로계산 부대시설이 있는경우 별도계산	저녁시간(체크인, 외출, 시설이용) 피크시 ru와 rd는 같은 인원으로 함	승객수는 정원의 50 % 정도로 산정. C형식(9.2.3의 (3))
백화점	2층이상 매장면적(㎡)× (0.5~0.8) (인/h) 상기계산 중 10%로 계산 (80%는 에스컬레이터 이용)	일요일 정오 전후	승객수는 상승, 하강시 정원수를 기준표 산정. C형식(9.2.3의 (3))
병 원	5분간 1병상 당 0.2명으로 계산 병상(침대)운반용은 5분간 1병상당 0.02 인으로 계산	면회시간 시작 직후	승객수는정원의 80%로 하고 이 인원의 40%는 하강, 60%는 상승으로 산정. C형식(9.2.3의 (3))

제 2 교시

2.1 저압 전기설비의 직류 접지계통 방식에 대하여 설명하시오.

<전기설비 판단기준>

제 3 절 저압 옥내직류 전기설비(2013년 추가)

제287조 (저압 옥내직류 전기설비의 시설) 여기에서 정하지 않은 저압 옥내직류 전기설비는 각 관련 판단기준을 준용하여 시설하여 한다.

제288조 (전기품질)
① 저압 옥내직류 전로에 교류를 직류로 변환하여 공급하는 경우 직류는 KS C IEC 60364-4-41에 따른 리플프리직류이어야 한다.
② 제1항에 따라 직류를 공급하는 경우 고조파전류는 KS C IEC 61000-3-2 및 KS C IEC 61000-3-12에 정한 값 이하이어야 한다.

제289조 (저압 옥내직류 전기설비의 접지)
① 저압 옥내직류 전기설비는 전로보호장치의 확실한 동작의 확보, 이상전압 및 대지전압의 억제를 위하여 직류 2선식의 임의의 한 점 또는 변환장치의 직류측 중간점, 태양전지의 중간점 등을 접지하여야 한다.
다만, 직류 2선식을 다음 각 호에 의하여 시설하는 경우는 그러하지 아니하다.
1. 사용전압이 60 V 이하인 경우
2. 접지검출기를 설치하고 특정구역내의 산업용 기계기구에만 공급하는 경우
3. 제23조의 규정에 적합한 교류계통으로부터 공급을 받는 정류기에서 인출되는 직류계통
4. 최대전류 30 mA 이하의 직류화재경보회로
② 제1항의 접지공사는 제21조, 제22조, 제22조의 2 및 제27조 제2항을 준용하여 접지하여야 한다.
③ 직류전기설비의 접지시설을 양(+)도체를 접지하는 경우는 감전에 대한 보호를 하여야 한다.
④ 직류전기설비의 접지시설을 음(-)도체를 접지하는 경우는 제293조에 준용하여 전기부식방지를 하여야 한다.
⑤ 직류접지계통은 교류접지계통과 같은 방법으로 금속제 외함, 교류접지선 등과 본딩하여야 하며 교류접지가 피뢰설비, 통신접지 등과 통합접지되어 있는 경우는 제18조제7항에 따라 시설하여야 한다.

제290조 (저압 직류 과전류 차단장치)
① 제38조에 의하여 직류전로에 과전류차단기를 설치하는 경우 직류단락전류를 차단하는 능력을 가지는 것이어야 하고 "직류용" 표시를 하여야 한다.
② 다중전원전로의 과전류차단기는 모든 전원을 차단할 수 있도록 시설하여야 한다.

제291조 (저압 직류지락차단장치)
제41조 및 제166조 제4항 제1호에 의하여 직류전로에는 지락이 생겼을 때에 자동으로 전로를 차단하는 장치를 시설하여야 하며, "직류용" 표시를 하여야 한다.

제292조 (저압 직류개폐장치)
① 직류전로에 사용하는 개폐기는 직류전로 개폐시 발생하는 아크에 견디는 구조이어야 한다.
② 다중전원전로의 개폐기는 개폐할 때 모든 전원이 개폐될 수 있도록 시설하여야 한다.

제293조 (저압 직류전기설비의 전기부식방지)
제289조에 의하여 직류전로를 접지하는 경우는 직류누설전류의 전기부식작용으로 다른 금속체에 손상의 위험이 없도록 시설하여야 한다. 다만, 제291조의 직류지락차단장치를 시설한 경우는 그러하지 아니하다.

제294조 (축전지실 등의 시설)
① 30 V를 초과하는 축전지는 비접지측 도체에 쉽게 차단할 수 있는 곳에 개폐기를 시설하여야 한다.
② 옥내전로에 연계되는 축전지는 비접지측 도체에 과전류보호장치를 시설하여야 한다.
③ 축전지실 등은 폭발성의 가스가 축적되지 않도록 환기장치 등을 시설하여야 한다.

2.2 터널 조명설계시 터널 구간별 노면휘도 선정방법에 대하여 설명하시오.

1. 적용 기준
   이 기준은 자동차 교통에 이용되는 도로 터널 및 지하도로(이하 터널이라 한다.)의 조명에 대하여 규정한다.
2. 터널 조명 계획시 유의사항
   1) 입구 부근의 시야 상황
      터널에 근접하고 있는 자동차 운전자의 기준점에서 20°시야내의 천공, 인공 구조물, 입구 부근의 경사면 등의 휘도와 시야내 차지하는 비율
   2) 구조 조건
      터널 단면의 모양, 전체 길이, 터널내 노면, 벽면, 천장면의 표면상태 반사율 등
   3) 교통 상황
      설계속도, 교통량, 통행방식, 대형차 혼입율 등
   4) 환기 상황
      배기 설비의 유무, 환기방식, 터널내 공기의 투과율 등
   5) 부대 시설
      교통 안전 표지, 도로 표지, 교통 신호기, 소화기, 긴급전화, 대피소 등

3. 주간 조명 설계 기준

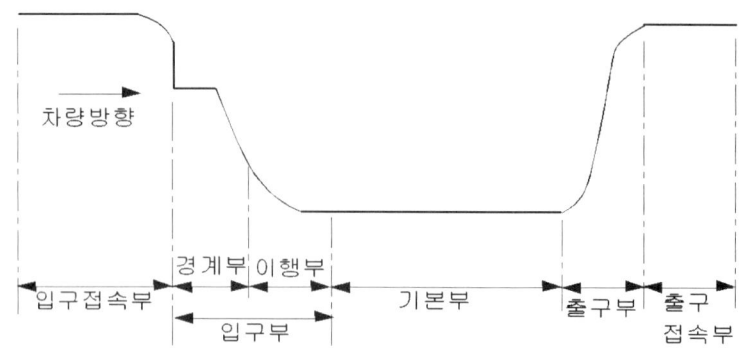

1) 입구부 조명

주간에 명순응에서 암순응으로 급격한 변화가 일어나므로 내부에서 조도완화를 위하여 경계부, 이행부로 나누어서 계획하고, 주야간 효율적인 유지관리를 위하여 단계별로 점멸 할 수 있도록 한다.

(1) 경계부 노면 휘도
- 터널의 설계속도에 의하여 결정한다.
- 경계부 길이는 정지 거리 이상 이어야 한다.

설계 속도(km/h)	정지 거리(m)
60	60
80	100
100	160

- 조명 수준
  ① 경계부 처음부터 중간지점 : 경계부 입구 조도와 같아야 함.
  ② 중간 지점부터 경계부 종단 : 점차적, 선형적으로 감소하여 종단에는 처음부분의 40%까지(0.4 Lth) 감소하도록 한다.
- 경계부 평균 노면 휘도 [cd/m^2]

설계속도 [km/h]	20° 원추형 시야내의 하늘의 비율	
	20% 초과	20%~10%초과
60	200	150
80	260	200
100	370	280

① 위 표는 터널의 입구가 남쪽인 경우이며, 북쪽 입구는 이보다 속도에 따라 50~100 [cd/m^2] 씩 높아짐.
② 위는 터널길이 200m 이상인경우이며 터널길이가 짧아지면 계수를 곱하여 적게 설계 (예. 50m : 0%)
또한 교통량이 적은 경우도 계수를 곱하여 적게 설계할 수 있다.

(2) 이행부 노면 휘도
- 경계부로부터 곡선 형태로 감소시키고, 기본부와 접속시에는 기본부 휘도의 2배 이상 이어서는 안된다.

2) 기본부 조명
- 기본부 조명의 평균 휘도는 설계속도와 교통량에 따라 결정된다.

< 주간 기본부 평균 노면 휘도 [cd/m^2] >

설계속도[km/h]	교통량		
	적음	보통	많음
60	3	4.5	6
80	5	6.5	8
100	7	9	11

3) 출구부 조명
- 주간 휘도 : 정지 거리 이상의 구간에 걸쳐 점차 증가시킨다.
- 기본부 휘도에서 시작하여 출구 접속부 전방 20m 지점의 휘도가 기본부 휘도의 5배가 되도록 단계적으로 상승시킨다.

4) 입구 접속부 및 출구 접속부 조명
- 야간 조명을 실시하는 도로에서 야간에 터널 출입구 구간은 KSA 3701에 따른다.
- 야간 조명이 없고 운행속도가 50 km/h이상인 경우로서 터널내 야간 조명 수준이 1cd/m^2 이상인 경우
  ① 입구 접속부의 길이 : 정지거리 이상
  ② 출구 접속부의 길이 : 정지거리의 2배 이상(최장 200m)

5) 터널내 휘도 균제도
- 노면 2m 높이까지의 벽면 균제도 : 종합 균제도 0.4 이상
- 노면 차선축 균제도 : 0.6 이상

4. 야간 조명 설계 기준
1) 터널이 조명이 설치된 도로와 연결되어 있을 때 : 터널 내부의 조명이 접근 도로와 최소한 같아야 한다.
2) 터널이 조명이 설치되지 않은 도로와 연결되어 있을 때 : 터널 내부의 평균 노면 휘도가 1cd/m^2 이상이어야 한다.

2.3 전력간선의 종류를 사용목적에 따라 분류하고, 설계순서 및 설계시 고려하여야 할 사항에 대하여 설명하시오.

1. 간선의 분류

간선은 일반적으로 부하의 목적에 따라 다음과 같이 분류하며, 또한, 사용부하 구성 특성에 따라 계절부하용, 고조파발생 부하용 등으로 세분화한다.

2. 간선설비 설계순서

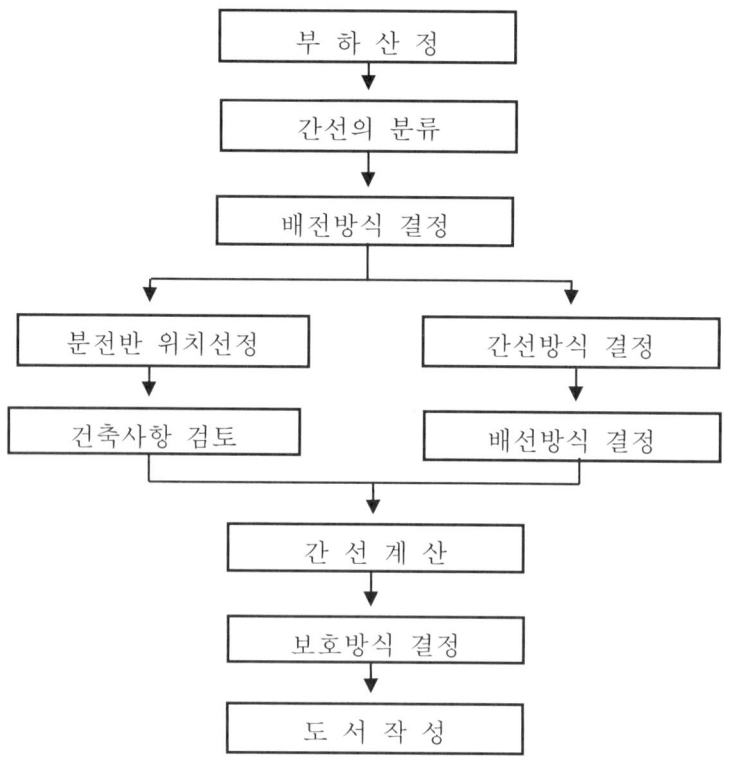

3. 간선 설계시 고려사항
    1) 배전방식

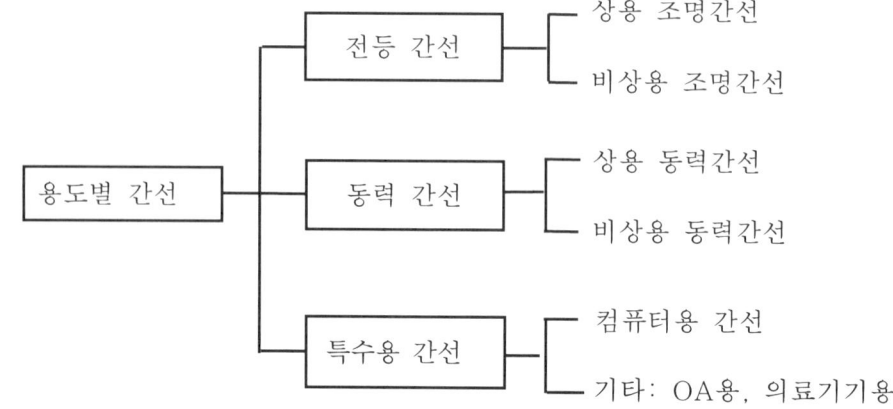

2) 간선의 배선방식

종 류	특 징	비 고
단상2선식	- 110, 220V 두 종류 중 주로 220V 사용 - 220V 장점 : 전압강하, 전력 손실 감소	설비 불평형 없다.
단상3선식	- 220/110V : 승압에 따라 거의 사라짐 - 불평형율 : 40% 이하 바람직 함.	설비 불평형 발생 가능
3상3선식	- 소규모 공장에 주로 사용	설비 불평형 없다.
3상4선식	- 380/220V로 제일 많이 사용하는 방식 동력 : 3상 380V, 전등 전열 : 단상220V - 불평형율 : 30% 이하 유지 바람직 함.	설비 불평형 발생 가능

3) 배선의 부설방식

배선방식	장 점	단 점
배관배선	· 금속관 보호시 화재의 우려가 없고 기계적인 보호성 우수	· 수직배관시 장력지지가 어려움 · 간선용량이 제한적
케이블배선 (트레이 사용)	· 허용전류가 크고, 방열 특성이 우수, 부하 증가시 대응이 용이 · 내진성이 큼	· 케이블이 굵어 굴곡 반경이 큼
버스덕트	· 대용량을 콤팩트하게 배전 가능 · 예정된 부하증설이 즉시 가능	· 접속부품이 많음 · 사고시 파급 범위가 커짐 · 내진성이 작음

4. 간선 설계
   1) 전선의 허용 전류
      (1) 연속시(상시) 허용 전류

      허용전류 $I = A \times S^m - B \times S^n$ (A)

      여기에서 S : 도체의 공칭 단면적 (㎟)

              A,B : 케이블 종류와 설치방법에 따른 계수

              m,n : 케이블 종류와 설치방법에 따른 지수

      대개의 경우 첫 번째 항만 적용하면 되고, 두번째 항은 대형 단심 케이블을 사용하는 경우에만 적용하면 된다.

      (2) 단락시 허용 전류

      단락 또는 지락시 고장전류가 통전 가능한 허용 전류를 말하며 흐르는 시간도 대개 2초 이하이고 이때의 전선의 단면적은 다음과 같다.

      단면적 $S = \dfrac{\sqrt{Is^2 \cdot t}}{k} = 0.0496\, In$ (mm²)

      여기서 Is : 단락 고장 전류 (A) = 20In

          t : 차단 장치의 동작 시간(초) = 0.1초

          k : 절연재료에 의한 온도 계수 (XLPE:130)

      (3) 순시(기동시) 허용 전류
         - 기동 전류가 큰 전기 기기 동작 시 배전선의 손상 없이 짧은 시간(0.5초) 내에 최대로 허용 할 수 있는 순시 전류로 전선의 열화특성, 기계적 특성, 전기적 특성을 고려하여 결정하여야 한다.

   2) 전압강하

      $\Delta e = Es - Er = Kw\, L\, I\, (R \cos \theta + X \sin \theta)$

      - 여기에서 Kw : 배전 방식에 의한 계수

      X항은 무시, R에 고유저항($\dfrac{1}{58} \times \dfrac{100}{97}$)을 대입하여 간단히 하면 아래와 같이 나타낼 수 있다.

전 기 방 식	전 압 강 하
- $1\phi 2w$ - 직류 2선식 (Kw:2)	$e = \dfrac{35.6\, L\, I}{1000\, A}$
- $3\phi 3w$ (Kw: $\sqrt{3}$)	$e = \dfrac{30.8\, L\, I}{1000\, A}$
- $3\phi 4w$, $1\phi 3w$ (Kw:1)	$e = \dfrac{17.8\, L\, I}{1000\, A}$
e : 상전압 강하임. 따라서 380/220V 회로에서 전압강하율은 e / 220 이어야 함.	

3) 기계적 강도
   (1) 단락시 열적 용량
   - 전선에 의해 발생한 Joule열은 도체의 온도를 상승시킴과 동시에 절연물 속을 통해서 외부로 방산된다.
   - 그러나 수초 이하의 단락 전류일때는 도체에서 발생한 열은 모두 도체의 온도를 상승 시키는데 소비된다.
   (2) 단락시 전자력
   단락 고장시 단락 전류의 상호 작용에 의해 개개의 도체에 전자력이 작용한다. 전류가 같은 방향이면 흡인력, 반대 방향이면 반발력이 생기고 그 힘은 아래 공식과 같다.

   $F = K \times 2.04 \times 10^{-8} \times Im^2 / D$ (kg/m)

   K : 배열 형태에 따른 계수 (0.866~0.809)
   Im : 단락전류 피크치 (A)
   D : 케이블 중심 간격 (m)

   대책 : 전자력에 너무 커지지 않도록 스페이서의 간격을 조정한다.
   (3) 진동
   (4) 신축

4) 간선 계산시 기타 고려 기타
   (1) 장래 증설에 대한 여유도
   (2) 부하의 수용율
   (3) 비선형부하의 연결

2.4 전력계통의 안정도를 분류하고 안정도 향상대책에 대하여 설명하시오.

1. 안정도(stability) <발송배전 92.2.5>
   - 전력계통에 연결된 발전기가 동기 운전을 하기 위해서는 모든 발전기가 같은 전기 속도로 회전해야 하며 어떤 원인으로 발전기의 회전자 위치가 처음 위치에서 앞서거나 또는 뒤졌을 경우 이것을 먼저 있는 위치로 회복시키는 힘이 작용하지 않으면 안 된다.
   - 전력계통에서는 끊임없는 부하 변동이 발생하고 또는 전기 사고 등에 의하여 전력의 생산과 수요간에 불균형이 발생하게 되어 이로 인하여 발전기 상차각이 변하게 되는데, 이의 상태변화 여하에 따라서는 동기운전이 깨어질 수도 있게 된다.
   즉, 전기적 외란의 크기, 발전기 특성 또는 전력계통 구성 상태에 따라 전력계통의 안정도가 결정된다.

- 그러나 부하변동, 사고 등에 의해 교란(Disturbance)이 발생하면 각 설비들은 입력과 출력의 평형상태를 유지하지 못하고 동기발전기가 탈조하거나 계통이 붕괴될 수도 있다.
- 그래서 계통내에서 각 구성요소(동기기들)가 교란에 대해 평형상태를 유지하는 능력을 안정도(Stability)라 하며 즉, 동기기(발전기)가 동기화를 유지하는 것이라 할 수 있고 다음과 같은 종류가 있다.
    1) 위상각 안정도 (Rotor Angle Stability) : 발전기의 동기운전 가부 결정
    2) 주파수 안정도 (Frequency Stability) : 주파수 일정 유지 판단
    3) 전압 안정도 (Voltage Stability) : 주파수 붕괴 유무 판단

2. 안정도 좌우 요인
   1) 외란의 크기
   2) 발전기, 송전선, 부하의 접속방법
   3) 발전기 임피던스, 계통구성, 발전기 관성, 부하의 유효, 무효전력, AVR 및 조속기 등의 요인에 의해 좌우된다.

3. 안정도 종류
   1) 위상각 안정도
      (1) 정태 안정도(Steady state stability)
         전력계통의 교란이 미비한 경우 안정하게 송전(발전)할 수 있는 능력이다. 즉, 부하가 미소하게 변하는 상태에서 지속적으로 송(발)전 할 수 있는 능력으로 이 경우의 안정범위 내의 최대전력을 **정태 안정 극한전력**(steady state power limit)이라 한다.
         극한 전력(極限電力) : 어떤 조건하에서 송전 선로가 안정도를 유지하면서 보낼 수 있는 최대의 전력

      (2) 과도 안정도(Transient stability)
         부하가 갑자기 크게 변동 한다든지, 계통에 사고가 발생하여 계통에 큰 충격이 주어진 경우에도 각 발전기가 동기를 유지해서 계속 운전이 가능한 정도를 말하며 이때의 극한 전력을 과도 안정 극한 전력이라 한다.
         즉, 전력 계통에 발전기 탈조, 부하 급변, 지락(地絡), 단락(短絡) 따위의 급격한 움직임에 대하여 발전기가 안정 상태를 유지하는 정도를 말함.

   2) 주파수 안정도 = 동태 안정도(Dynamic stability)
      주파수 안정도는 동태 안정도로 나타내며 입력의 변화 즉 자동전압조정기(AVR)나 조속기 등의 제어효과를 고려한 경우의 안정도임.

즉, 최근에 와서 고성능의 AVR 및 Power Electronics 설비들의 고속 스위칭 작용을 이용한 FACTS (Flexible AC Transmission System) 기술이 이용 되면서, 이들의 제어 효과까지도 고려한 경우의 안정도를 동태 안정도라 한다.

3) 전압 안정도
- 전력계통에 외란이 발생한 후 정상 상태의 모든 모선에서 규정된 전압을 유지 할 수 있는 전력계통의 능력을 말한다.
- 각종 외란이나 부하의 증가, 계통 운전조건 변화에 의하여 전압을 제어 할 수 없을 때 전력 계통은 전압 불안정 상태가 된다.
- 이러한 불안정 현상의 주요 원인으로는 무효전력 부족에 의한 전압강하가 주원인이 된다.

4. 안정도 향상 대책
1) 송전 전력 $P = \dfrac{Vs \, Vr}{X} \sin \sigma$
2) 안정도 향상 대책

대 책	내 용
1. 직렬리액턴스(X)를 작게 한다.	- 발전기나 변압기의 리액턴스를 작게 한다. - 선로의 병행 회전수를 늘리거나 복도체 또는 다도체 방식을 채용한다. - 직렬 콘덴서를 삽입하여 선로의 리액턴스를 보상한다.
2. 전압 변동을 작게 한다.	- 속응 여자 방식을 채용한다. - 계통을 연계한다.
3. 고장전류를 줄이고 고장 구간을 신속 분리	- 적당한 중성점 접지방식을 채용하여 지락전류를 제한 한다. - 고속도 계전기, 고속도 차단기 채용 - 고속도 재폐로 방식 채용
4. 고장시 발전기 입출력을 작게 한다.	- 조속기의 동작을 빠르게 한다. - 고장 발생과 동시에 발전기 회로의 저항을 직렬 또는 병렬로 삽입하여 발전기 입출력의 불 평형을 작게 한다.

2.5 예비전원설비에서 축전지설비의 축전지용량 산출시 고려해야할 사항에 대하여 설명하시오.

1. 개요

   축전지 설비는 정전시 또는 비상비 신뢰할 수 있는 예비 전원이며 건축법이나 소방법의 규정에 의하여 예비 전원이나 비상 전원으로 사용되고 있다.

   예를 들면 비상용 조명, 유도등의 전원뿐만 아니라 수변전 기기의 조작 및 제어용 전원으로도 사용된다.

   구성은 축전지, 충전 장치, 제어장치 등으로 구성된다.

2. 축전지 용량 산출 순서 < 부.축.방 / 특.셀.방 / 환산.용량 >
   1) 축전지 부하 용량 산출
   2) 축전지 종류 결정
   3) 방전 전류 및 방전 시간 결정
   4) 축전지 부하 특성 곡선 작성
   5) 축전지 셀 수 결정
   6) 방전 종지 전압 (허용 최저 전압)결정
   7) 환산계수, 보수율 결정
   8) 축전지 용량의 계산

3. 축전지 용량 산출
   1) 축전지 부하 용량 산출

      축전지용 부하는 일반적으로 단시간 부하 및 연속 부하로 나눌 수 있으며, 단시간 부하의 경우에는 전체의 시설 용량에서 동시에 소비 가능량의 최대치를 필요 부하용량으로 산정해야한다.

      (예, 차단기가 동시 투입은 불가하므로 동시에 투입되는 수량을 확인하여 필요 부하 용량으로 산정한다)

      가. 순시 부하
         - 차단기 조작 전원
         - 소방 설비용 부하 등
      나. 상시 부하
         - 배전반 및 감시반의 표시 등
         - 비상 조명 등
         - 연속 여자 코일 등

2) 축전지 종류 및 특성
   (1) 내부 구조에 따른 종류   <공.구 / 충.과.수 / 정.용.가>

구 분	연(납) 축전지		알칼리축전지	
1. 공칭 전압	2.0 V		1.2 V	
2. 구조	+극:PbO$_2$ -극:Pb 전해질 : H$_2$SO$_4$		+극:NiOOH(수산화니켈) -극:Cd(카드뮴) 전해질 : KOH(수산화칼륨)	
3. 충전시간	길다		짧다 (장점)	
4. 과충전 과방전	약함		강함 (장점)	
5. 수명	10~20년		30년 이상 (장점)	
6. 정격 용량	10시간		5시간 (약점)	
7. 용도	장시간, 일정 전류 부하에 적합		단시간, 대전류 부하에 적합 (전류 변화 큰 부하)	
8. 가격	싸다		비싸다	
9. 온도특성	열등		우수(장점)	
10. 형식	CS 클래드식	HS 페이스트식	포켓식	소결식
	완방전식	급방전식 단시간대전류 자동차기동 엔진기동 등	AL:완방전식 AM:표준형 AH:급방전식	AHS급방전식 AHH급방전식

   (2) 외함의 구조에 따른 종류
       가. 개방형(Open Type) : 가스 제거 장치가 없는 것
       나. 밀폐형(Bended Type) : 배기 마개에 필터를 설치하여 산무가 나오지
                                 못하게 한 구조
       다. Gel Type : 전해액을 액으로 사용하지 않고 Gel을 주입한 구조
3) 방전 전류 및 방전 시간 결정
   (1) 방전 전류 $I = \dfrac{부하용량}{정격전압} (A)$

   (2) 방전 시간 결정
      - 단시간 부하 : 통상 1분을 기준
      - 연속 부하 : 통상 30분을 기준

4) 축전지 부하 특성 곡선 작성
   - 방전 전류와 방전 시간이 결정되면 우측 그림과 같은 특성 곡선을 그리되 최악의 조건을 고려하여 방전의 종기에 큰 방전 전류가 오도록 작성한다.

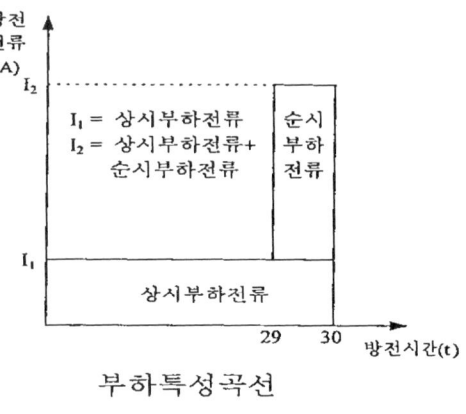
부하특성곡선

5) 축전지 셀 수 결정
   축전지 셀 수는 계통 정격전압과 단위 축전지의 공칭전압이 결정되면 다음 식에 의해 산출한다.

$$축전지 셀수 = \frac{계통정격전압}{1셀당공칭전압}$$

종 류	계통 정격전압	셀의 공칭전압	셀 수
연 축전지	110v	2.0	110/2=55

6) 셀당 허용 최저 전압 (방전 종지 전압)
   축전지의 최저 전압은 각종 부하로부터 요구되는 허용 최저 전압에 축전지와 부하사이의 선로 전압강하를 더한 값이다.
   예를 들어 부하의 최저 허용 전압이 95V 이고 선로의 전압 강하가 5V이라면 축전지 단자에서의 허용 최저 전압은 100V이다.
   축전지 구성을 55로 할 때 셀당 허용 최저 전압은 1.8V이다.

   $$V = \frac{Va + Vc}{n} \ (V/Cell)$$

   여기서 Va : 부하의 허용 최저 전압 (V)
   　　　 Vc : 축전지와 부하 사이의 전압강하 (V)
   　　　 n : 축전지의 Cell 수

7) 보수율(L) 및 용량 환산 계수 결정(K)
   (1) 보수율
       축전지에는 수명이 있어 그 말기에 있어서도 부하를 만족하는 용량을 결정하기 위한 계수로 보통 0.8 로 선정한다.
   (2) 용량 환산 계수
       위에서 축전지 종류, 방전시간, 방전 종지 전압을 결정하고 최저 축전지 사용 온도 (보통 5℃ 기준)를 고려하여 다음 표에 의해 용량환산계수 K를 결정한다.

형 식	온 도 (℃)	방전시간 10분 허용최저전압 (V/셀)			방전시간 30분 허용최저전압 (V/셀)		
		1.6	1.7	1.8	1.6	1.7	1.8
C S	25	0.90 0.80	1.15 1.06	1.60 1.42	1.41 1.34	1.60 1.55	2.00 1.88
	5	1.15 1.10	1.35 1.25	2.0 1.8	1.75 1.75	1.85 1.80	2.45 2.35
	−5	1.35 1.25	1.60 1.50	2.65 2.25	2.05 2.05	2.20 2.20	3.10 3.00
H S	25	0.58	0.70	0.93	1.03	1.14	1.38
	5	0.62	0.74	1.05	1.11	1.22	1.54
	−5	0.68	0.82	1.15	1.20	1.35	1.68

비 고 : 상단은 900Ah를 넘고 2000Ah 이하인 것, 하단은 900Ah 이하인 것

8) 축전지 용량 결정

축전지용량 $C = \dfrac{1}{L}(K_1 I_1 + K_2(I_2 - I_1) + K_3(I_3 - I_2) \cdots)$

L : 보수율 (보통 0.8)

I_1, I_2, I_3 : 방전 전류

K_1, K_2, K_3 : 용량 환산 계수

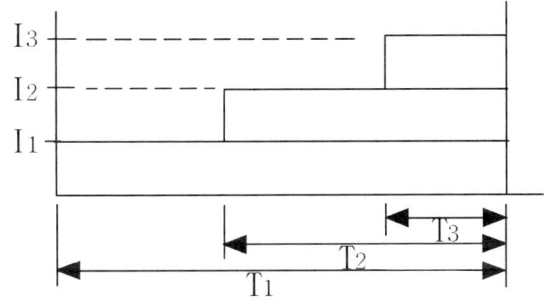

축전지용량 $C = \dfrac{1}{L}(K_1 I_1 + K_2 I_2 + K_3 I_3 \cdots)(Ah)$

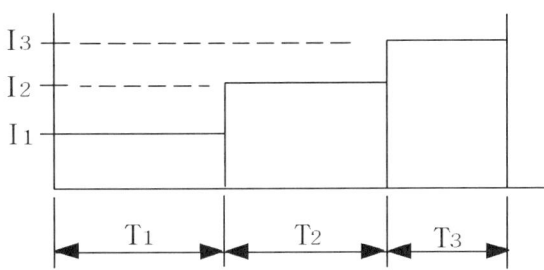

2.6 케이블에 흐르는 충전전류에 대하여 다음 사항을 설명하시오.
   1) 발생원인   2) 문제점 및 영향   3) 대책

1. 개요

   케이블은 시즈, 절연체, 도체로 이루어져 있어서 시즈와 절연체의 정전용량에 의해서 대지와 절연되므로 감전이나 누설전류가 발생되지 않으나 도체의 발열에 의한 절연물의 절연강도가 떨어지므로 해서 충전전류가 발생된다.

2. 케이블 충전전류 발생원인

   1) 케이블 정전용량

      정전용량은 정전에너지가 도체와 공간에 임의의 P점에 나타나는 전계세기를 Gauss법칙에 의해서 나타내면

      (1) 양극의 표면에 +, - 전하가 몰리는 현상을 의미함.

      (2) 정전에너지

      ① 도체에 축적된 전하(+, -) : $W = \frac{1}{2} QV = \frac{1}{2} CV^2$

      ② 양극에 축적된 전하(+, -) : $W = \frac{1}{2} \varepsilon E^2$

   2) 페런티 현상

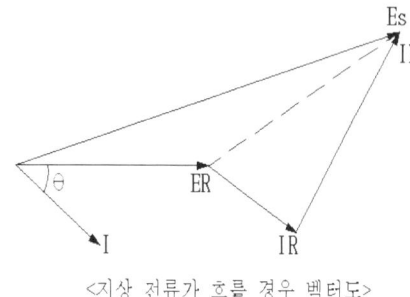
<지상 전류가 흐를 경우 벡터도>

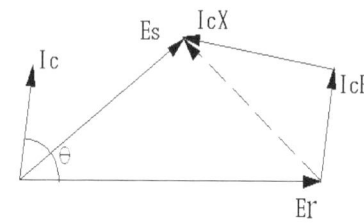
<진상 전류가 흐를 경우 벡터도>

장거리 송전선로에서는 정전용량의 영향이 크게 나타난다. 특히 무부하의 송전선을 충전할 경우에는 문제가 많다.

일반적으로 부하의 역율은 지상역율이기 때문에 비교적 큰 부하가 걸려있을 때에는 전류가 전압보다 위상이 뒤져있는 것이 보통이다.

그림(a)처럼 지상 전류가 송전선이나 변압기를 흐르게 되면 수전단전압은 송전단 전압보다 낮아진다.

그런데 부하가 아주 적을 경우, 특히 무부하의 경우에는 선로의 정전용량 때문에 전압보다 위상이 90° 앞선 충전 전류의 영향이 커져서 선로를 흐르는 전류가 진상으로 되는 수가 있다.

이러한 경우에는 위의 (b)에 보인 것처럼 이 진상전류 Ic와 선로의 자기인

덕턴스에 의한 전압 때문에 수전단의 전압은 송전단의 전압보다 높아진다. 이러한 현상을 페란티 현상 또는 페란티 효과라 한다.

일반적으로 이러한 현상은 송전단의 단위 길이당의 정전용량이 클수록, 또는 송전선로의 길이가 길수록 현저하게 나타난다.

그 결과 선로내의 전압은 송전단이 제일 낮고 송전단으로부터 멀리 떨어질수록 점점 높아지며 수전단의 개방단에서 최고값을 보이게 된다.

3. 충전 전류 문제점 및 영향
   1) 페란티 현상 발생
      - 수전단 전압이 상승
      - 전류 증가로 인한 선로 손실 증가
      - 피상전력이 증가
      - 수전설비 이용을 극대화 할 수 없다.
      - 계전기의 오동작 원인이 될 수 있다.
      - 콘덴서와 직렬 리액터가 과열 될 수 있다.
      - 차단기가 진상 전류 차단에 문제를 야기할 수 있다.
      - 전압 변동율이 커지고 심하면 전력 계통이 붕괴할 수 있다.
   2) 유도장애 발생
      충전전류에 의한 유도전압 발생으로
      - 통신선에 Noise 발생
      - 전자기기 및 OA기기에 잡음을 발생
   3) 발전기의 자기여자 현상 발생
      - 발전기 자기여자현상은 콘덴서에 잔류잔하가 남아있어 오랫동안 전압이 지속되는 현상을 말하며
      - VCB가 Trip된 후 충전전하가 Mortor의 L성분과 SC의 C성분의 충방전이 일정시간 동안 일어나게 된다.

4. 케이블 충전전류에 대한 대책
   1) 페란티 현상 발생에 대한 대책
      ① 경부하 시간 및 심야부하시간대는 콘덴서를 개방
      ② 한류리액터설치
      ③ SVC (TSC, TCR, IVG)
      ④ 동기조상기
      ⑤ 직류리액터설치

2) 유도장애 발생에 대한 대책
　① 전원선과 통신선을 이격
　② 차폐선을 설치하여 차폐계수를 낮게 하여 유도전압을 줄인다.
　③ 접지저항을 줄이고 임피던스를 낮추어 주파수감소

3) 발전기의 자기여자 현상에 대한 대책
　① 전동기용량을 콘덴서용량보다 25~45%이상이 되도록 한다.
　② 콘덴서에 방전장치를 설치한다.
　③ SA를 설치하여 방전전류를 신속히 대지로 방류한다.

제 3 교 시

3.1 변압기 모선 구성방식에 따른 특징과 모선 보호 방식에 대하여 설명하시오.

1. 모선 구성 방식 및 특징

   1) 단모선
      - 단로기, 차단기, 변압기 등이 일렬로 배치된 방식으로
      - 경제적으로 유리하나, 신뢰도가 낮다.

   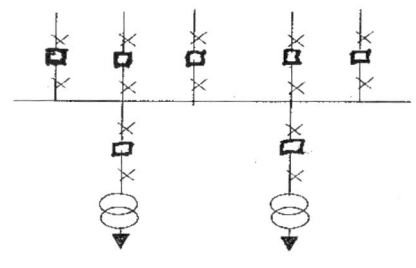

   2) 환상 모선 방식
      - 항상 2계통 이상에서 수전하는 경우 사용하며 Ring 모선이라고 함.
      - 제어 및 보호회로가 복잡하고
      - 직렬기기의 전류용량이 크게 되는 결점이 있어 거의 사용안 함.

   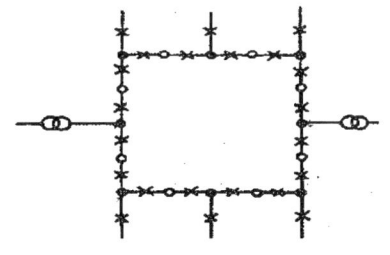

   3) 복 모선 방식
      - 단모선에 비해 소요 면적은 증가하지만 사고를 국한 시킬 수 있어 신뢰도가 높아 중요 변전소에 적용
      - 1회선당 2개씩의 차단기를 갖게 하는 것

   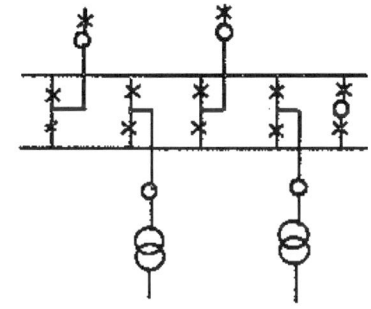

2. 모선 보호 방식

   1) 전류 비율 차동 방식
      - 선로 양단의 전류값을 비교하여 내부고장과 외부 고장을 판단.
      - 억제 코일과 동작코일에 의해 동작

   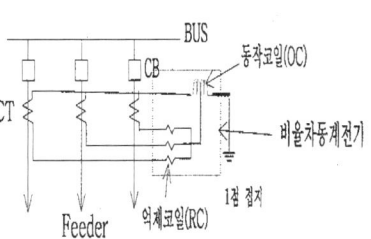

2) 공심 변류기 방식
   철심이 없는 공심변류기를 사용하여 CT 포화 문제를 해결

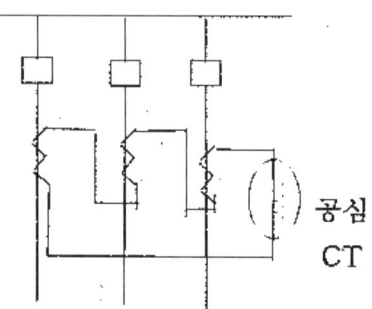

3) 전압차동 방식(주 보호 방식에 많이 사용)
   - 고 임피던스형 전압계전기를 사용
   - 각 회선의 변류기 2차 회로를 병렬로 접속하여 모선에 출입하는 전류의 Vector합으로 동작

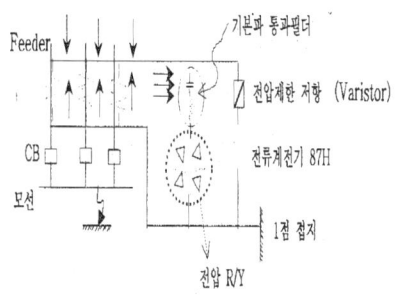

4) 위상 비교 방식
   - Pilot 계전방식중 하나로
   - 보호구간 양단의 고장전류 위상이 내부 고장시는 동상이고, 외부 고장시는 역 위상임을 이용함.

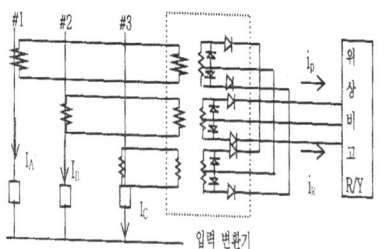

5) 방향 (전류) 계전 방식
   - 선로 각단에 설치된 방향성 계전기에 의해 얻어진 정보를 상대단에 보내 비교하여 내부사고 유무를 판단

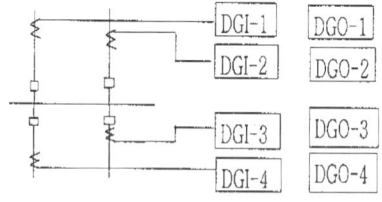

6) 방향 거리 계전 방식(후비보호용)
   - 각 회선에 CT 2차측을 병렬로 하여 합전류를 만들고 이것에 의하여 방향거리 RY 동작

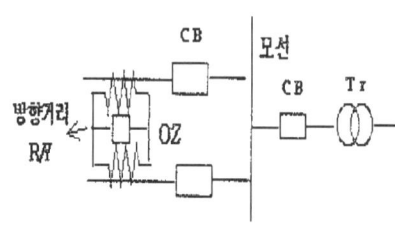

3.2 고조파가 전동기에 미치는 영향과 대책에 대하여 전동기 종류별로 설명하시오.

1. 개요

   고조파 전압 및 전류가 회전기(유도기와 동기기)에 미치는 영향의 대부분은 고조파 주파수에서 철손과 동손으로 인해 온도 상승과 효율이 저하되고 토오크를 감소시키며, 소음과 기계적 진동의 원인이 되기도 한다.

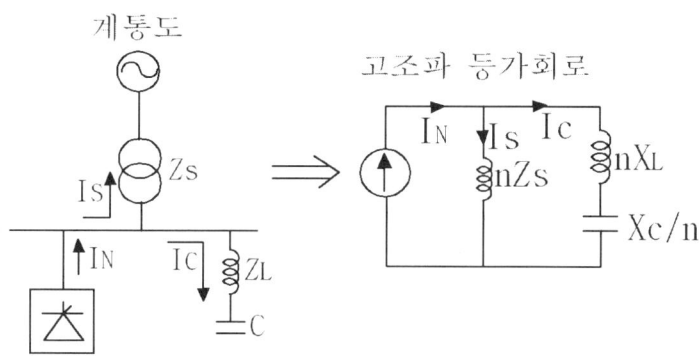

2. 고조파가 회전기에 미치는 영향과 대책

   1) 손실 증가

      손실 중 대부분은 동손이며, 동손은 기본파 전류에 의한 동손과 고조파에 의한 동손이 중첩되어 증가되며 동손의 공식은 다음과 같다.

      동손 $P_c = K \cdot I_1^2 R (1+CDF^2)$ (W)

      여기서 CDF : Current distortion factor -전류 왜형율 고조파 전류가 증가하면 위 공식에서 I_1의 제곱에 비례하는 동손이 증가하여 전력 손실 증가와 온도상승, 효율의 저하를 초래한다.

      (대책)
      - 저항을 적게 하여 동손을 저하시킨다.
      - 자속밀도를 낮게 하여 철손을 감소시킨다.
      - 인버터 파형을 바꾼다.

   2) 토오크 감소

      일반적으로 고조파원에 의해 생성된 고조파 전류는 전원 또는 다른 부하에 흐르게 된다.

      이때 발생된 고조파 성분 중 역상 고조파 전류가 전동기 등 회전기에 침입시 역토크를 발생시켜 회전기의 토크를 감소시키고, 과열 및 소음의 원인이 된다. 그러나 실제로 역상분에 의해 회전기에 유입되는 전류는 계통에 비해 무시할 정도로 작은 전류가 유입되므로, 역상 토크에 의한 영향은 계통 쪽 회전기 즉, 발전기에 대한 영향으로 나타난다.

3) 맥동 토크 발생

고조파는 맥동 토크를 발생한다. 그 때문에 진동이 증대하기도 하고, 공작 기계 등에서는 가공물의 연마면에 줄무늬 모양이 생기기도 한다.

맥동 토크의 영향은 구동 주파수가 낮을 때 즉 회전속도가 낮을 때 더 크게 일어난다.

이것은 회전자가 맥동 토크에 의해 영향을 받기 때문이다.

(대책)

고조파의 파형을 개선한다.

4) 소음 발생

전동기에서 발생하는 소음은 일반적으로 전자 소음, 통풍 소음, 회전자축에서 발생하는 소음이 있지만, 고조파의 영향이 큰 것은 전자 소음이다.

고조파에 의한 소음의 증대를 방지하는 대책으로는 다음과 같은 방법이 있다.

(대책)
- 전동기의 공진 주파수를 벗어나게 한다.
- 전동기의 자속밀도를 낮게 한다.
- 전동기의 공극 자속을 평활화 한다.
- 전동기와 인버터간에 AC리액터를 설치한다.
- 인버터의 파형 개선.

5) 진동 발생

전동기의 진동은 설치 장소와 구조에 따라서 변할 수 있다.

인버터로 주파수를 변화시켜 운전하면 전동기가 기동시 고유 진동수와의 관계로 몇 개의 특정 주파수에서 진동이 커지는 경우가 있으며 진동의 원인에는 다음과 같은 것 들이 있다.
- 회전체의 불균형
- 기계의 고유 진동수와의 공진
- 전동기의 맥동 토크에 의한 상대적인 진동

(대책)
- 커플링에 고무 진동판 등을 사용하여 고주파 진동을 흡수
- 기기 본체 밑에 방진 고무 삽입
- 전동기와 인버터 사이에 교류 리액터 삽입
- 인버터 파형 개선

3. 전동기 종류별 고조파 영향

분류	기기명	장 해 현 상	장해의 영향
산업용 기기	유도전동기	2차측과열, 이상음, 진동효율저하	회전수 변동, 수명저하
	동기기	진동, 효율저하	수명저하
	저주파유도로	운전불능	
	NC 제어기	제어신호 지연에 의한 오동작	수명저하
	로봇 제어기, 범용인버터 위치결정제어기	특정부품의 과열	오동작
	속응형 인버터	검출오차	
제어용 기기	사이리스터 제어기기 정지형 인버터, 센서	위상지연에 의한 오동작	수명저하

3.3 저압계통 과부하에 대한 보호장치의 시설위치, 협조, 생략할 수 있는 경우에 대하여 설명하시오.

1. 과부하 보호 장치 시설 위치(KSCIEC 60364-433.2)
   1) 도체의 단면적, 특성, 설치방법 또는 구성의 변경으로 도체의 허용 전류값이 줄어드는 곳에는 과부하 보호를 보증하는 장치를 설치해야 한다.
   2) 도체의 과부하 보호장치는 전선의 단면적 등의 변경이 있는 점과 보호장치의 설치점 사이의 배선 부분에 분기회로나 콘센트 회로가 접속되어 있지 않고 다음의 두가지 조건 중 하나 이상을 충족하는 경우에는 변경이 있는 배선에 설치할 수 있다.
      - 단락 보호가 되어 있는 경우
      - 길이가 3m를 넘지 않고 단락위험이 최소가 되도록 시설하며, 화재의 위험 또는 인체에 대한 위험성을 최소화 하도록 설치된 경우

2. 전선과 보호 장치의 협조(KSCIEC 60364-433.1)

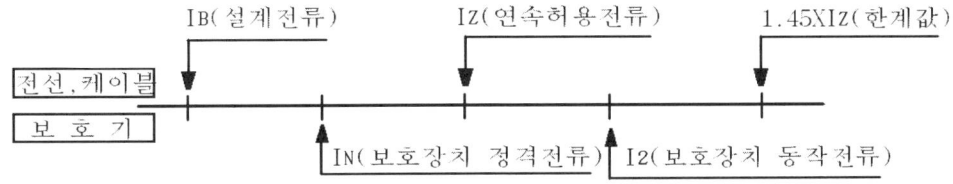

   - IB ≤ IN ≤ IZ
   - I2 ≤ 1.45 x IZ

여기서 I_B : 회로의 설계 전류
I_N : 보호 장치의 정격 전류
I_Z : 전선의 연속 허용 전류
I_2 : 보호 장치 동작 전류

3. 생략할 수 있는 경우
   1) 전원측에 설치된 보호장치에 의해 과부하에 대해 유효하게 보호되는 단면적, 특성의 부하측 도체
   2) 단락 보호가 되며 도중에 분기회로나 콘센트가 없는 회로
   3) 전기 공급업자가 과부하 보호장치를 제공하는 경우
   4) 통신회로, 제어회로, 신호회로 및 이와 유사한 회로
   5) IT 계통에서 생략 가능한 회로
      중성선이 없는 IT계통에서 각 회로에 누전차단기가 설치된 경우에는 선도체 중 하나에서 과부하 보호장치를 생략할 수 있다.
   6) 안전상의 이유로 생략이 고려되는 경우
      - 회전기의 여자회로   - 인양자석의 전원공급회로
      - 변류기의 2차 회로   - 소방기구의 전원회로
      - 안전서비스(주거침입경보, 가스누출경보 등)장치의 전원회로

3.4 건축물에 시설하는 전기설비의 접지선 굵기 산정에 대하여 설명하시오.

1. 접지선 굵기 산정시 고려사항
   1) 고장시 안전하게 흐를수 있는 통전 전류
   2) 접지선의 온도 상승, 열축적
   3) 전원측 차단기와의 협조
   4) 기계적 강도, 내구성, 내식성 등

2. 접지선 굵기 산정
   1) 접지선 온도 상승

   $\theta = 0.008 (\frac{I_s}{A})^2 \cdot t\ (℃)$

   여기서 I_s : 고장 전류 ($20 \cdot I_n$) (A)
   I_n : 주 차단기의 정격전류 (A)
   A : 동 접지선의 단면적 (㎟)
   t : 차단기의 동작시간(=통전시간) (Sec)

2) 접지선 굵기 (IEC 60364)

*기술 기준 : $A = \dfrac{\sqrt{Is^2 \cdot t}}{k}$

상기식에 Is : 20 In

$\Theta(k)$: 130℃

t : 0.1초(6Cycle)를 대입하면

접지선 굵기 A = 0.0496 In(㎟)이 된다.

3) 피뢰침 및 피뢰기 접지선 굵기

$A = \dfrac{\sqrt{Is^2 \cdot t}}{282}$ (㎟)

여기서 Is : 낙뢰 전류 = 고장전류

t : 고장 지속 시간 (초)

예, Is : 2.5(KA), t : 1(초) 라면

$A = \dfrac{1}{282} \times 2500 = 8.86$

따라서 안전율을 고려하고 IEC규정에 의한 접지선 GV10㎟사용

3. 규격에 의한 접지선 최소 굵기
   1) 전기 설비 기술 기준 및 판단기준 제19조 ①항. 내선규정 1445-1

분류	접지저항값	접지선 최소 굵기	적 용
제1종	10 Ω	공칭단면적 6㎟ 이상	피뢰침, 피뢰기, SA, 고압 및 특고 외함
제2종	150/Ig, 300/Ig	공칭단면적 16㎟ 이상	고저압 혼촉방지, TR2차
제3종	100 Ω	공칭단면적 2.5㎟ 이상	사용전압 400V 미만 기기 외함
특별3종	10 Ω	공칭단면적 2.5㎟ 이상	〃 〃 이상 기기 외함

2010년 접지선 최소 굵기 개정됨.

2) 제3종 및 특별 제3종 보호도체 굵기 (판단기준 제19조 ⑥항)

상도체의 단면적 S (mm2)	보호도체의 최소 단면적(mm2)
S ≤ 16	S
16 < S ≤ 35	16
S > 35	$\dfrac{S}{2}$

4. 접지선 시설시 고려사항
   1) 접지극은 지하 75Cm 이하에 매설(동절기 유의)
   2) 접지선은 지하 75Cm로 부터 지상 2m까지 합성 수지관 또는 이와 동등 이상의 절연, 강도가 있는 것으로 덮을 것
   3) 사람이 접촉할 우려가 있는 금속제와 접지선은 1m이상 이격할 것.
   4) 부식이 일어나지 않을 장소에 시공 할 것
   5) 수도사업 당국의 동의를 얻은 경우는 금속제 수도관을 접지극으로 사용할 수 있다. 단, 가연성 액체가 흐르는 설비는 접지극으로 사용하지 말 것

3.5 UPS의 운전방식 중 상시상용급전방식(Off Line)에 대하여 설명하시오.
1. ON-LINE 방식(UPS의 일반적인 방식)
   1) 구성도 및 구성 요소

   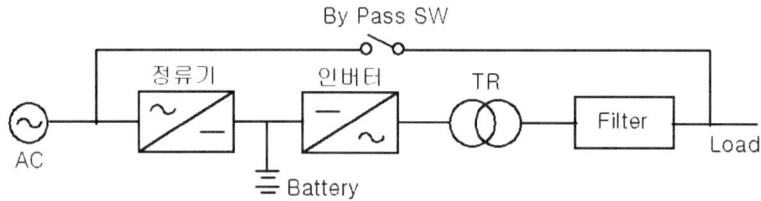

   가. 컨버터(정류기, 충전기)
      3상 또는 단상 입력 전원을 공급받아 직류 전원으로 변환하는 동시에 축전지를 충전시킨다.
   나. 인버터
      직류 전원을 양질의 교류 전원으로 변환하는 장치
   다. 동기 절체 스위치
      인버터의 과부하 및 이상시 상용전원이나 발전기 전원으로 절체
   라. 축전지
      정전시 인버터부에 직류 전원을 공급하여 부하에 일정시간 동안 무 정전으로 전원을 공급하는 설비

   2) 동작원리
      (1) AC-DC-AC로 2중 변환을 하여 평상시에도 항상 인버터를 통하여 전원이 공급.
      (2) 입력전원이 인가되면 충전부는 축전지를 충전시키고, 정류부는 인버터에 직류전원을 공급.
      (3) 정류부에서 직류 전원을 공급받아 인버터부가 스위칭 동작을 하여 필터를 통하여 정현파를 만들어 부하에 전원을 공급.

3) 장단점
   (장점)
   (1) 이중변환을 거침으로서 고조파, 서지, 노이즈 등 많은 전원잡음을 없앨 수 있다.
   (2) 절체시간 등 응답속도가 빠르다.
   (3) 주파수 변동이 없다.
   (4) 전압안정도가 높고 전기적 특성이 좋다.
   (단점)
   (1) 효율이 낮다. 70~90%
   (2) 가격이 비싸다.
      ON-LINE 방식을 많이 사용하는 이유는 대용량화가 용이하고 부하가 요구하는 전원
      특성을 충분히 맞추어 줄 수 있어 일반적으로 이 방식을 많이 사용.

2. OFF-LINE 방식
   1) 구성도

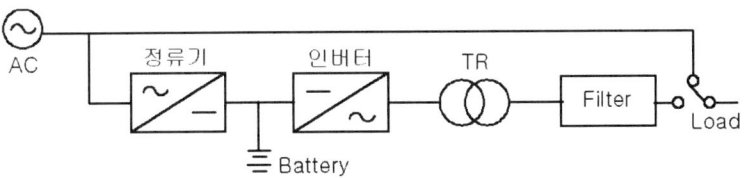

   2) 동작 원리
      평상시 상용전원을 공급하고 있다가 정전 시에만 인버터를 동작시켜 부하에 전원을 공급하는 방식.

   3) 장단점
      (장점)
      (1) 평소에 인버터를 안 거쳐 효율이 높다.(90% 이상)
      (2) 가격이 싸다.
      (3) 내구성이 높다.
      (단점)
      (1) 입력에 따라 출력이 변동. 전원 잡음을 차단할 수 없음
      (2) 응답속도가 느리고 순간정전에 약하다.
      (3) 정밀기기는 사용 불가

3. LINE-INTERACTIVE 방식
   1) 구성도

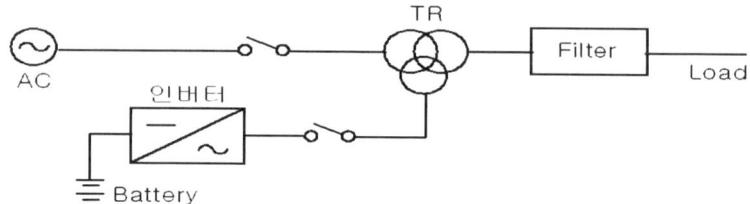

   2) 동작 원리
      (1) 정상적인 상용전원 공급시 : 인버터 모듈내의 IGBT를 통한 Full 브리지 정류방식으로 충전함.
      (2) 정전시 : 인버터 동작으로 출력전압을 공급하는 OFF-LINE 방식
      (3) 전압이 자동으로 일정하게 조정됨.
   3) 장단점
      (장점)
      (1) ON-LINE 방식에 비해 가격이 싸다
      (2) 효율이 높다.
      (단점)
      (1) 과충전의 우려가 있다.

4. 특성 비교

구 분	On-Line	Off-Line	Line Interactive
1. 효율	낮다(70~90%)	높다(90%이상)	높다(90%이상)
2. 신뢰도	높다	낮다	중간
3. 절체시간	4mS 이하 무순단	10mS 이하	10mS 이하
4. 입력 변동시 출력 변동	무변동	입력변동에 따라 변동	5~10% 정도 전압 자동 조정됨.
5. 입력이상시 (Sag, 노이즈 등)	완전 차단	차단 못함	부분적 차단
6. 주파수 변동	변동 없음 (±0.5%이내)	입력변동에 따라 변동	입력변동에 따라 변동
7. 가격	고가	저가	중간

3.6 건축물 전기설비에서 배전전압 결정방식과 선정시 고려해야 할 사항에 대하여 설명하시오.

1. 개요

   3상 전력 $P = \sqrt{3}\,EI\cos\theta$ 에서 높은 전력을 공급 하려면
   1) 전압을 높이는 경우 : 절연재료, 지지애자 가격 상승
      변압기, 차단기 등의 절연 계급을 올려야 함.
   2) 전류를 크게 하는 경우 : 도체를 굵게 해야 하므로 시설비 증가
   3) 역율을 높이는 경우 : 최대 100%가 한계이므로 종합적인 경제성을 감안하여 배전 전압을 결정한다.

2. 배전전압 결정방식
   1) 배전 전압을 결정하려면 우선 그 나라의 배전전압 계통을 파악해야 한다. 우리나라의 경우는 송전 및 배전 전압을 다음표에 의해 공급하고 있다.

전압(kV)	송전용량(MW/cct)	거리(km)	사용 전선(㎟)
345	600	200	ACSR 480
154	100	100	ACSR 330
66	30	30	ACSR 160
22.9-Y	10	10	ACSR 95
6.6	2	3	경동선 38

   2) 또한 배전전압을 결정하기 위해서는 접지방식을 무엇으로 해야 하는지를 검토해야 한다.

3. 배전 전압 선정시 고려사항
   1) 도체 비용

      $- M = \alpha\,\beta\,I\,l = \alpha\,\beta\,\dfrac{P}{\sqrt{3}\,E\cos\theta}\,l$

      여기서 P, l, cosθ가 일정하다면 $M \propto \dfrac{\alpha\beta}{E}$

      (1) α : 전압 차이에 따른 도체 가격 변동 계수

전 압	200V	400V	3kV	6kV	20kV	70kV
가격(%)	100	100	110	120	200	500

      (2) β : 도체 사이즈에 따른 전류 밀도 변화 계수
      (3) l : 배전 선로 길이 (m)

2) 전압 강하율

$$\epsilon = \frac{I(R\cos\theta + X\sin\theta)}{E} \times 100$$

$$\epsilon = \frac{P}{\sqrt{3}\ E\cos\theta} \times \frac{(R\cos\theta + X\sin\theta)}{E} \times 100$$

여기서 P, R, X, cosθ가 일정하다면 $\epsilon \propto \frac{1}{E^2}$

3) 전력 손실

$$Wl = I^2\ r\ l = \left(\frac{P}{\sqrt{3}\ E\cos\theta}\right)^2 r\ l$$

여기서 P, l, r, cosθ가 일정하다면 $Wl \propto \frac{1}{E^2}$ 임.

위에서 $M \propto \frac{\alpha\beta}{E}$, $\epsilon \propto \frac{1}{E^2}$, $Wl \propto \frac{1}{E^2}$ 임을 알 수 있다.

즉, 배전 전압 E에 따라서 도체 비용, 전압 강하, 전력손실이 변하고 경제적인 전압을 선정하게 되는 것을 알 수 있다.

4. 결론
   1) 전압 강하율, 전력 손실 : 전압의 제곱에 반비례하므로 전압을 높이면 줄일 수 있다.

   2) 도체 비용 : 전압에 반비례하나 α 와 β 의 영향을 받음
      (1) α의 영향 : 전압이 변해도 가격 변동 계수(α)는 크게 변하지 않는 영역이 있으므로 선로의 길이가 길 때는 배전 전압을 높이는 것이 유리 함.
      (2) β의 영역 : 전선 Size에 따라 허용전류, 단면적은 비례하지 않는다. 도체가 가늘면 효율이 증가하고 굵으면 감소하므로 도체비용은 적절한 β 값으로 결정한다.

   3) 전압을 올리면 도체비용, 전압강하, 전력손실 모두 유리하나 가전기기의 전압은 한정되어 있으며, 고압의 배전 전압을 올리면 절연 비용이 늘어나므로 종합적으로 경제성을 검토해야 한다.

제 4 교 시

4.1 대칭좌표법을 이용하여 3상 회로의 불평형 전압과 전류를 구하고 1선 지락시 건전상의 대지전위 상승에 대하여 설명하시오.

1. 단락전류 계산 방법
   1) 평형 고장(3상단락)
      (1) % Z 법

      $$\%Z = \frac{전압강하}{계통전압} = \frac{IZ}{V_{(V)}} \times 100 = \frac{P_{(VA)}Z}{V_{(V)}^2} \times 100 = \frac{P_{(kVA)}Z}{10\,V_{(kV)}^2}(\%)$$

      단락전류 $Is = \frac{100}{\%Z} \times In$ $(In = \frac{Pn}{\sqrt{3}\,V})$

      단락용량 $Ps = \frac{100}{\%Z} \times Pn$

      (2) P U 법
      - 계산 용량이 큰 전력회사에서 많이 사용
      - 단락전류 $= \frac{1}{Z(pu)} \times In$
      - % Z 법의 100대신 1을 사용하여 계산을 단순화 함.

      (3) Ohm 법
      - 임피던스를 (Ω)로 나타내고 Ohm의 법칙에 의해 계산
      - 단락전류 $Is = \frac{E}{Zg + Zt + Zl}$ (E : 회로상전압)

         여기서 Zg, Zt, Zl : 발전기, 변압기, 선로의 임피던스
      - 전압을 변압비에 따라 환산해야 하므로 과정이 복잡함.

   2) 불평형 단락(1선지락, 2선지락, 2선단락) - 대칭좌표법
      (1) 개요

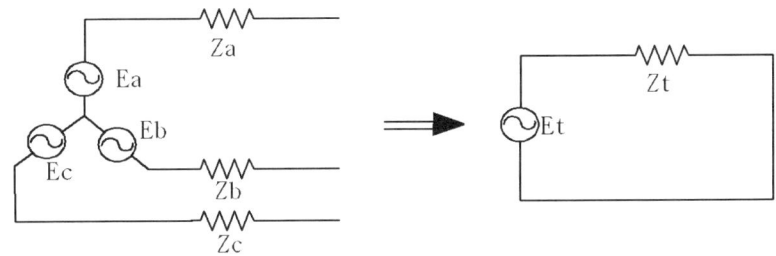

직류분을 포함한 비대칭 3Φ 계산은 복잡하여 대칭회로 (영상분, 정상분, 역상분)로 분해하여 계산하는 방법.

(2) 3Φ 교류 -> 각 상별로 즉, 단상 회로로 치환
  - 영상분 -> 지락 사고시 지락 전류 : 중성점에서 합류
  - 정상분 -> 크기 같고 120° 위상차(시계방향)
  - 역상분 -> 행렬식으로 해석,

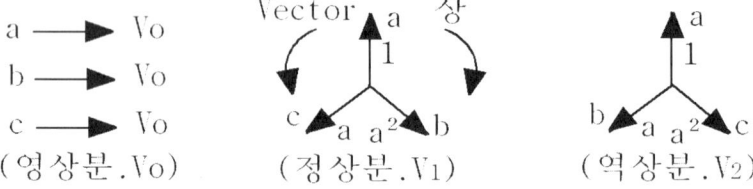

(3) 대칭분 전압
  - 영상분 $V_0 = \frac{1}{3}(V_a + V_b + V_c)$
  - 정상분 $V_1 = \frac{1}{3}(V_a + a V_b + a^2 V_c)$
  - 역상분 $V_2 = \frac{1}{3}(V_a + a^2 V_b + a V_c)$

(4) 대칭분 전류
  - 영상분 $I_0 = \frac{1}{3}(I_a + I_b + I_c)$
  - 정상분 $I_1 = \frac{1}{3}(I_a + a I_b + a^2 I_c)$
  - 역상분 $I_2 = \frac{1}{3}(I_a + a^2 I_b + a I_c)$

(5) 각상 전압
  - a상 $V_a = V_0 + V_1 + V_2$
  - b상 $V_b = V_0 + a^2 V_1 + a V_2$
  - c상 $V_c = V_0 + a V_1 + a^2 V_2$

2. 1선 지락시 건전상의 대지전위 상승 공식 유도
  1) 고장 조건 (a상이 지락이 되었다면)
     $V_a = 0$
     $I_b = I_c = 0$ 이고
     미지량은 V_b, V_c, I_a 이다.

  2) 1선(a상) 지락 공장의 경우에는
     3개의 대칭분 전류와 위상각은 모두 같다.
     $V_a = V_0 + V_1 + V_2 = 0$

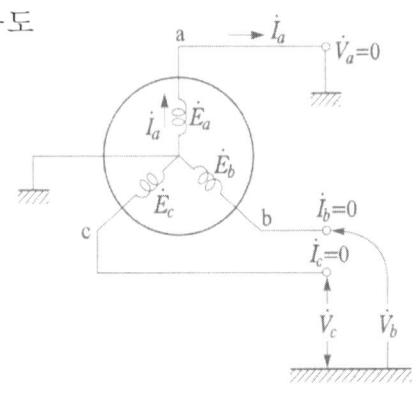

3) 발전기의 기본식을 여기에 대입하면

$$Va = -Z_o I_o + Ea - Z_1 I_1 - Z_2 I_2$$
$$= Ea - (Z_o + Z_1 + Z_2) I_o = 0$$

따라서 $Io = \dfrac{Ea}{Z_0 + Z_1 + Z_2} = I_1 = I_2$가 되어 Ea만 말면 I_0, I_1, I_2를 알 수 있다.

(참고 : 발전기 기본식)

$$Vo = -Z_o I_o$$
$$V_1 = Ea - Z_1 I_1$$
$$V_2 = -Z_2 I_2$$

4) 다음에 건전상 전압 Vb, Vc는 위에 대칭분 전류를 발전기 기본식에 대입해서

$$Vo = -Z_o Io = \dfrac{Z_o Ea}{Zo + Z_1 + Z_2}$$

$$V_1 = Ea - Z_1 I_1 = Ea - \dfrac{Z_1 Ea}{Zo + Z_1 + Z_2} = \dfrac{(Zo + Z_2)}{Zo + Z_1 + Z_2} Ea$$

$$V_2 = -Z_2 I_2 = -\dfrac{Z_2 E_a}{Zo + Z_1 + Z_2}$$ 이다.

5) 각상 전압 전류
   (1) a상의 지락 전류
   $$Ia = Io + I_1 + I_2 = \dfrac{3 Ea}{Zo + Z_1 + Z_2}$$

   (2) 건전상의 전압
   $$Vb = Vo + a^2 V_1 + a V_2 = \dfrac{(a^2 - 1) Zo + (a^2 - a) Z_2}{Zo + Z_1 + Z_2} Ea$$

   $$Vc = Vo + a V_1 + a^2 V_2 = \dfrac{(a - 1) Zo + (a - a^2) Z_2}{Zo + Z_1 + Z_2} Ea$$

3. 건전상 전위 상승
  1) 접지계통
     - 1선지락 고장시에 어느 점에서든지 영상임피던스 대 정상임피던스의 비가 유효범위($R_0/X_1 < 1$, $X_0/X_1 < 3$)내에 있어야 하며
     - 접지계수 : 75% 이하
       즉, 상 전압이 1.3배를 넘지 않도록 하는 접지계통
     - 직접접지, 저저항 접지 방식을 뜻함

- 계산예

(1) 정상시 접지계수 = $\frac{13.2}{22.9}$ = 57.6 %

(2) 사고시 전압상승 = $\frac{75\%}{57.6\%}$ = 1.3 배 이하

2) 비 유효접지
- 접지계수 : 75% 초과 가능 계통

즉, 상 전압이 1.3배를 넘을 수 있는 계통으로 최대 $\sqrt{3}$ 배의 전압상승 발생한다.
- 주로 고저항 접지, 소호 리액터 접지, 비접지 방식을 말한다.

4.2 업무용 빌딩의 첨두부하(Peak Load) 제어방식에 대하여 종류별로 설명하시오.

1. 수요 관리 개념

최소의 비용으로 전기 에너지 서비스의 욕구를 충족시키며 전기 사용 패턴을 바람직한 방향으로 개선해 나가는 것을 말한다.

2. 목적
   1) 합리적인 전력 이용
   2) 전원 설비의 투자 규모 축소
   3) 전원의 안정적 공급
   4) 전력 요금 경감

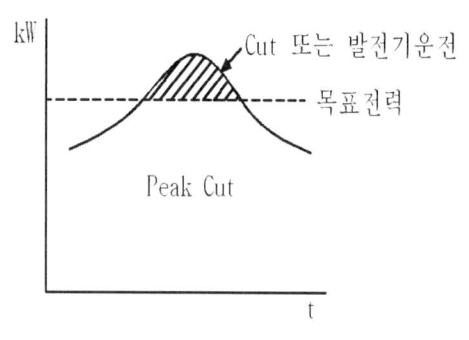

3. 첨두부하 제어방식

최대 수요전력을 억제하여 전기요금 절약 및 에너지 절약이 목적임.
   1) 부하의 Peak Cut
      일시적으로 차단할 수 있는 부하의 강제 차단

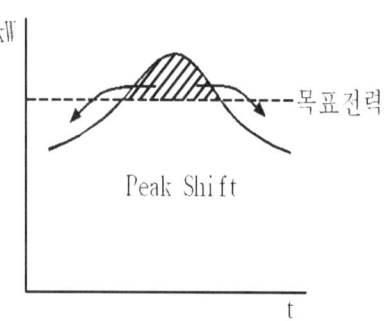

   2) Peak Shift
      피크 부하를 경부하 시간대로 이전하는 방식
      예, 심야 전력을 이용한 빙축열시스템 방식
      오폐수 및 급수펌프 가동을 피크 시간대 피함.

   3) 자가 발전 설비 가동에 의한 피크 제어
      자가 발전 설비 가동에 의한 피크 분담
      예, 코 제너레이션

4) Demand Control에 의한 Program제어
   (1) 구성
      디멘드 감시부 및 디멘드 제어부로 구성
   (2) 기본기능
      가. 연산 표시 기능
         최대전력을 목표전력에 맞추기 위해 부하의 조정량을 연산하여 디지털 표시.
      나. 경보 기능
         디멘드값이 목표값을 초과할 경우 경보
      라. 기록 기능 : 디멘드값, 전력량, 경보 등
                    데이터를 자동 기록
      마. 부하제어기능
         최대 전력을 목표값으로 억제하기 위하여 설정된 조건에 따라 조정 부하를 자동으로 개폐하는 방식으로 다음과 같은 방법이 있다.

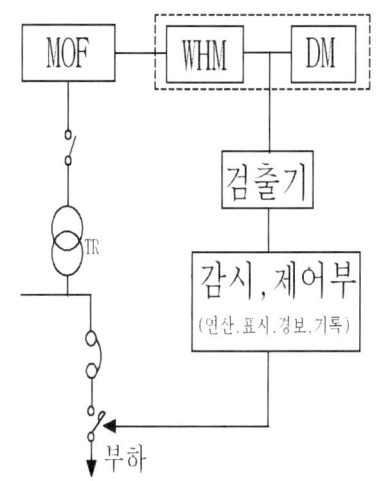

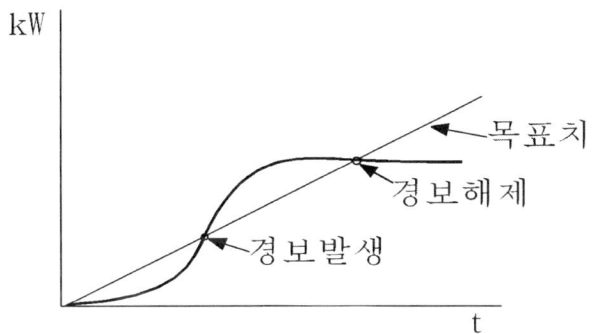

① 우선 순위 방식
   중요도가 낮은 부하부터 순차적으로 차단, 투입시에는 중요도가 높은것 부터 투입.
② 사이클릭 방식
   직전에 조작한 것을 최하위로하고 순위를 돌려가며 운전.
③ 재투입 방식
   부하가 가벼워져 투입조건에 여유가 생겼을 때 자동 투입.
④ 시한 종료시 투입방법
   투입조건에 관계없이 시한 종료시에 투입하는 방식.

4.3 다음 전동기의 무부하 전류에 대하여 설명하시오.

 1) 유도 전동기　　　　2) 직류 전동기　　　　3) 동기 전동기

1. 개요 (핸드북 IV-2)
   전동기의 명판에는 그 전동기의 특성, 사용법이 명시되어 있고 그 내용은 다음과 같다.
   1) 정격 전압, 정격 출력, 정격출력, 정격 입력
   2) 역율, 효율
   3) 주파수, 극수, 회전속도
   4) 기동전류, 기동 kVA
   5) 토크, 기동토크, 최대토크, 최대출력
   6) 무부하전류, 여자전류, 여자전압 등

2. 전동기 등가회로 및 벡터도

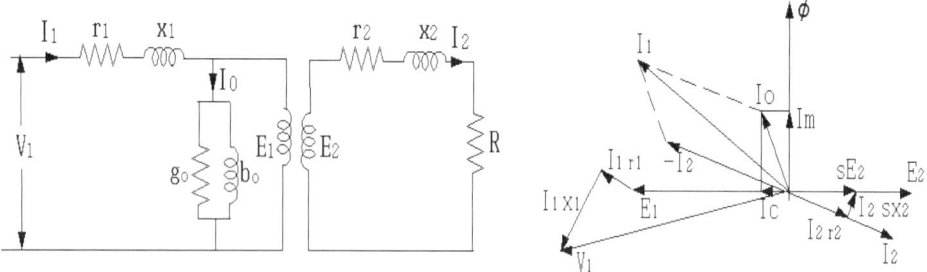

3. 무부하 전류
   전동기를 무부하로 운전해도 전류는 흐른다. 그 크기는 전동기에 따라 다르다.
   1) 유도 전동기
      - 무부하에서도 전부하 전류의 1/2~1/4의 무부하 전류가 흐른다.
      - 이 전류는 전동기의 자속을 만들기 위한 전류(자화 전류)와 무부하 손실을 공급하는 전류(철손전류) 되어 있으나 전자의 인자가 크므로 역율은 '0'에 가까운 전류이다.
   2) 직류 전동기
      - 자화 전류는 필요 없고 무부하 손실을 공급하기 위한 철손전류만 흐르므로 유도 전동기에 비하면 무부하 전류가 훨씬 적어
      - 정격전류의 수(%)~십수(%) 이다.
   3) 동기 전동기
      - 입력 역율이 100(%)로 운전 되도록 만들어진 전동기에서는 무부하시의 전류는 손실 공급분에 가깝고 직류 전동기처럼 무부하 전류가 작다.
      - 그러나 진상전류를 공급하도록 만들어진 전동기는 무부하에서도 진상 전류가 많이 흘러 진상 무효분 전류가 수십(%) 흐른다.

- 이 전류는 여자 전류를 줄임으로서 조정할 수 있고 무효분을 '0'으로 하여 손실분 전류 즉, 철손 전류만 흐르게 할 수도 있다.

4. 결론
   - 무부하 전류가 가장 적은 전동기는 직류 전동기이며
   - 무부하 전류가 가정 큰 전동기는 역율이 가장 나쁜 유도 전동기이다.

4.4 지능형빌딩시스템(IBS : Intelligent Building System)에서 시스템의 기능과 전기 설비의 설계조건에 대하여 설명하시오.

1. 개요

   IBS(Intelligent Building System)는 쾌적한 사무 환경 속에서 지적인 생산성을 극대화하는 동시에, 인간과 정보, 빌딩의 안전성과 생산성을 높이기 위하여 빌딩 자동화 시스템(BAS), 사무자동화 시스템(OA), 정보 통신 시스템 및 건축 환경을 고려 유기적으로 통합, 구현한 건물이다.
   - BAS 기능 : 빌딩 자동화 시스템, 에너지 세이빙, Security 관리 시스템
   - OA 기능 : 빌딩 내 LAN에 의한 다양한 OA 기기를 NetWork화
   - 정보 통신 기능 : DPBX와 광 통신 케이블을 이용
   - IBS는 4세대 빌딩이라고 하는데
     1세대는 벽돌, 철근 콘크리트 빌딩에 선풍기를 사용하고
     2세대는 냉난방이 완비된 건물
     3세대는 고층 빌딩으로 감시 제어 시스템을 갖춘 빌딩(BAS)
     4세대는 상기와 같이 3세대 건물에 정보 통신 기능과 OA 기능을 갖춘 빌딩이다.

2. IBS 에서 시스템의 기능
   - IBS는 BAS기능, 정보 통신 기능, OA 기능과 더불어 IB기능을 만족시키기 위한 건축 환경 까지도 구비하는 건물을 말한다.
   1) BAS 시스템 기능
      (1) 빌딩 감시 제어 시스템 : 쾌적한 오피스 환경을 확보하기 위함.

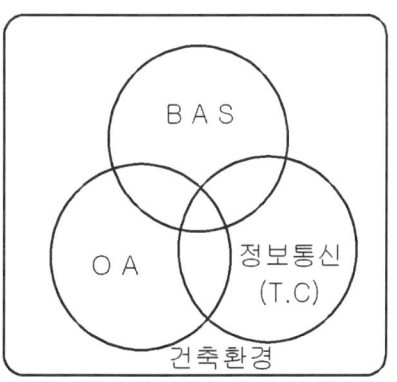

   - 전기 설비 제어 시스템 : 수전 설비, 자가 발전 설비 등
   - 기계 설비 제어 시스템 : 공조 설비, 급 배수 설비, 보일러, 냉동기
   - 엘리베이터의 군 관리 시스템
   - 주차 관리 시스템 : 방범, 주차 재고관리, 호출설비, 확성 설비, 요금 부과장치

(2) 에너지 세이빙 시스템
- 조명 제어 시스템 : 창가, 점심시감, 출 퇴근시 자동 on/off 중앙 자동 점멸 시스템, 광센서에 의한 자동 점멸, 스케쥴 제어 등
- 전력 제어 시스템 : Demand제어, 변압기 대수 제어, 피크부하 제어, 역율 제어 등
- 기계 설비 제어 시스템 : 폐열 회수 장치 제어, 축열조 제어, 공조 자동 제어 등으로 절감.

(3) Security 관리 시스템
- ID카드, CCTV 등의 방범 감시 제어 시스템
- 화재, 소화, 방화 등의 방재 감시 제어 시스템 등

2) 정보 통신 기능(TC. Tele-Communication)
(1) 정보 통신 기능
가. 구내 자동 교환기 시스템(PABX)
나. 전자 메일(전자 결재 시스템)
다. 원격 회의 시스템(전자 회의)
라. 비디오텍스(예약, 주문 등의 쌍방향 통신)

(2) 고도 정보 통신망 기능
광통신 케이블, 동축 케이블, Two-Pair Wire 등의 고속 정보 통신망을 구축하여 음성, 데이터, 영상을 함께 전송 할 수 있는 고도의 정보 통신망을 설치해야 한다.

(3) 정보 통신 시설 갱신 기반 구축
건물의 수명은 보통 50년 정도이나 정보 통신 기기의 기술 혁신은 급변하여 5년 정도로 바뀌는 것이 보통이다.
따라서 빌딩의 수명동안 정보 통신 설비는 10회 정도 갱신을 하여야 하므로 다음과 같은 설비를 갖추어 간단히 통신 설비의 갱신이 가능하도록 건축 되어야 한다.
- Floor Duct, Free Access Floor, 비상 전원설비, UPS 등

3) OA 기능
- 종래 수작업에 의하여 처리하던 업무를 컴퓨터 등 각종 기기를 디지털화, LAN 등 정보통신 NETWORK와 통합운영 함으로서 정보처리 및 사무처리 등을 보다 능률적이고 경제적으로 수행하는 기능을 말한다.
- LAN, 문서처리, 사무관리, Software지원, 외부 D.B 지원 등

4) 건축환경(AE. Architecture Enviroment)

　IB은 BA나 정보 통신 기능뿐 아니라 IB 기능을 수행하기 위한 다음과 같은 건축 환경까지도 구비하여야 한다.

(1) 사무 환경 개선

　정보화에 따른 OA기기의 발열 등을 고려한 환경조성

　예. 공조설비, 항온 항습 설비

(2) 휴식 공간

　식당, Tea라운지 활용, 건강을 위한 헬스 클럽, 간호실 등

(3) 인간 공학적 설계

　사무용 가구의 선택, 배치 등에 인간 공학을 고려

(4) 소음 대책

(5) 조명 대책

　사무 공간에 필요한 조도 확보, 연색성 등을 고려한 광원 선정, 책상, 칸막이 등을 고려한 전등 배치 등

(6) 배선 대책

　장래 증설, 변경등 유연성 확보

(7) 실내 인테리어

　장시간 작업에도 피로도를 적게 할 수 있는 실내 인테리어 회사 이미지를 향상 시킬 수 있는 독창성 개발.

3. 전기설비의 설계조건(지능형건축물 전기부문)

부문	범주	평가항목	평가기준	배점
필수항목	전기설비 (5개)	비상전원 확보	비상전원을 확보하여야 하며, 그 공급용량은 **총 수전 용량의 20% 이상**이어야 한다.	-
		배선공간 확보	적정한 크기의 EPS 실을 확보하여야 한다.	-
		쾌적한 조명환경 구축	사무실 조명은 **균일조도**이어야 하며 **눈부심을 최소화해야** 한다.	-
		감시제어	**전력설비와 조명설비**는 감시제어가 가능하도록 하여야 한다.	-
		건물내 등전위 구성	민감한 장비의 안정적 운전환경을 확보하기 위하여 **업무공간은 등전위**로 하여야 한다.	-
평가항목	전기설비 (11개)	전기 관련실	전기실을 **침수로부터 안전**하도록 하기 위하여 전기 관련실이 **최하층 바닥면 보다 높게** 설치되었는지 여부를 평가한다.	15
		UPS 시설의 공급능력	중요 부하용 **무정전 전원시스템** 공급능력을 평가한다.	10
		전원설비구성	단선결선도 설계도면 및 시방서에 의하여 **변압기 고장시 조치의 신속성**을 평가한다.	10
		전력 간선설비	**전력공급의 신뢰성과 부하증설에 대한 유연성**을 평가한다.	10
		고조파 및 노이즈 저감설비	정보통신설비, 전자장비, 컴퓨터설비 등의 고장 및 소손을 방지하기 위한 고조파 및 노이즈 저감을 위한 **프로텍터 설치여부**를 평가한다.	10
		업무공간 자유 배선공간(EPS)	**적절한 EPS(Electrical Pipe Shaft)의 크기확보여부**를 평가한다. 적절한 EPS의 보호대책을 평가한다.	10
		업무공간 소전력 공급설비(콘센트)	전기기기의 코드를 직접 연결할 수 있어야 하며 좌석이동에도 연장코드의 이용이나 몰드설치 등의 별도 공사가 불필요한 정도의 **소전력 공급설비(콘센트)를 구비**토록 한다.	10
		엘리베이터 설비	엘리베이터 **군관리시스템 및 평균대기시간과 수송능력**을 평가한다. 중앙감시실 또는 지정된 장소에서 **집중감시, 제어 및 분산관리 여부**를 평가한다.	5
		전력/조명/ 주차관제/ 엘리베이터	주요 전기설비(전력설비, 조명설비, 엘리베이터설비, 방재설비, 주차관제 등)를 **원격관리와 집중감시제어**가 가능하도록 하여 관련 설비를 효율적으로 관리하도록 한다.	10
		피뢰 및 접지 시스템	뇌 보호시스템 **보호등급적용 여부**를 평가한다. **공통접지 및 등 전위 본딩 여부**를 평가한다.	5
		소방설비	동별, 층별, 세부적인 평면도를 표시하고 주며, 고장, 경보 등 각종 정보표시, 저장, 출력이 가능한 **CRT 일체형 수신기 적용여부**를 확인한다.	5
가산항목	전기설비 (6개)	수전설비	이중 모선 또는 Spot Network 설치	2
		침수대책	침수대비 배수펌프용 **전용발전기 지상설치 시**	1
		에너지 이용의 합리화	열병합 발전설비 시설 또는 발전기 상용운전 Peak-Cut System 채택	2
		신·재생에너지	태양광 발전설비, 풍력발전설비 등(**수전용량의 3% 이상**)	2
		전자차폐시설	전산실, 교환기계실, 중앙감시실 등에 전자차폐시설 설치 시	2
		누수감지 설비	전산실, 교환기계실, 중앙감시실 등에 누수감지설비 설치 시	1

4.5 건축물에서 소방부하와 비상부하를 구분하고 소방부하 전원공급용 발전기의 용량산정방법과 발전기 용량을 감소하기 위한 부하의 제어방법에 대하여 설명하시오.

1. 소방부하 및 비상부하 구분
   1) 소방 부하
      - 소방부하는 '소방시설 설치유지 및 안전관리에 관한 법률'에 근거하여 설치되는 스프링클러소화설비 등 소화설비의 전력부하가 있고
      - 건축법에 의해 설치되는 비상용승강기, 배연설비, 자동방화문, 피난구 비상조명 등 등의 방화시설에 소요되는 전력부하가 있는데, 화재가 발생하였을 때 사용되는 설비라는 측면에서 이 모두를 포함하여 소방부하라고 한다.
   2) 비상 부하 (=예비전원)
      - 비상부하란 전력설비에서 상용전원이 상실되었을 때 비상용 시설이 가동되는데, 이 비상용 시설의 전력부하를 말한다.
      - 비상부하에는 승용승강기, 환기시설, 비상급배수시설, 위생시설, 조명시설, 전열 시설, 방범시설 등의 부하가 포함된다.

   3) 판단기준 및 IEC60364에 의한 병원 비상전원
      (1) 절환시간 0.5초 이내 공급 장치
         - 그룹 1 또는 그룹 2의 의료장소의 수술 등, 내시경, 수술실 테이블, 기타 필수 조명.
      (2) 절환시간 15초 이내 공급 장치
         - 그룹 2의 의료장소에 최소 50%의 조
         - 그룹 1의 의료장소에 최소 1개의 조명
      (3) 절환시간 15초를 초과 공급 장치
         - 병원기능을 유지하기 위한 기본 작업에 필요한 조명
         - 그 밖의 병원기능을 유지하기 위하여 중요한 기기 또는 설비

2. **소방부하 전원공급용 발전기의 용량산정 방법(국토해양부 설계기준)**

   PG 방식은 한국에서 주로 사용하는 방식으로 PG1, PG2, PG3, PG4 중 가장 큰 값을 채택하며, 설계 기준에 의하면 설계기준에 나와 있는 PG1, PG2, PG3방식은 사이리스터 부하가 포함되지 않은 경우에 적용한다 라고 되어있어 사이리스터가 있는 부하는 PG4를 반드시 검토해야 할 필요성이 있다.

1) PG1(부하의 정상 운전시에 필요한 발전기 용량)

$$PG1 = \frac{\Sigma P_L \times Df}{\eta_L \times \cos\theta} \ (kVA)$$

Σ PL : 부하 출력 합계(kW)
Df : 부하의 종합 수용율
ηL : 부하의 종합 효율(분명하지 않을 경우 0.85)
cos θ : 부하의 종합 역율(분명하지 않을 경우 0.8)

2) PG2(부하 중 최대 기동전류를 갖는 전동기 기동시 순시 전압 강하를 고려한 발전기 용량)

$$PG2 = Pm \times \beta \times C \times Xd'' \times \frac{100 - \Delta V}{\Delta V} \ (kVA)$$

Pm : 최대 기동 전류를 갖는 전동기 출력(kW)
β : 전동기 기동 계수(분명하지 않을 경우 7.2)
C : 기동 방식에 따른 계수(직입:1.0 Y-Δ:0.67)
Xd″ : 발전기 정수(0.25~0.3)
ΔV : 발전기 허용 전압 강하율(승강기 경우 20%, 기타 25%)

3) PG3(발전기를 가동하여 부하에 사용 중 최대 기동 전류를 갖는 전동기를 마지막으로 기동 할 때 필요한 발전기 용량)

$$PG3 = (\frac{\Sigma P_L - Pm}{\eta_L} + (Pm \times \beta \times C \times Pf)) \times \frac{1}{\cos\theta} \ (kVA)$$

Σ PL : 부하 출력 합계(kW)
Pm : 최대 기동 전류를 갖는 전동기 출력(kw)
ηL : 부하의 종합 효율(분명하지 않을 경우 0.85)
β : 전동기 기동 계수(분명하지 않을 경우 7.2)
C : 기동 방식에 따른 계수(직입:1.0 Y-Δ:0.67)
Pf : 최대 기동 전류를 갖는 전동기 기동시 역율
   (분명하지 않을 경우 0.4)
cosθ : 부하의 종합 역율(분명하지 않을 경우 0.8)

4) PG4(부하중 고조파 부분을 고려한 경우 발전기 용량)
PG4 = Pc x (2~2.5) + PG1
Pc : 고조파분 부하(제6고조파:PcX2.67, 제12고조파:PcX1.47)

3. 발전기 용량을 감소하기 위한 부하의 제어방법
   - 소방부하와 비상부하를 투입하는 방법에는 합산용량 발전기 방식과 소방전원 보존형 발전기를 이용하는 방식이 있다.
   - 소방부하 및 비상부하 겸용의 비상발전기에서 두 부하 중 한쪽 부하 기준으로 발전기 용량을 산정하는 경우, 용량부족이 초래되는 문제가 있었는바, 이러한 문제 해결을 위해 새로 개발되어 제공되는 소방전원보존형 발전기의 대체 적용은 그 타당성이 확인되었으며, 이로써 비상전원의 소방 안전을 위한 제도적인 요구 조건을 충족시키면서 소방시설의 안전 운전 조건을 확보한다.
   - 소방전원 보존형 발전기를 이용하는 방식은 합산용량 발전기 방식에 비하여 발전기 용량을 약30(%) 절감할 수 있기 때문에 여기에서는 이 방식에 대하여 기술하기로 한다.
     1) 일괄 제어방식
        화재와 정전이 발생할 때 발전기에 과부하가 걸리면 소방전원 보존용 제어기에서 신호를 발신하여 비상부하용 주차단기를 일괄 차단하고, 발전기에는 소방부하를 최후까지 작동되도록 한 시스템이다.
     2) 순차제어방식
        화재와 정전이 발생할 때 발전기에 과부하가 걸리면 소방전원보존용 제어기에서 1차 신호가 발신하여 선정된 비상부하의 1단계 부하를 차단하고, 지속적인 감시 상태에서 소방부하가 증가하여 발전기가 다시 과부하가 걸리면 제어기에서 2차 신호가 발신하여 비상부하의 2단계 부하 등으로 여러 단계로 시차별로 순차 차단하는 시스템이다.

4. 소방전원보존형 발전기 특징
   1) 구성과 설치가 단순함
   2) 추가적인 고장 우려가 없고 안전함.
   3) 경제적임
   4) 소방부하가 증가됨에 따라 단계별로 중요도가 낮은 순서부터 비상부하를 순차 차단함에 따라 발전기가 과부하로 정지되는 것을 방지할 수 있음.
   5) 신뢰성을 가진 안정적인 비상전원의 공급으로 소방안전 확보가 가능함.

4.6 태양광발전시스템의 구성과 태양전지 패널 설치 방식의 종류 및 특징에 대하여 설명 하시오.

1. 태양광 발전 시스템의 구성
   1) 태양 전지 (Cell)
      (1) 결정질 실리콘 태양전지
         - 실리콘 덩어리를 얇은 기판으로 절단하여 제작

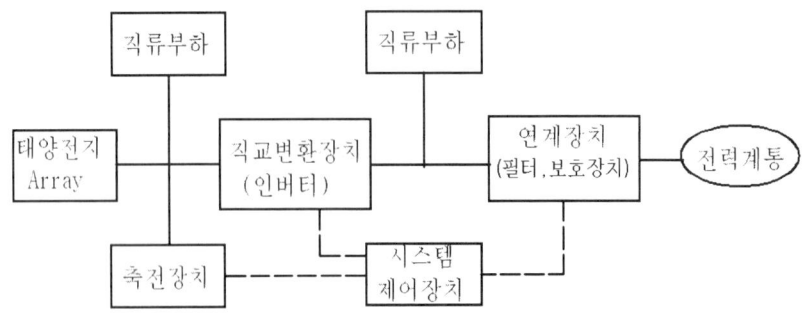

- 실리콘 덩어리의 제조 방법에 따라 단결정과 다결정으로 구분
- 전체 태양전지 시장의 95% 이상을 차지

(2) 박막 태양전지
- 얇은 플라스틱이나 유리 기판에 막을 입히는 방식
- 비결정질실리콘 태양전지, CIS태양전지, CdTe 태양전지 등으로 분류

(3) 염료 감응형 태양 전지
- 광합성 원리와 비슷한 원리를 이용하는 것으로
- 염료가 여기 되어 전자가 발생하여 나노 분말(TiO2)에 주입되고 이 나노분말이 투명전극(N형 반도체)을 통해 외부회로를 통해 상대전극으로 흐르게 한 전지임.

2) 태양전지 모듈
- 한 개의 태양전지는 0.6V 전압과 3A 이상의 전류를 생성
- 적절한 전압과 전류를 생성하기 위하여 여러개의 태양전지를 서로 연결
- 보호하기 위하여 충진재, 유리 등과 함께 압축한 것이 모듈

3) 태양전지 어레이
- 여러 개의 모듈을 연결하여 직류 발전하는 것
- 설치되는 곳의 필요 용량에 따라 적절한 수의 태양전지 모듈을 연결

4) 인버터 ; 태양광 발전의 직류 출력을 교류로 전환

5) 연계 보호 장치 : 다른 계통과 연계(인버터에 내장가능) 사용

2. 태양전지 패널 설치 방식 개요
1) 대부분의 빌딩표면들은 태양광 발전장치들의 설치에 적합하다.
2) 경사진 지붕과 평지붕, 건물의 파사드(정면) 설치법과 일체형 설치법으로 구별할 수 있다.
3) 또한 옥외형으로는 가로등형, 정원등형, 발전용과 같은 Field형등이 있다.

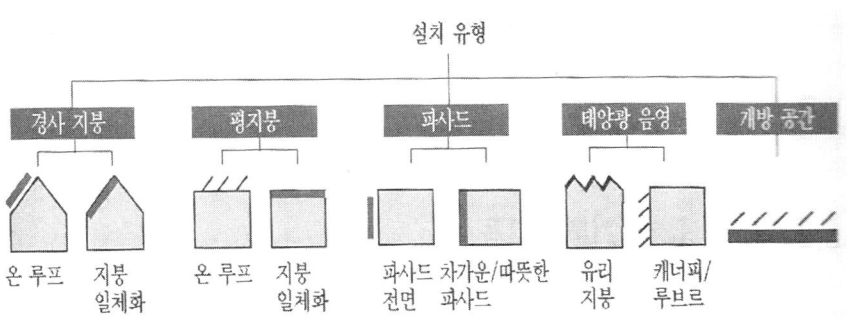

3. 패널 설치 방식의 종류 및 특징
   1) 경사 지붕형(On-Roof 시스템)
      (1) 지붕의 각도
         - 약한 경사 : 5~22°
         - 보통 경사 : 22~45°
         - 가파른 경사 : 45° 보다 큰 경사
      (2) 시공방식
         ① 고리 시공형
            고리를 직접 지붕에 고정하고 Array를 위에 얹어놓는 형식으로 다음과 같은 특징이 있다.

장 점	단 점
1. 시공이 간단하다	1. 지붕의 방수가 어렵다.
2. 시설비가 저렴하다.	2. 소형이다.

         ② 레일형
            레일을 이용하여 Array를 지지하는 방법으로 가장 많이 사용하는 보편화된 방법이다.

장 점	단 점
1. 대형화가 가능	1. 시설비가 어느 정도 고가이다.
2. 조립이 쉽고 빠르다.	2. 레일의 부식이 발생한다.
3. 유지보수가 쉽다.	

2) 경사 지붕형(In-Roof 시스템)
   지붕커버링을 대체하여 모듈로 덮는 방법

   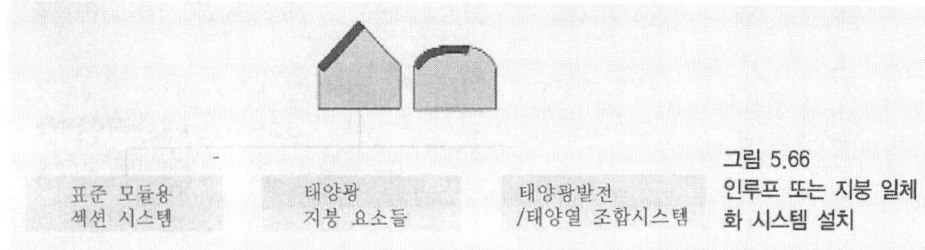

   그림 5.66 인루프 또는 지붕 일체화 시스템 설치

3) 평지붕용 On-Roof 시스템
   지붕에 설치대를 조립하고 그 위에 설치하는 방식으로 옥상을 갖춘 건축물에 적용

   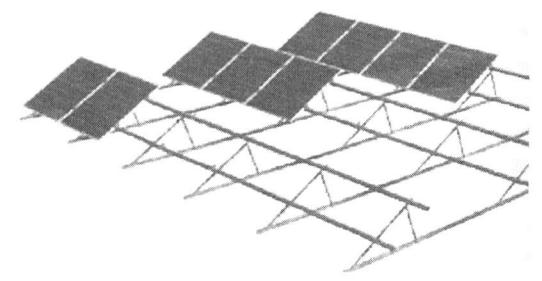

장 점	단 점
1. 대형화가 가능	1. 시설비가 고가이다.
2. 유지보수가 쉽다.	2. 레일의 부식이 발생한다.

4) 결정질 파사드형
   건출물의 외벽에 결정질의 모듈을 설치방식으로 건축물의 옥상이 부족할 때 이용하는 방식으로 설치비가 많이 들고 유지보수가 어렵다.

5) 박막 필름형 파사드형
   유리나 벽에 박막 필름형의 모듈을 설치하는 방식이며 설치공간이 부족한 경우 유리등을 이용하기 때문에 건물의 이용도가 높다.

6) 유기염료형 파사드형
   건물일체형(BIPV)에 많이 사용하는 방식으로 유기염료셀을 이용하기 때문에 필름의 색상을 이용하여 아름다움을 추구할 수 있고, 곡선부위도 처리할 수 있는 차세대형 태양광 시스템이다.

4. 결론
   1) 위의 방식외에 가로등형, 정원등형, Field형등이 있으나 설치장소만 다르고 설치 방법은 비슷하다.
   2) 또한 위에는 고정형에 대해서만 언급하였지만 경사 각도를 조절할 수 있는 추적형이 있다.

3) 추적형은 대부분 대형 발전용에 이용하지만 효율이 30~40% 좋아지는 반면에 설치비가 고가이므로 현재는 많이 사용하지 않는 방식이다.
그러나 신재생 에너지의 설치부중이 커진다면 점차 추적형으로 설치될 것으로 예상한다.

(건축전기설비기술사 강의커리큘럼)

반 구분	월 1학기	월 2학기	교 재	학 습 내 용
기본반	3	9	건축전기설비 기술사기본서(I)	제1장 수전설비설계, 단락, 지락, 예비전원
	4	10		제2장 변전설비(변압기, 차단기, 콘덴서, 변성기, 보호계전기, 기타)
	5	11	건축전기설비 기술사기본서(II)	제3장 배전설비, 케이블, 전력품질
	6	12		제4장 부하설비 (조명이론, 광원, 조명설계, 전동기)
	7	1	건축전기설비 기술사기본서(III)	제5장 방재, 반송, 정보통신설비 제6장 접지설비, 피뢰설비, 전기안전
	8	2		제7장 에너지Saving, 신재생에너지, 초전도 제8장 회로이론, 기타
연구반(I)		3	Sub-Note (I)	수변전설비, 수변전기기, 배전설비, 부하설비
		4	Sub-Note (II)	방재, 반송, 정보, 접지, 피뢰, ES, 신재생, 기타
		5	건축전기설비기술사 기출문제풀이(1, 2, 3)	시험 대비 총정리 및 모의고사
		6	건축전기기술사 계산문제(I)(II)	공진주파수, 최대전력전달조건, 테브난 정리
		7		전압강하, 단락전류, 효율, 변성기
		8		건축전기 기출 계산문제, 시험대비 총정리
연구반(II)		9	전력공학연습계산문제 풀이 (동일-송길영)	건축전기 관련 계산문제 약150문제총정리
		10		
		11	건축전기 추가 예상문제	최근 이슈화되는 예상 문제 약 100 문제+ 발송배전 등 타기술사 기출문제 완벽 분석 풀이
		12		
		1	기출문제 풀이 핵심	71회 부터 최근 기출문제 핵심 정리 (약 150 문제)
		2		

기본반 : 매주 토요일　13:30~17:30

연구반 : 매주 토요일　18:00~22:00

김기남공학원　www.ginamedu.co.kr　02) 836-3543~5

건축전기설비 기술사 大개강

기술사 대비

BIG EVENT

하나. 3년 수강료 = 960만원
기본, 연구반 I, 연구반 II, 과정
수강시 360만원 (1년 6개월)
➡ **300만원** (선착순 100명)

둘. 실수강시 인터넷동영상 **무료제공**

HOT!!
건축전기설비기술사
김일기 기술사 저자 직강
합격의 지름길!
김기남 공학원

개강안내

- 개 강: **기본반** 개 강: 매월 첫째주 (토) 13:30분
  - **연구반** 개 강: 매월 첫째주 (토) 18:00분
  - **파이널반** 개 강: 매월 첫째주 (토) 09:00분
- 교 육 비: 6개월 → 120만원 (동영상 강의 무료제공), 3년회원 300만원
  지방거주자를 위한 동영상강의 6개월 90만원
- 교육과정: ① 정규이론과정 (기본이론: 6개월)
  ② 연구반 과정 (기출문제 풀이 I, II: 각 6개월씩 1년과정)
- 교육특징: ① 국내기술사 교육기관 중에서는 가장 쉽게, 가장 자세하게 교육
  ② 정규수업과 별도로 개인 지도식 workshop을 통한 실전능력배양
  ③ 시간이 없어 정기적 출석이 어려운 수강생을 위한동영상 강의 무료제공
  ④ 스터디그룹 활동 및 세미나를 위한 전용스터디실 제공

건축전기 기술사 이론서, 기출문제풀이 발간

이버카페: http://cafe.naver.com/kgnap   건축전기설비기술사 취득을 위한 지름길! 김기남전기학원

전기응용 기술사 大 개강

기술사 대비

개강안내

- 개 강: **기본반** 개 강: 매월 첫째주 (토) 13:30분
  - **연구반** 개 강: 매월 첫째주 (토) 18:00분
- 교 육 비: 6개월 → 120만원 (동영상 강의 무료제공) 3년회원 300만원   지방거주자를 위한 동영상강의 6개월 90만원

이버카페: http://cafe.naver.com/kgnap   전기기술사 취득을 위한 지름길! 김기남전기학원

재직자 환급가능 (수강지원금훈련)   각 과정별 **개강일**까지 **선착순 20명** 모집

지원대상: 300명 미만 고용근로자, 기간제/단시간/파견/일용근로자, 이직예정자,
무급휴직/휴업자, 대규모기업 50세 이상 근로자, 3년 이상 사업주 훈련 미참여 근로자

김기남 공학원
교육안내문의 02-836-3543~5
홈페이지 www.ginamedu.co.kr
영등포 전철역 4번출구 1분거리